普通高等教育系列教材

"十三五"江苏省高等学校重点教材

冲压工艺与模具课程设计指导书

主编　柯旭贵　孟玉喜

参编　李振红　赵　伟

主审　陈文琳

U0191005

机械工业出版社

本书共9章和3个附录，以冲压工艺与模具课程设计的步骤和内容为主线逐章展开。

第1章从专业认证的角度对冲压课程设计的目的、内容、进行方式、任务及要求进行了较全面的概述。第2章和第3章就冲压课程设计的共性问题——冲压工艺设计和模具总体概要设计进行了总结和归纳。第4章和第5章根据不同工艺的特点分别讲述了冲裁、弯曲和拉深三大工艺的工艺计算和模具零件的详细设计。第6~8章对冲压设备的选择与校核、冲压模具图形的绘制以及课程设计说明书的编写进行了概述。全书内容以第9章的设计实例作为总结。附录A和附录B提供了冲压课程设计常用的冲压工艺与模具标准以及其他必须的技术性资料，这两部分的内容可以弥补一些学校设计资料的欠缺。附录C是作者总结出来的可以作为课程设计课题的30个冲压件产品图，供读者参考。

本书为"十三五"江苏省高等学校重点建设教材（编号：2015-1-061），可供高等工科院校材料成型及控制工程、模具设计与制造、机械制造及其自动化等专业的本科及高职高专、成人教育和助学自考等学生使用，也可供从事冲压生产和科研工作的工程技术人员参考。

图书在版编目（CIP）数据

冲压工艺与模具课程设计指导书/柯旭贵，孟玉喜主编. —北京：机械工业出版社，2022.6（2025.1重印）

普通高等教育系列教材 "十三五"江苏省高等学校重点教材

ISBN 978-7-111-71452-1

Ⅰ.①冲… Ⅱ.①柯… ②孟… Ⅲ.①冲压-生产工艺-高等学校-教学参考资料②冲模-设计-高等学校-教学参考资料 Ⅳ.①TG38

中国版本图书馆 CIP 数据核字（2022）第 153788 号

机械工业出版社（北京市百万庄大街22号 邮政编码100037）

策划编辑：丁昕祯　　　　　责任编辑：丁昕祯

责任校对：陈　越　刘雅娜　封面设计：张　静

责任印制：单爱军

北京虎彩文化传播有限公司印刷

2025 年 1 月第 1 版第 4 次印刷

184mm×260mm · 16.5 印张 · 404 千字

标准书号：ISBN 978-7-111-71452-1

定价：49.80 元

电话服务　　　　　　　　　　网络服务

客服电话：010-88361066　　　机 工 官 网：www.cmpbook.com

　　　　　010-88379833　　　机 工 官 博：weibo.com/cmp1952

　　　　　010-68326294　　　金 书 网：www.golden-book.com

封底无防伪标均为盗版　　机工教育服务网：www.cmpedu.com

前　言

"冲压工艺与模具课程设计"是在学完冲压工艺与模具设计理论课程之后进行的一门实践课，目的是巩固所学理论知识，训练学生应用理论知识解决实际工程问题，锻炼学生的独立工作能力，培养团队合作精神，更好地达到应用型人才的培养目标。

编者认为用于指导课程设计的教材的功能不同于主教材，主教材的内容必须对每个概念、每个原理、每种结构等知识点的来龙去脉讲解清楚，目的是教给学生一门知识、一门技术，而课程设计指导书主要是让学生学以致用，训练学生如何应用之前学过的理论知识来解决实际问题，也就是要直截了当地告诉学生怎么做。基于这种编写思路，本书的编写特点有以下几个：

1）编写思路清晰，语言简洁明了，设计实例典型、内容完整，工艺与模具设计并重。以课程设计的步骤和内容为主线展开，用简洁明了的语言、表格、图形等形式组织编写，附上每种典型结构的完整模具设计实例、备选的课程设计题目、主要的冲压工艺与模具标准及其他一些必需的技术性资料，保证学生借助于本指导教材和主教材基本能完成常见的具有典型结构的冲压工艺与模具的设计工作。

2）强调内容的标准、规范和典型。无论是专业术语的应用，还是图形绘制、说明书的编写，都要求按照标准和规范进行，所有标准均为现行标准，设计实例均为典型结构。

3）以传授方法为主，如标准的选用方法、工艺设计方法、模具设计方法、图形的绘制方法、CAD 在专业上的应用方法等，训练学生举一反三的能力。

4）适当融入"课程思政"元素，激发学生的责任担当和学习自信。

本书由南京工程学院柯旭贵老师和南通开放大学的孟玉喜老师担任主编，南京工程学院的李振红老师、赵伟老师参与了部分编写任务。柯旭贵老师统稿并编写了第 1、2、3、4、5章，并与李振红老师合编了附录 A，孟玉喜老师编写了第 6、7、8 章，第 9 章的 9.2 节，附录 B 和附录 C，李振红老师和赵伟老师合编了第 9 章的 9.1、9.3 节。

本书由陈文琳教授担任主审，她对本书的编写提出了宝贵意见，在此表示衷心的感谢。

由于编者水平有限，时间仓促，书中不妥之处在所难免，恳请读者批评指正。

编　者

目 录

第1章

冲压工艺与模具课程设计概述

1.1 课程设计的目的、内容及进行方式

1. 课程设计的目的

本课程设计是在学完冲压工艺与模具设计理论课程之后进行的实践教学环节，时间一般为 1 周或 2 周，通过该课程设计应达到如下目标：

1）专业技能上，进一步巩固所学知识，培养学生综合应用冲压成形工艺与模具设计及其先修课程的基本理论、基本知识和基本技能解决冲压生产实际问题的能力；掌握制订合理冲压工艺及模具结构设计的方法和步骤；具备借助冲压设计资料、手册、相关标准等能独立完成给定冲压件的冲压工艺与模具设计的能力。

2）工程技能上，训练学生查阅、使用设计资料、手册、标准和规范完成设计结果的图形表达、工程文档的撰写等能力；培养学生使用经验数据进行经验估算和数据处理的能力。

3）基本技能上，培养学生独立思考、深入钻研的学习精神，严谨细致的工作作风，合作互助的团队精神，设计过程的举一反三与创新意识以及良好的口头表达能力。

2. 课程设计的内容和进行方式

（1）课程设计的内容　一般以若干个形状较为简单的中小型冲压件作为设计对象，以典型模具结构为设计目标，要求学生完成给定冲压件的：①工艺设计；②模具设计；③模具装配图的绘制；④模具零件图的绘制；⑤设计说明书的编写。

上述图样与文档要求符合规范，并符合有关标准。

（2）课程设计的进行方式

1）分组进行。为鼓励同学合作，同时为避免抄袭，可将全班同学分为若干个小组，同一小组同学的产品图可以相同，但数据不同，这样既可保证同组同学能相互探讨，又可保证每位同学必须亲自动手完成设计。除此之外，要求每位同学准备一个设计专用本，记录整个设计过程并随时提供给教师查阅。

2）过程监控。整个设计过程是在教师指导下分阶段进行的。

阶段 1：方案确定。指导教师可利用每位同学的设计专用本查阅同学的方案确定过程并就方案设计过程中的问题对学生进行指导，对每位同学的设计方案提出正确性评价，方案合适才可进入下一阶段。这里的方案合适不仅是技术上的，同时也需要考虑经济成本。

阶段 2：模具草图绘制。这个草图主要是指模具装配图的结构草图，指导教师可利用日常指导了解学生的模具设计过程，通过检查学生模具草图了解学生是否掌握模具设计方法并给出针对性指导，特别需要注意学生对模具标准零件及设计件的处理方法，要求结构正确、技术可能、经济合理。开始绘制正式模具装配图之前，指导老师必须对草图进行验收，验收合格的同学才可进行正式图的绘制。

阶段 3：模具装配图及模具零件图的绘制。主要指导学生绘制出符合要求的图样，并需要特别强调标准和规范及图形的表达方式方法。

阶段 4：设计说明书的编写。主要训练学生如何清楚地用文字表达自己的整个设计过程，同时特别注意训练学生撰写工程文档的规范性与完整性。

阶段 5：答辩。主要训练学生如何思路清晰的用简洁的语言表达自己所做的工作，即口头表达能力。

上述各阶段一环扣一环，每一阶段都需要得到指导老师的确认方可进入下一阶段，完成设计任务书规定的全部任务才可参加最后的设计答辩。整个设计过程中提倡独立思考、深入钻研的学习精神和严肃认真、一丝不苟、有错必改、精益求精的工作态度，反对不求甚解、照搬照抄、容忍错误的做法。

◉ 扩展阅读

1）为了更好地控制整个设计过程，学生自备的设计专用本必不可少，同时指导老师可以告诉学生，整个设计分几个阶段，每个阶段有每个阶段的任务，老师也是按阶段进行检查验收。学生需要用这个设计专用本记录所做的工作，要求学生认真记录设计过程，而且后面的设计说明书也是在整理记录本内容的基础上完成的。其次指导老师也需要准备一个设计用的指导记录表，可参考如图 1-1 制作，其中进度记录主要记录每一阶段任务的完成情况。

冲压工艺与模具课程设计　指导记录表

课号：××××　　　　　任课教师：×××，×××　　　　　　　　　　　班级：×××

开课学院：××××　　　　课程名称：冲压工艺与模具课程设计/考查　　　　　　学分：××

序号	学号	姓名	考勤记录										考勤成绩	进度记录	进度成绩	平时总评成绩
			1	2	3	4	5	6	7	8	9	10				
1	205170501	×××														
2	205170504	×××														
3	205170509	×××														
4	205170511	×××														
5	205170513	×××														
……	……															

说明：1. 本表主要考察学生的态度和纪律。

2. 考勤成绩依据出勤情况给分，满勤100分，旷课一次扣10分，请假、迟到、早退一次各扣5分。

3. 进度成绩依据实际设计进展情况给出，可依据任务书中阶段性任务的完成情况进行考核。

4. 平时总评成绩中，考勤成绩和进度成绩各占50%。

图 1-1　冲压工艺与模具课程设计指导记录表

2）做上述工作的目的是告诉学生做事情要脚踏实地、要有计划、有目标、一步一步地完成。工程设计不能马虎，要有据可查，要有责任担当。老师给分有给分依据，学生得分要有得分依据。

1.2　课程设计的一般步骤

冲压工艺与模具设计工作可依据下列步骤逐步完成。

1. 设计前的准备

（1）下达设计任务书　在课程设计开始之前或课程设计开始的第一天，下达课程设计任务书，并对任务书进行详细讲解，务必使每位同学清楚自己的设计任务及各项要求。

（2）熟悉课题和相关知识　指导学生进一步熟悉自己的课题，了解与课题相关的如制图、材料、设备等相关知识。

（3）收集、准备原始资料　指导学生根据设计任务收集原始资料，如准备设计手册、设备资料、冲压标准等。

2. 冲压件的工艺设计

针对任务书中给定的产品进行：①工艺分析；②工艺方案确定。

3. 模具概要设计

模具概要设计主要包含：①模具类型的选择；②模具零件结构形式的选择。

4. 必要的工艺计算

必要的工艺计算包括　①毛坯形状与尺寸的确定；②排样设计；③冲压工艺力的计算并初选设备；④刃口尺寸及公差的确定；⑤压力中心的计算；⑥弹性元件的选用；⑦模具强度的校核。

5. 模具零件的详细设计及标准的选用

设计时应尽量选用标准件，对于非标准件应按有关的设计要求进行设计。

6. 绘图

按要求绘制模具装配图和设计件的零件图。

7. 验算已选设备

主要验算模具的平面尺寸和高度尺寸是否与初选的压力机相匹配。

8. 编写设计计算说明书

按规定格式将上述设计过程以文档的形式编写出来。

上述过程是冲模设计的一般程序，在实际的模具设计中，可以交叉进行。下面各章详细介绍各步骤内容。

1.3　课程设计的任务及要求

课程设计的任务应该以课程设计任务书的形式下发，设计任务书的内容必须简单明了，要直接告诉学生做什么。设计任务书通常包括下面几项内容：

1. 设计题目

课程设计不同于毕业设计，每个老师指导的人数较多，因此设计课题很难做到一人一题，建议将全班同学按人数分为几个组，每组同学设计的产品图相同，但数据不同，具体的课题数量视参加设计的人数确定。比如 40 人的班级，可以分为四个设计小组，给出 4 个设计用产品图，每组按规定选择其中的一个零件图，在规定的时间内完成其工艺设计、模具设计、模具图形绘制及设计说明书的编写等工作。

2. 课程设计任务及工作量的要求

要求完成选定零件的冲压工艺与模具设计，并提交：①符合规范的设计计算说明书 1 份；②符合标准和模具图绘制要求的模具总装图 1 副（建议 A1 图纸幅面）；③符合标准的模具零件图若干副（一般 6 张左右）。

3. 设计进度安排

设计进度安排可参考表 1-1。

表 1-1　设计进度安排（以 2 周时间为例）

时间	任务	备注
第 1 天	完成工艺分析与方案确定;完成工艺计算	教师检查方案并进行确认
第 2 天	完成模具结构设计	教师检查模具草图并进行确认,这三天的工作实际上需要穿插进行
第 3~4 天	绘制模具结构草图	
第 5~6 天	绘制模具总装图	教师检查模具图并进行确认
第 7~8 天	绘制模具零件图	教师检查零件图并进行确认
第 9 天	编写设计说明书	教师检查说明书并进行确认
第 10 天	答辩、验收、整改	

4. 考核办法

总评成绩的构成及占分比例分别为：设计成果质量（图样和说明书）占 70%；态度和纪律占 10%；创新意识占 10% 和答辩成绩占 10%，总评成绩按优、良、中、及格和不及格五档评定，具体评定细则可参考表 1-2。

表 1-2　冲压课程设计评分细则

考核内容	优(90~100)	良(80~89)	中(70~79)	及格(60~69)	不及格(<60)
平时表现（10%）	按时出勤,出勤率100%,态度端正,分阶段按期独立完成课程设计所规定的任务	按时出勤,出勤率80%以上,态度较端正,多数分阶段按期独立完成课程设计所规定的任务	按时出勤的出勤率 70% 以上,态度较端正,最终完成课程设计所规定的任务	按时出勤的出勤率 60% 以上,态度不够端正,独立工作能力较差,但最终能完成规定的任务	出勤率低于 60%,态度不端正,独立工作能力差,未按期完成课程设计所规定的任务

（续）

考核内容	优（90~100）	良（80~89）	中（70~79）	及格（60~69）	不及格（<60）
设计成果质量（70%）	1. 设计方案合理，模具总图结构正确，能清楚表达模具零件间的装配关系。模具零件图视图数量合适，结构表达完整、正确，尺寸标注齐全，材料及技术要求选择合理。图形的绘制符合国家标准及模具图的绘制要求，规范性好。图面整洁美观，内容完整。 2. 说明书撰写思路清晰，层次分明，内容完整地反映设计过程，分析全面，计算正确，有必要的插图，格式规范。参考文献相关度高	1. 设计方案合理，模具总图结构正确，能较清楚表达模具零件间的装配关系。模具零件图视图数量合适，结构表达较完整，尺寸标注比较齐全，材料及技术要求选择比较合适。图形的绘制符合国家标准及模具图的绘制要求，规范性较好。图面比较整洁美观，内容完整。 2. 说明书撰写思路较清晰，层次比较分明，内容较完整地反映设计过程，分析比较全面，计算较正确，有必要的插图，格式比较规范。参考文献相关度高	1. 设计方案合理，模具总图基本能表达清楚模具零件间的装配关系。模具零件图视图数量合适，结构表达基本完整，尺寸标注少量欠缺，材料及技术要求选择基本合适。图形的绘制基本符合国家标准及模具图的绘制要求，规范性一般，图面质量一般，内容基本完整。 2. 说明书撰写思路基本清晰，内容基本反映设计过程，分析欠全面，计算基本正确，有必要的插图，格式基本规范。参考文献相关度高	1. 设计方案合理，模具总图结构基本正确，表达基本清楚。模具零件图结构表达不够完整，尺寸标注欠缺，材料及技术要求选择欠合理。图形的绘制规范性欠缺，图面质量一般，内容基本完整。 2. 说明书撰写思路不够清晰，层次不够分明，但内容基本反映设计过程，分析不够全面，计算基本正确，缺少必要的插图，格式基本规范。参考文献有一定的相关度	1. 设计方案不合理，模具总图结构不正确，表达不清楚。模具零件图结构表达不完整，尺寸标注混乱、不全，材料及技术要求选择多数不合理。图形的绘制规范性差，图面质量差，内容不完整。 2. 说明书撰写思路不清晰，层次不分明，内容不完整，没有足够的分析比较，计算错误较多，缺少必要的插图，格式不规范。参考文献相关度差
创新意识（10%）	能针对设计存在的问题展开全面讨论并提出自己的意见和体会，体现创新思想	能针对设计存在的问题展开讨论并提出自己的意见和体会，能体现一定的创新思想	能针对设计存在的问题在一定程度上展开讨论并提出自己的意见和体会，体现一定的创新思想	基本能针对设计存在的问题展开讨论，但缺乏自己的意见和体会	不能针对设计存在的问题展开讨论并提出自己的意见和体会
答辩成绩（10%）	自述思路清晰，能完全正确地回答所有问题	自述思路较清晰，能完全正确地回答多数问题	自述思路基本清晰，能正确回答多数问题	自述思路基本清晰，能正确回答部分问题	不能清楚表达自己的设计思想，不能正确回答问题

扩展阅读

1）设计任务是针对课程设计时间为2周的工作量提出的，如果时间为一周可酌情调整。设计题目可以从本教材的附录C中选择，也可以自行确定。如果设计时间为2周，建议选用需要2~3道工序完成的冲压件作为设计用课题，模具以2工序的复合模或2~3工位的级进模为宜。本设计任务书及表1-2所示的成绩评定细则仅供参考。

2）强调创新意识，并不是要求课程设计过程中就模具结构等方面进行创新，主要是要求学生对设计过程进行思考，并将思考过程在说明书中体现出来，比如他设计的这副模具为什么选弹性卸料而不选刚性卸料，为什么选滑动对角导柱导套导向的钢板模架等。希望学生的每一步设计都是经过认真思考的，而不是人云亦云。同时也是训练学生独立思考、严谨认真的工作态度。所以评分细则建议在任务布置时就对他们讲解，让他们心中有数。

3）图1-2是某校下发给材料成型及控制工程专业的学生进行冲压工艺与模具课程设计的任务书。从任务书中可见，本次设计将全班分成了四组，每一组的产品图相同，但每一位同学的数据不同，图1-3是每位同学设计用数据，可做参考。

《冲压工艺与模具设计》课程设计任务书

一、设计题目

从下面四个图形中按规定选择一个零件图，在规定的时间内完成工艺设计、模具设计、模具图形绘制及设计说明书的编写等工作。

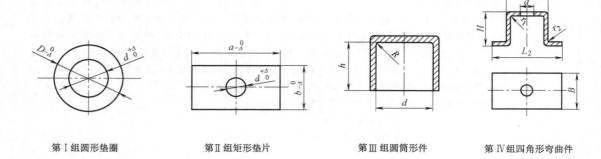

第Ⅰ组圆形垫圈　　　　第Ⅱ组矩形垫片　　　　第Ⅲ组圆筒形件　　　　第Ⅳ组四角形弯曲件

二、课程设计任务及工作量的要求

要求完成选定零件的冲压工艺与模具设计，并提交：

1.符合规范的设计计算说明书1份。
2.符合标准和模具图绘制要求的模具总装图1张。
3.符合标准的模具零件图若干张。

三、考核办法

1.设计成果质量(70%)
2.创新能力(10%)
3.态度和纪律(10%)
4.答辩成绩(10%)
成绩分优、良、中、及格和不及格五档。

四、设计进度安排

第1天:完成工艺分析与方案确定;完成工艺计算。
第2天:完成模具结构设计。
第3～4天:绘制模具结构草图。
第5～6天:绘制模具总装图。
第7～8天:绘制模具零件图。
第9天：编写设计说明书。
第10天:答辩、验收、整改。

图1-2　冲压工艺与模具课程设计任务书示例

附录Ⅰ：设计用数据

第1组设计题目：圆形垫圈冲压工艺与模具设计

（第1组同学，序号1-10）　　　　　（单位：mm）

学号	材料	厚度	d	Δ_1	D	Δ_2	批量
1	Q235	1.2	24	+0.12	51	-0.22	
2	08	1.2	18	+0.14	52	-0.22	
3	10	1.5	21	+0.10	53	-0.20	
4	08F	1.5	26	+0.14	54	-0.24	大批量
5	Q235	0.8	20	+0.12	55	-0.20	
6	08	0.8	22	+0.14	56	-0.20	
7	10	1.2	23	+0.12	57	-0.24	
8	08F	1.0	25	+0.14	58	-0.22	
9	H62	2.0	27	+0.10	59	-0.20	
10	08	2.0	19	+0.14	60	-0.24	

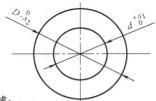

要求完成：

1.从原材料规格的选择到最终产品成形的整个工艺计算过程
2.第一副模具的设计
3.第一副模具图形的绘制(含装配图和各设计件的零件图)
4.设计说明书的编写

第3组设计题目：圆筒形件拉深工艺与模具设计

（第3组同学，序号21-30）　　　　　（单位：mm）

序号	材料	厚度	d	R	h	批量
21	Q235	1.0	30		24	
22	08	1.2	23		25	
23	10	1.5	28		26	
24	08F	1.0	23		27	
25	Q235	1.5	29	3.0	24	中批量
26	08	1.5	32		22	
27	10	1.2	27		27	
28	08F	1.2	27		26	
29	H62	0.8	25		24	
30	08	0.8	23		25	

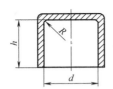

要求完成：

1.从原材料规格的选择到最终产品成形的整个工艺计算过程
2.第一副模具的设计
3.第一副模具图形的绘制(含装配图和各设计件的零件图)
4.设计说明书的编写

第2组设计题目：矩形垫片冲压工艺与模具设计

（第2组同学，序号11-20）　　　　　（单位：mm）

学号	材料	厚度	d	Δ_1	a	b	Δ_2	Δ_3	批量
11	Q235	0.8	16	+0.14	49	35	-0.20	-0.22	
12	08	0.8	20	+0.12	45	32	-0.22	-0.22	
13	10	1.0	26	+0.14	46	40	-0.14	-0.20	
14	08F	1.0	20	+0.14	48	35	-0.23	-0.24	
15	Q235	1.2	22	+0.14	43	40	-0.32	-0.22	大批量
16	08	1.2	20	+0.14	48	30	-0.20	-0.20	
17	10	1.2	22	+0.10	50	38	-0.18	-0.24	
18	08F	1.5	20	+0.14	51	40	-0.18	-0.20	
19	H62	2.0	20	+0.14	49	40	-0.18	-0.20	
20	08	2.0	18	+0.12	47	30	-0.24	-0.24	

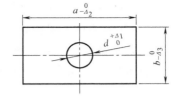

要求完成：

1.从原材料规格的选择到最终产品成形的整个工艺计算过程
2.第一副模具的设计
3.第一副模具图形的绘制(含装配图和各设计件的零件图)
4.设计说明书的编写

第4组设计题目：四角形弯曲件弯曲工艺与模具设计

（第4组同学，序号31-40）　　　　　（单位：mm）

序号	材料	厚度	d	L_1	L_2	H	r_1	r_2	B	批量
31	08	1.2	8	16	36	25				
32	10	0.8	6	20	42	26				
33	H62	1.2	9	25	54	24				
34	08	1.5	9	21	56	23				
35	10	2.0	9	22	46	24				中批量
36	Q235	1.2	4	18	40	25	3	3	42	
37	10	1.2	9	22	38	24				
38	08F	1.0	8	20	35	24				
39	H62	1.0	6	20	31	22				
40	08F	2.0	9	22	40	25				

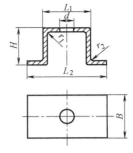

要求完成：

1.从原材料规格的选择到最终产品成形的整个工艺计算过程
2.第一副模具的设计
3.第一副模具图形的绘制(含装配图和各设计件的零件图)
4.设计说明书的编写

图 1-3　设计用数据

1.4 课程设计的注意事项

1）冲压模具（课程、毕业）设计是在老师（或企业工程技术人员）指导下由学生独立完成，也是对学生进行的一次较全面的工装设计训练。学生应明确设计任务，掌握设计进度，认真设计。每个阶段完成后要认真检查，提倡独立思考，有错误要认真修改，精益求精。

2）冲压模具设计各阶段是相互联系的。设计时，零部件的结构尺寸不是完全由计算确定的，还要考虑结构性、工艺性、经济性以及标准化等要求。随着设计的逐步进展，需考虑的问题会更全面、更合理，故后阶段设计要对前阶段设计中的不合理结构尺寸进行必要的修改，所以设计要边计算、边绘图，反复修改，计算、设计和绘图通常是交替进行的。

3）学习和善于利用前人所积累的宝贵设计经验和资料，可以加快设计进程，避免不必要的重复劳动，是提高设计质量的重要保证，也是创新的基础。然而，任何一项设计任务均可能有多种可行方案，应从具体情况出发，认真分析，既要合理地吸取，又不可盲目地照搬、照抄。

4）设计中贯彻标准化、系列化与通用化，可以降低成本、缩短设计周期，是模具设计中应遵循的原则之一，也是设计质量的一项评价指标。设计中应熟悉和正确采用各种有关技术标准与规范，有标准件的尽量采用标准件，某些零件的安装固定尺寸需规整为标准尺寸。同时，设计中应减少材料的品种和标准件的规格。

5）设计的过程就是发现问题、分析问题和解决问题的过程，在这个过程中要始终抓住质量、成本、效率和安全四个关键词，以不断增强自己的工程实践能力。

第2章

冲压工艺设计

2.1 冲压零件的工艺性分析

冲压件的工艺性主要是指冲压件对冲压工艺的适应性，这是从冲压加工的角度对冲压件设计提出的要求。冲压件的工艺性评判，主要是指在不影响使用要求的前提下，能否以最简单、最经济的方法冲压出来。

1. 影响冲压件工艺性的因素

影响因素主要有：①冲压件的形状和尺寸；②冲压件的尺寸精度；③尺寸标注；④原材料性能；⑤冲压件的技术要求。

2. 分析冲压件工艺性的方法与步骤

1）根据冲压件的产品图及技术要求，对照 GB/T 30570—2014《金属冷冲压件 结构要素》、GB/T 30571—2014《金属冷冲压件 通用技术条件》、JB/T 6959—2008《金属板料拉深工艺设计规范》、JB/T 5109—2001《金属板料压弯工艺设计规范》，分析冲压件的结构形状、尺寸大小和材料性能等是否适合冲压加工的要求。特别要注意各种冲压工艺所允许的极限尺寸，如冲裁件的最小孔径、孔间距和孔边距、悬臂与凹槽尺寸等是否适合冲裁；弯曲件的最小弯曲半径、最小直边高度、弯曲件上的孔至变形区最小距离等是否适合弯曲；拉深件的各个圆角半径、高径比等是否适合拉深等。

2）根据冲压件的产品图及技术要求，对照 GB/T 13914—2013《冲压件尺寸公差》对产品精度（即尺寸和几何公差大小）进行分析，确定所采用的冲压工艺能否达到冲压件产品的各类精度要求。对产品图上没有标注公差的尺寸并不等于没有公差要求，应对照 GB/T 15055—2021《冲压件未注公差尺寸极限偏差》查出相应的公差并进行标注，为后续零件的设计做好准备。

3）通过工艺分析，若发现冲压件工艺性很差，则可以会同产品设计人员，在不影响使用要求的前提下对冲压件的形状、尺寸、精度、甚至原材料等进行调整，以改善冲压件的工艺性，使产品设计、工艺和工装设计与制造三者更好地结合，取得最佳的效果。

例 2-1 如图 2-1 所示的转卡片零件图，材料 H62，料厚 0.8mm，大量生产，其工艺分析如下。

该冲压件为直角弯曲的弯曲件，材料 H62，结构较为简单，有凹槽，但凹槽宽度为 8mm，最小孔径 8mm，最小孔边距 8mm，孔边距弯曲变形区距离 9.2mm，弯曲半径 2mm，

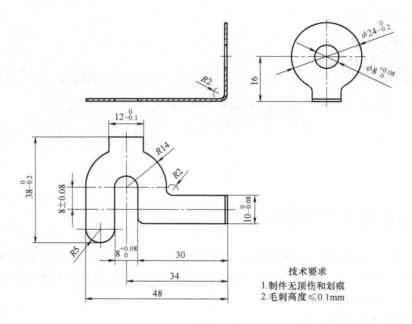

技术要求
1.制件无顶伤和划痕
2.毛刺高度≤0.1mm

图 2-1　转卡片零件图

最小弯曲直边高度 25.2mm，由 GB/T 30570—2014《金属冷冲压件　结构要素》、GB/T 30571—2014《金属冷冲压件　通用技术条件》和 JB/T 5109—2001《金属板料压弯工艺设计规范》可知，该弯曲件的最小孔径、最小弯曲直边高度均大于允许值；弯曲半径大于材料允许的最小弯曲半径，可以一次弯曲成功；最小孔边距满足复合冲压的最小壁厚；孔距弯曲变形区的距离也满足先冲孔后弯曲的工艺要求，由此可知该弯曲件的形状、尺寸及原材料等均满足冲压工艺要求。

由 GB/T 13914—2013《冲压件尺寸公差》可知，该冲压件最高冲裁精度等级的尺寸是 $12_{-0.1}^{0}$ mm，但也不超过 ST4 级，普通冲裁即可保证要求。而弯曲部分的尺寸（16mm、48mm 等）均为未注公差，因此弯曲部分的精度普通冲压也可以保证。

综上所述，该冲压件的冲压工艺性良好，适合冲压。

扩展阅读

工艺分析时，特别要注意各种冲压工艺所允许的极限尺寸。所谓极限尺寸是指每种冲压工艺允许加工的最小尺寸是有限制的，如小于料厚的孔不能用常规的模具结构直接冲压，必须采用有保护套的凸模。弯曲件的直边高度过小，也不能直接弯曲，必须采取在变形区压凹或弯曲前人为增加直边高度，弯曲后再切除的办法等，所以冲压件产品设计时，在满足使用要求的前提下务必注意要适应各种冲压工艺成形的工艺要求，否则就需要采用复杂的模具结构或增加后续工序，导致产品成本增加，失去市场竞争力。

做人也一样，所谓的"物竞天择，适者生存"正如同此理，人只有适应周围的环境，才能顺利得到发展，否则人生的路就会更加曲折，当然这里的"适应"也不是天生的，需要不断调整自己、战胜自己。

2.2 冲压工艺方案的确定

1. 制定工艺方案的基本方法

工艺方案的确定主要是解决该冲压件所需要的冲压基本工序、工序的数量、各工序的顺序安排以及工序的组合，在工艺分析的基础上考虑生产批量等因素。

（1）确定所需的冲压基本工序，如落料、冲孔、切边、弯曲、拉深、翻边、胀形、整形等 冲压基本工序的确定需对产品图进行分析和计算，才能准确确定所需的工序种类，一般情况下，冲裁件所需的冲压基本工序可由产品图直观地判断出来，主要是冲孔、落料（或切断）、冲槽等，当精度要求较高时，可能需要校平或直接采用精密冲裁；对于弯曲件所需的冲压基本工序是冲裁和弯曲，当弯曲半径小于材料允许的最小弯曲半径或弯曲件精度要求较高时，需要增加整形工序；对于拉深件所需的冲压基本工序是冲裁和拉深，当拉深圆角半径太小或精度要求较高时，也需增加整形工序；对于翻孔件，需通过极限翻边系数计算其翻边高度能否一次翻出，如不能则要改用拉深后冲底孔再翻孔的方案，所以工序性质的确定有时需要进行工艺计算（如有高竖边的翻孔件），不能完全靠分析或直观地由产品图得出。

（2）确定工序数量 工序数量是指同一工序重复进行的次数，如弯曲件的弯曲次数，拉深件的拉深次数等。工序数量主要取决于冲压件结构的复杂程度、尺寸大小、精度高低、材料的性能和模具强度等，需要对产品图进行分析或计算才能确定。如冲制外形或内孔异常复杂的冲裁件时，则需要对外形或内孔进行分步冲裁以简化模具的结构，保证模具的强度，如图2-2所示。当冲制多孔冲裁件且各孔的孔距较小时，为保证模具的强度，也需要多次冲

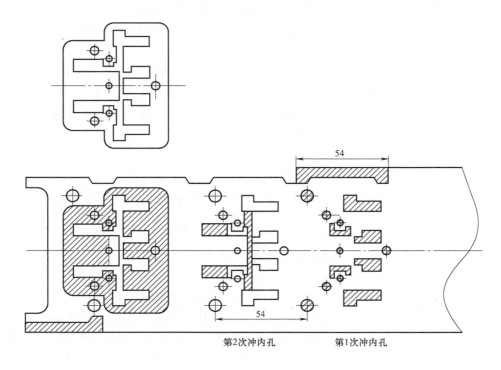

第2次冲内孔　　　第1次冲内孔

图 2-2　分步冲制内孔异常复杂的冲裁件

孔，如图2-3所示。而拉深件的拉深次数则需要通过极限拉深系数计算才能确定。

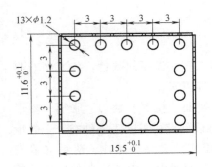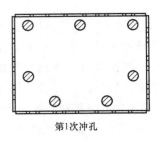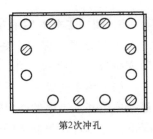

第1次冲孔　　　　　　第2次冲孔

图2-3　孔距较小的冲裁件多次冲孔

除上述因素外，确定冲压工序数量还需考虑生产批量、工厂现有的制模条件及冲压设备情况等。

（3）确定冲压工序的顺序　冲压工序的顺序应根据工序的变形性质、冲压件的质量要求等来确定。在保证冲压件质量的前提下尽量做到操作方便、安全，模具结构简单。一般原则为：

1）对于有孔或有切口的平板零件，而又采用单工序模冲裁时，一般先落料后冲孔（或切口）；当采用连续模冲裁时，则应先冲孔后落料。

2）对于多处弯曲件，应先弯外角后弯内角。当孔位于变形区或孔与基准面有较高要求时，必须先弯曲，后冲孔，否则应先冲孔后弯曲，这样可使模具结构简化。

3）对于旋转体复杂拉深件，一般按由大到小的顺序进行拉深，即先拉深尺寸较大的外形，后拉深尺寸较小的内形；对于非旋转体复杂拉深件，则应先拉深尺寸较小的内形，后拉深尺寸较大的外形。

4）对于有孔和缺口或还需要其他工序（如弯曲等）才能最后成形的拉深件，因拉深的实质是变形区材料产生塑性流动的过程，因此应先拉深，然后完成冲孔、冲缺口或其他工序。若孔位于拉深件底部，有时为了减少拉深次数，当孔的精度要求不高时，可先冲孔（如落料冲孔复合）后拉深；当底孔要求较高精度时，只能先拉深后冲孔，如图2-4所示，因该产品的$\phi42$需要拉深成形，因此该产品尽管需要落料、冲孔、弯曲、拉深等多道工序，但如果采用单工序或复合工序生产时，只能是落料后先拉深，再进行其他工序，否则不能保证产品的质量。即使是采用级进冲压方法，也需要先拉深。

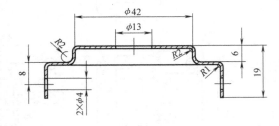

图2-4　工序顺序安排举例

5）校平、整形、切边等工序通常安排在冲裁、弯曲、拉深之后进行。

（4）冲压工序的组合　对于需要多工序冲压的产品，还需要考虑各工序是否需要组合、如何组合、组合的程度等。工序组合有两种基本方式，即复合冲压和级进冲压。工序是否需要组合以及如何组合主要取决于工件的生产批量、尺寸大小、精度要求、模具强度、冲压设备的能力和模具制造的可行性及其使用的可靠性等。基本原则是：

1）大批量生产时为提高生产效率，减少劳动量，降低成本，尽可能地采用复合或级进冲压的组合方式。因级进冲压更容易实现自动化，因此对中小型大批量生产的冲压件，优先选用级进冲压方案。

2）对于尺寸很小的产品，即使精度要求不高、批量也小，但考虑操作的方便与安全，也需要把工序适当地集中和组合，采用复合或级进冲压的方案。

3）对于那些批量大、尺寸大的产品，如汽车覆盖件，宜采用单工序模分散冲压，但如果几套单工序模制造费用比复合模还高，此时应考虑将工序合并，采用复合模生产（如修边冲孔复合）。

2. 制定冲压工艺方案的基本步骤

上述各问题解决后就可以确定工艺方案。一个冲压件往往可以有多种冲压工艺方案，确定工艺方案的具体步骤是：①列出冲压件所需的冲压基本工序；②确定各冲压工序的数量；③确定工序的组合方式；④确定工序的顺序；⑤列出所有可能的工艺方案；⑥分析比较各方案，选出经济上合理、技术上可行的最佳方案；⑦编制冲压件的冲压工艺过程卡，其格式和内容没有统一规定，表2-1可供参考。

表 2-1　冲压工艺过程卡的一种基本格式

（单位名称）	冲压工艺卡	产品型号		零件图号		共　页	
		产品名称		零件名称		第　页	
材料	材料技术要求	毛坯尺寸		每毛坯可制件数	毛坯重量	辅料	
序号	工序名称	工序内容	加工简图		设备	模具	工时
1							
2							

例 2-2　确定图 2-1 所示转卡片的冲压工艺方案。

由图 2-1 及例 2-1 的分析可知，该冲压件需要的基本冲压工序有落料、冲孔和弯曲。由于各处尺寸均满足冲压工艺要求，利用普通冲压即可保证其精度，由此可列出如下几种工艺方案：

方案一：单工序冲压，即先落料，后冲孔，最后弯曲。

方案二：首次落料与冲孔复合，然后再单工序弯曲成形。

方案三：级进冲压，即先冲孔、后弯曲，最后落料。

方案一模具结构简单，但需要多副模具分步生产，生产效率低下，不能满足大量生产对生产效率的要求。方案二虽然首次采用复合工序，但仍然需要多副模具分步生产，同样不能满足生产效率的要求。而方案三只需要一副模具，一次冲压即可得到一件产品，且容易实现自动冲压，不仅能满足效率的要求，也能保证产品的质量，因此方案三是最佳方案。

第3章

冲压模具的概要设计

完成一副冲压模具的设计，需要解决：①冲压模具的概要设计；②模具零件的详细设计，包括模具零件标准件的选用。冲压模具的概要设计是模具零件详细设计的基础，因此是冲压模具结构设计的第一步，通常需要在冲压工艺计算之前完成。

冲压模具概要设计的任务主要包括：①模具类型的确定，包括正装或倒装。②模具零件（工作、定位、卸料、推件、导向、固定零件等）结构形式的确定。

3.1 冲压模具类型的确定

模具类型主要是指采用单工序模、级进模和复合模，表3-1是几种模具类型的比较，具体采用哪种模具类型，应根据冲压件的结构尺寸、精度要求、生产批量、模具加工条件、设备等进行综合考虑。

表 3-1 单工序模、级进模和复合模的比较

比较项目	模具类型		
	单工序模	级进模	复合模
工件尺寸精度	较低	较高	高
冲压生产率	低,压力机一次行程内只能完成一个工序	高,压力机一次行程内能完成多个工序	较高,压力机一次行程内能完成两个以上工序
实现机械化、自动化的可能性	较易,尤其适合多工位压力机上实现自动化	容易,尤其适合单机上实现自动化	难,工件与废料排除较复杂,只能在单机上实现部分机械化操作
对材料的要求	对条料宽度要求不严,可用边角料	对条料或带料要求严格	对条料宽度要求不严,可用边角料
生产安全性	安全性较差	比较安全	安全性较差
模具制造的难易程度	较易,结构简单,制造周期短,价格低	形状简单件,比用复合模制造难度低	形状复杂件,比用级进模的制造难度低
应用	适于精度低、大中型件的中、小批量生产或大型件的大量生产	适于形状复杂、精度要求较高的中小型件的大批量生产	适于形状复杂、精度要求高的大中小型冲压件的大批量生产

至于采用正装还是倒装结构，在保证产品质量的前提下，应充分考虑操作的方便与安全，因此单工序模和级进模优先选用正装结构、下出件方式，而复合模则优先选用倒装结构，当冲制薄料且工件有平面度要求时，单工序模可以采用上出料方式，而复合模可以采用正装结构。级进模在冲制复杂工件时，有时也采用倒装结构，即将凸模装在下模。

3.2　模具零件结构形式的确定

一副具有典型结构的冲压模具通常是由工作零件、定位零件、出件零件（包含卸料、推件、顶件零件）、导向零件和固定零件这 5 大类相互依赖、相互作用的模具零件组成，这 5 大类模具零件各司其职、相互配合共同完成冲压工作。

1. 工作零件结构形式的确定

工作零件主要指凸模、凹模和凸凹模。

对于冲裁模，普通冲压模具中的凹模通常选用整体式结构，制造安装、调试方便。当冲制异形件时，为便于加工，凸模宜设计成直通式，而当冲制圆形及规则形状的冲压件时，凸模可以设计成四周带台阶（圆形凸模）或两边带台阶（矩形凸模）的结构。

对于弯曲模，凹模可以设计成整体式，也可以设计成分块式。

对于拉深模，凹模通常设计成整体式。

2. 定位零件结构形式的确定

普通的手工送料模具中定位零件的结构形式与送进模具中的毛坯形式有关，主要分两种情况：

1）送进模具的毛坯是条料，则定位零件的结构形式主要有两种：

① 导料板（销）和挡料销联合定位，导料板（销）控制送料方向，挡料销控制送料距离，即进距。

② 导料板和侧刃联合定位，同样导料板控制送料方向，侧刃控制进距。

2）送进模具的毛坯是单个坯料，如须在落料件上冲孔、单工序弯曲、单工序拉深等，此时送进模具的毛坯是上一道工序冲制出来的半成品，定位零件可以采用定位板或定位销，利用半成品的外形或内形进行定位。

当采用自动送料装置实现自动冲压时，此时送进模具的毛坯是卷料，可以利用自动送料装置、侧刃进行粗定距，导正销进行精定距。自动送料装置是模具的附属装置，设计模具时根据需要进行选购，不需要自行设计。

3. 卸料、推件、顶件零件的结构形式

卸料零件有刚性、弹性和废料切断刀三种结构形式。卸料零件多选用弹性的，只有当料足够厚才选用刚性的。废料切断刀主要用于拉深件（如汽车覆盖件）修边模中切断废料，从而达到卸料目的。

推件零件也有刚性和弹性两种结构形式，多数选用刚性推件，只有当推件力很小时才会考虑选用弹性推件，如果冲件平面尺寸较大、料较薄，此时可以考虑刚弹性结合的推件结构。

顶件零件通常都是采用弹性结构。

4. 导向零件的结构形式

冲压模具中广泛采用的导向零件是导柱和导套，普通冲压模具基本采用滑动导柱、导套，当导向精度要求较高时才会选用滚动导柱和导套。典型结构的模具中均设置导柱、导套，导柱、导套均为标准件。

5. 固定零件的结构形式

固定零件主要包括模柄、垫板、固定板、上模座、下模座、螺钉、销钉等。

模柄是标准件，标准模柄有压入式、旋入式、带凸缘、槽形模柄等几种，优先选用压入式模柄。

垫板和固定板也是标准件，可以参照凹模的结构选用，即凹模是圆形，则垫板和固定板可以选用圆形；凹模是矩形，则垫板和固定板一般就选用矩形。

上、下模座也是标准件，有铸铁模座和钢板模座两种，每种模座根据导柱、导套在其上安装位置的不同，又可以分为后侧导柱导套导向的模座、中间导柱导套导向的模座、对角导柱导套导向的模座和四导柱导套导向的模座，普通冲压模具优先选用对角或中间导柱导套的钢板模座，当有较高导向精度要求时，才选用四导柱钢板模座。

螺钉优先选用内六角螺钉，销钉优先选用圆柱销钉，它们都是标准件。

扩展阅读

钱学森认为：系统是由相互作用相互依赖的若干组成部分结合而成、具有特定功能的有机整体，而且这个有机整体又是它从属的更大系统的组成部分。根据这个观点，可以把一副模具看成是一个系统，因此可以采用系统论的思想研究模具。

系统论的基本思想是把研究和处理的对象看作一个整体系统，主要任务就是以系统为对象，从整体出发研究系统整体和组成系统整体各要素的相互关系，从本质上说明其结构、功能、行为和动态，以把握系统整体，达到最优的目标。

所以模具的总体概要设计就是系统论的思想在专业上的应用，选择各类模具零件结构形式时，务必使其适应系统的功能要求并达到最优效果。

第4章

冲压工艺计算

不同的冲压工艺，其工艺计算的内容和方法不完全相同，下面分别加以叙述。

4.1 冲裁工艺计算

冲裁工艺计算主要包括排样设计、模具刃口尺寸的计算、冲裁工艺力的计算、模具压力中心的计算、弹性元件的选用、模具的校核等。

4.1.1 排样设计

排样设计需解决的主要问题有：

1. 排样的种类与形式

根据冲压时产生废料的多少，排样可分为有废料、少废料和无废料排样三种类型，每种排样类型又可分为直排、斜排、对排、单排、多排等形式，这就导致同一产品有多种不同的排样方案，如图 4-1 所示。合理的排样应综合考虑工件的形状、精度要求、材料利用率、模具结构、操作方便与安全等因素。

2. 搭边与进距

搭边有搭边 a_1 和侧搭边 a 之分，不管是哪种搭边，均为废料，因此在保证搭边所起作用的前提下尽量取小值，最小搭边值见表 4-1。

表 4-1 最小搭边值 （单位：mm）

材料厚度 t	手工送料						自动送料	
	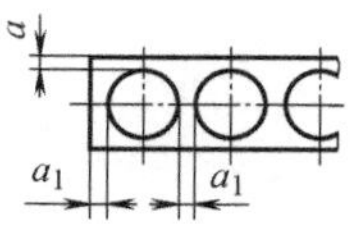 圆形		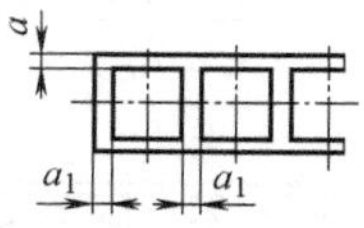 非圆形		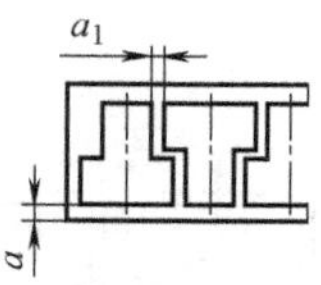 对排		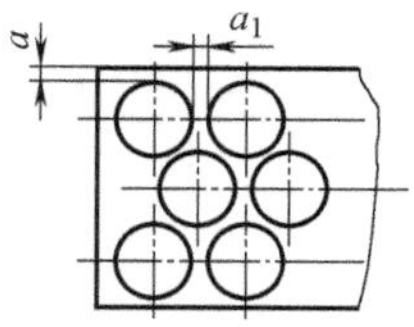	
	a_1	a	a_1	a	a_1	a	a_1	a
≤1	1.5	1.5	1.5	2	2	3	2	3
1~2	1.5	2	2	2.5	2.5	3.5	2	3
2~3	2	2.5	2.5	3	3.5	4	2	3

（续）

材料厚度 t	手工送料						自动送料	
	圆形		非圆形		对排			
	a_1	a	a_1	a	a_1	a	a_1	a
3~4	2.5	3	3	4	4	5	3	4
4~5	3	4	4	5	5	6	4	5
5~6	4	5	5	6	6	7	5	6
6~8	5	6	6	7	7	8	6	7
>8	6	7	7	8	8	9	7	8

注：冲制皮革、纸板、石棉等非金属材料时，搭边值应乘以 1.5~2。

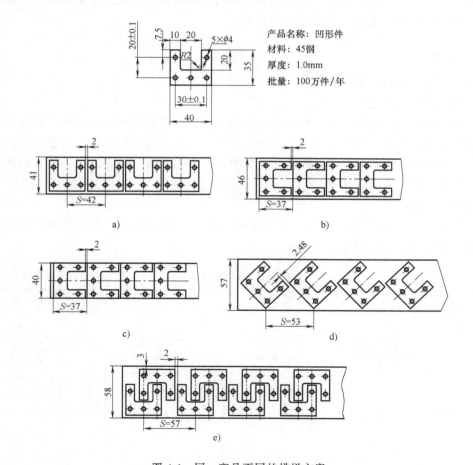

产品名称：凹形件
材料：45钢
厚度：1.0mm
批量：100万件/年

图 4-1　同一产品不同的排样方案

a）方案 1：有废料直排　b）方案 2：有废料横排　c）方案 3：少废料横排

d）方案 4：有废料斜排　e）方案 5：有废料直对排

进距的大小取决于冲压件的形状、尺寸及排样方式。当单个进距内只冲裁一个零件时，送料进距的大小等于条料上两个相邻零件对应点之间的距离，如图4-1所示。

3. 条料宽度

条料宽度的确定与条料在模具中的定位方式有关，不同的定位方式有不同的计算公式。条料宽度的计算公式见表4-2。

表4-2　条料宽度计算公式

条料定位方式		料宽计算公式	图解
导料板和挡料销定位	导料板内有侧压装置	$B_{-\Delta}^{0}=(D+2a)_{-\Delta}^{0}$	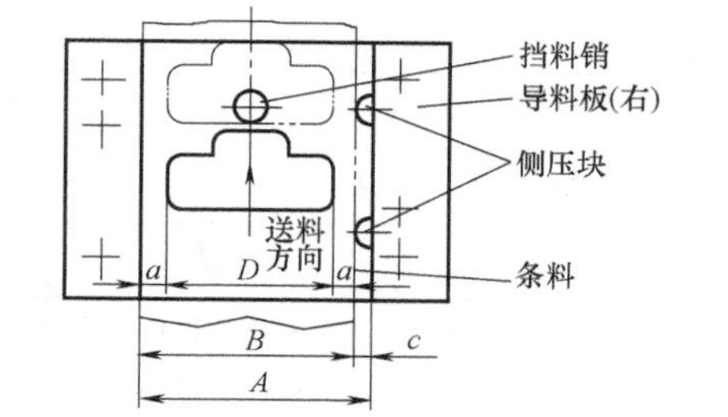
	导料板内无侧压装置	$B_{-\Delta}^{0}=(D+2a+c)_{-\Delta}^{0}$	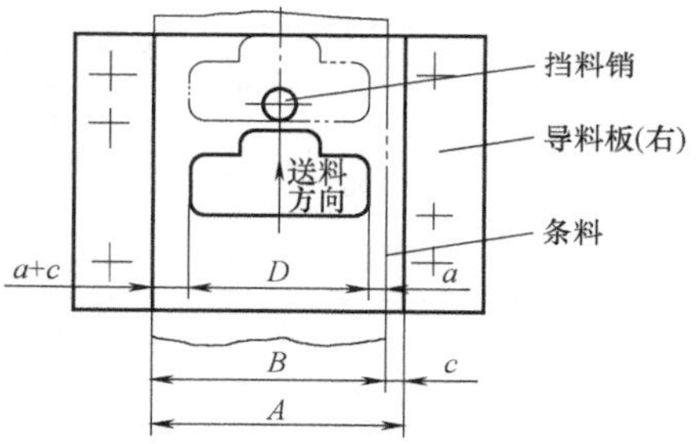
导料板和侧刃定位		$B_{-\Delta}^{0}=(D+2a'+nb)_{-\Delta}^{0}$ $=(D+1.5a+nb)_{-\Delta}^{0}$	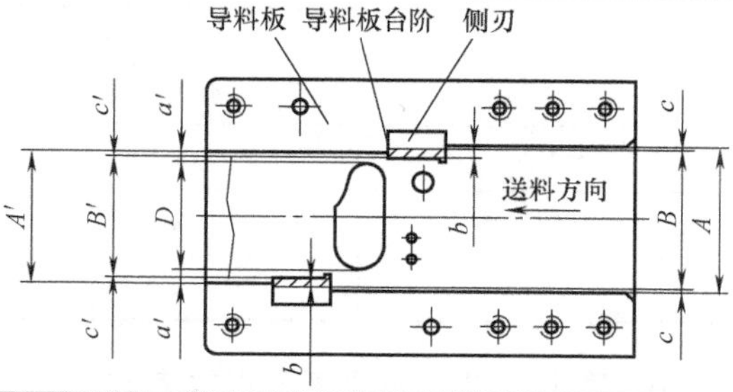
参数含义		B—条料宽度，单位为 mm D—冲裁件在垂直送料方向上的最大外形尺寸，单位为 mm a—侧搭边值，单位为 mm，可参考表4-1 Δ—条料宽度的极限偏差，单位为 mm，可参考表4-3 A—导料板之间距离，单位为 mm c—条料与导料板之间单边间隙，单位为 mm，可参考表4-4 a'—裁去料边后的侧搭边值，$a'=0.75a$（a 是侧搭边值，可参考表4-1），单位为 mm n—侧刃数 b—侧刃冲切的料边宽度，单位为 mm，见表4-5 c'—冲切后的条料宽度与导料板间的间隙，单位为 mm，见表4-5	

表 4-3 条料下料剪切宽度极限偏差表（JB/T 4381—2011） （单位：mm）

剪切宽度	材料厚度							
	≤1.6		>1.6~3		>3~6		>6~12	
	精度等级A	精度等级B	精度等级A	精度等级B	精度等级A	精度等级B	精度等级A	精度等级B
>90~120	±0.2	±0.5	±0.3	±1.0	±0.7	±1.2	—	±1.5
>120~350	±0.3	±1.0	±0.4	±1.5	±0.9	±2.0	—	±2.5
>350~650	±0.4	±1.2	±0.5	±1.8	±1.2	±2.2	—	±2.8
>650~1000	±0.5	±1.5	±0.6	±2.0	±1.5	±2.5	—	±3.0
>1000~2000	±0.8	±2.0	±0.8	±2.5	±2.0	±3.0	—	±3.5
>2000~3150	±1.0	±2.5	±1.0	±3.0	±2.8	±3.5	—	±4.0

注：本标准适用于龙门式和开式剪板机，剪切厚度为 12mm 以下、剪切宽度大于或等于 90mm、剪切长度与宽度之比不大于 5 的金属板件或供冲压用板坯。

表 4-4 条料与导料板之间的单边间隙 c （单位：mm）

材料厚度 t	无侧压装置			有侧压装置	
	条料宽度				
	≤100	>100~200	>200~300	≤100	>100
≤1	0.5	0.6	1.0	5.0	8.0
>1~5	0.8	1.0	1.0	5.0	8.0

表 4-5 b 和 c' 值 （单位：mm）

条料厚度 t	b		c'
	金属材料	非金属材料	
≤1.5	1.5	2	0.10
>1.5~2.5	2.0	3	0.15
>2.5~3	2.5	4	0.20

4. 确定原材料的规格及裁板方式

条料宽度确定后就可以根据条料的宽度值和进距值，选择合适板料（适用于手工送料）或卷料（适用于自动送料）的规格。

冲压所用的原材料通常是轧钢厂轧制而成的，有各种规格的宽钢带、钢板、纵切钢带等，轧钢厂均有成品提供，它们的规格均有国家标准，表 4-6 是 GB/T 708—2019 规定的钢板和钢带的尺寸范围。

通常需根据冲压件的大小将大尺寸的板料通过下料工序剪裁成合适宽度的条料。裁板方式有纵裁和横裁两种，纵裁是指沿纤维方向裁料，所裁条料的长度等于板料的长度；横裁则是沿宽度方向裁料，所裁条料的长度等于板料的宽度，如图 4-2 所示。具体选用哪一种，需要综合考虑材料利用率、操作方便与安全、生产效率等因素。

表 4-6 钢板和钢带的尺寸范围

原材料名称	图解	尺寸范围	备注
宽钢带		钢板和钢带(含纵切钢带)的公称厚度为不大于 4.0mm,公称厚度小于 1mm 的钢板和钢带有按 0.05mm 倍数的任何尺寸;公称厚度不小于 1mm 的钢板和钢带有按 0.1mm 倍数的任何尺寸	钢板、钢带、纵切钢带均适用于大批量生产,当需要小批量、单件生产或新产品试制或采用贵金属作为冲压用原材料时,可与轧钢厂协商解决提供块料
钢板		钢板和钢带的公称宽度为不大于 2150mm,有按 10mm 倍数的任何尺寸 钢板的公称长度为 1000 ~ 6000mm,有按 50 倍数的任何尺寸	
纵切钢带		可根据需方要求,经供需双方协商,供应其他尺寸的钢板、钢带	

至于纵切钢带（卷料），其宽度可等于条料宽度，长度按照国标选用即可。

5. 计算材料利用率

为了降低产品成本，需要提高材料利用率，因此板料的规格应该尽可能地使这块板料能冲压出数量最多的产品。如送料方向的条料长度尽可能是进距的整数倍，以减少料尾的损失；而板料的宽度（纵裁时）或板料的长度（横裁时）尽可能是条料宽度的整数倍，以减少裁料的边余料。

例如图 4-1a 所示的排样方案，此时条料宽度是 41mm，进距是 42mm，选用 1100mm×820mm 规格的板料比选用 1150mm×1000mm 规格的板料更有利于提高材料利用率，原因如下：

1）选用 1100mm×820mm 规格的板料，采用纵裁法，如图 4-2 所示，刚好可裁得料宽是 41mm 的条料 820/41＝20（条），没有余料产生。每条条料可生产的产品数是 （1100−2）/42≈26（件），余 8mm 工艺废料料尾，由此可得这种排样方案下的材料利用率为

$$\eta = \frac{NA}{LB} \times 100\% = \frac{20 \times 26 \times (1001.7168 - 15.7)}{1100 \times 820} \times 100\% = 56.84\%$$

［注：（1001.7168−15.7）为利用 AutoCAD 自动求出的图 4-1 所示的凹形件面积］

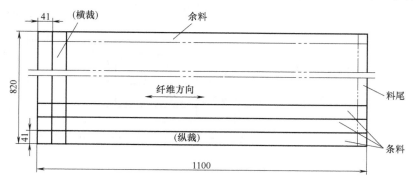

图 4-2 材料利用率计算举例

2）选用 1150mm × 1000mm 规格的板料时，仍然采用纵裁法，可裁得的条料数是 1000/41≈24（条），产生宽度为 16mm 的废料余料。每条条料可生产的产品数是（1150 - 2)/42≈27（件），余 16mm 工艺废料料尾，由此可得材料利用率为

$$\eta = \frac{NA}{LB} \times 100\% = \frac{24 \times 27 \times (1001.7168 - 15.7)}{1150 \times 1000} \times 100\% = 55.56\%$$

由上述计算可以看出，合适的板料规格可以有效提高材料利用率，进而达到降低产品成本的目的，因此板料规格的选用是需要通过分析计算比较的。

扩展阅读

1）特别需要说明的是购买原材料时务必注意使原材料的厚度公差符合国家标准或冲压模具的使用要求。

2）此外在选择板料规格和确定裁板法时，除考虑材料利用率，对于后续需要弯曲的冲压件还需要考虑板料轧制时形成的纤维方向，尽量避免弯曲线与板料的轧制方向平行。

3）节约资源是我们每个公民的义务和责任，所以排样设计时应尽可能考虑节省材料，既降低成本，又节约资源。

6. 绘制排样图

排样设计的最后一步是绘制排样图，排样图上要求清楚地表达出冲压件的排样类型、排样方式，并标注搭边 a_1、侧搭边 a、进距 S 和材料宽度 B 等尺寸。为了区分每个工位上正在加工的和已经完成加工的内容，对于冲裁部分，可以利用绘制剖面线的方式区分。同时不同的冲压方案，其排样图的绘制内容也不完全相同，图 4-3 分别列出了单工序冲裁、级进冲裁

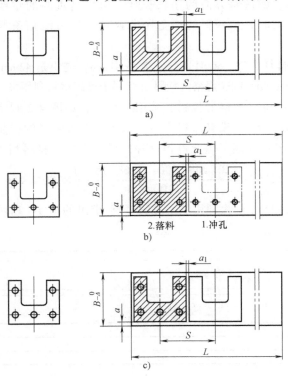

图 4-3　排样图的绘制

a）单工序冲裁　b）级进冲裁　c）复合冲裁

和复合冲裁的排样图。图 4-4 列出了一个多工位级进冲压弯曲件的排样图。

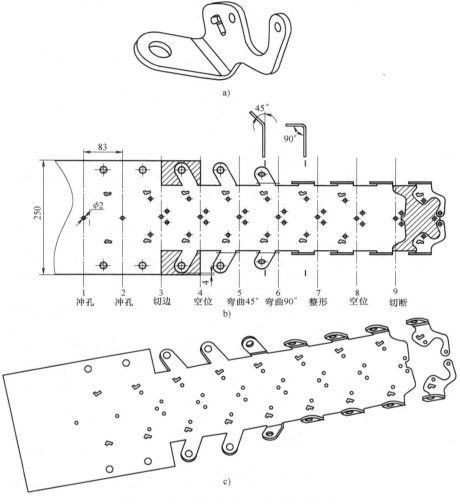

图 4-4　多工位级进冲压弯曲件的排样图

a）工件　b）排样图（二维）　c）排样图（三维）

4.1.2　冲裁模工作部分刃口尺寸及公差的确定

凸、凹模刃口尺寸精度合理与否，直接影响冲压件的尺寸精度及合理间隙值能否保证，也关系模具的加工成本和寿命。冲裁模刃口尺寸及公差的确定见表 4-7。

表 4-7　冲裁模刃口尺寸计算公式

冲压工序性质	落料		冲孔
基准模	凹模		凸模
刃口尺寸计算公式			
基准模刃口尺寸磨损规律	冲件尺寸	基准模刃口尺寸计算公式	非基准模刃口尺寸计算公式
越磨越大	$A_{-\Delta}^{\ 0}$	$A_1 = (A - x\Delta)_{\ 0}^{+\delta_1}$	$A_2 = (A_1 - 2c_{min})_{-\delta_2}^{\ 0}$

（续）

基准模刃口尺寸磨损规律	冲件尺寸	基准模刃口尺寸计算公式	非基准模刃口尺寸计算公式
越磨越小	$B_{\ 0}^{+\Delta}$	$B_1 = (B + x\Delta)_{-\delta_1}^{\ \ 0}$	$B_2 = (B_1 + 2c_{min})_{\ \ 0}^{+\delta_2}$
磨损后尺寸不变	$C \pm \Delta'$	$C_1 = C \pm \delta_1/2$	$C_2 = C \pm \delta_2/2$
校核不等式		$\delta_1 + \delta_2 \leqslant 2(c_{max} - c_{min})$	
参数含义	A、B、C—工件的基本尺寸，单位为 mm A_1、B_1、C_1—基准模刃口尺寸，单位为 mm A_2、B_2、C_2—非基准模刃口尺寸，单位为 mm Δ—工件公差，单位为 mm Δ'—工件偏差，单位为 mm δ_1、δ_2—基准模和非基准模制造公差，它们的值可按 IT6、IT7 级选用，单位为 mm；当这种方法确定的 δ_1、δ_2 不符合本表中不等式的要求时，则取：$\delta_p = 0.8(c_{max} - c_{min})$，$\delta_d = 1.2(c_{max} - c_{min})$ δ_p、δ_d—凸模和凹模的制造公差，即下标"p"代表凸模，下标"d"代表凹模，其余同 x—磨损系数（表 4-8） c_{max}、c_{min}—冲裁模最大、最小合理间隙，单位为 mm，由表 4-9 和表 4-10 查取			

表 4-8　磨损系数 x

材料厚度 t/mm	非圆形工件 x 值			圆形工件 x 值	
	1	0.75	0.5	0.75	0.5
	工件公差 Δ/mm				
1	<0.16	0.17~0.35	≥0.36	<0.16	≥0.16
1~2	<0.20	0.21~0.41	≥0.42	<0.20	≥0.20
2~4	<0.24	0.25~0.49	≥0.50	<0.24	≥0.24
>4	<0.30	0.31~0.59	≥0.60	<0.30	≥0.30

表 4-9　金属板料冲裁间隙分类

项目名称	类别和间隙值				
	Ⅰ类	Ⅱ类	Ⅲ类	Ⅳ类	Ⅴ类
剪切面特征	毛刺细长 α 很小 光亮带很大 塌角很小	毛刺中等 α 小 光亮带大 塌角小	毛刺一般 α 中等 光亮带中等 塌角中等	毛刺较大 α 大 光亮带小 塌角大	毛刺大 α 大 光亮带最小 塌角大
塌角高度 R	$(2\% \sim 5\%)t$	$(4\% \sim 7\%)t$	$(6\% \sim 8\%)t$	$(8\% \sim 10\%)t$	$(10\% \sim 12\%)t$
光亮带高度 B	$(50\% \sim 70\%)t$	$(35\% \sim 55\%)t$	$(25\% \sim 40\%)t$	$(15\% \sim 25\%)t$	$(10\% \sim 20\%)t$
断裂带高度 F	$(25\% \sim 45\%)t$	$(35\% \sim 50\%)t$	$(50\% \sim 60\%)t$	$(60\% \sim 75\%)t$	$(70\% \sim 80\%)t$
毛刺高度 h	细长	中等	一般	较高	高
断裂角 α	—	4°~7°	7°~8°	8°~11°	14°~16°
平面度 f	好	较好	一般	较差	差
尺寸精度　落料件	非常接近凹模尺寸	接近凹模尺寸	稍小于凹模尺寸	小于凹模尺寸	小于凹模尺寸
尺寸精度　冲孔件	非常接近凸模尺寸	接近凸模尺寸	稍大于凸模尺寸	大于凸模尺寸	大于凸模尺寸

（续）

项目名称	类别和间隙值				
	Ⅰ类	Ⅱ类	Ⅲ类	Ⅳ类	Ⅴ类
冲裁力	大	较大	一般	较小	小
卸、推料力	大	较大	最小	较小	小
冲裁功	大	较大	一般	较小	小
模具寿命	低	较低	较高	高	最高
参数含义					

表 4-10 金属板料冲裁间隙值

材料	抗剪强度 τ /MPa	初始间隙（单边间隙）				
		Ⅰ类	Ⅱ类	Ⅲ类	Ⅳ类	Ⅴ类
低碳钢 08F、10F、10、20、Q235A	≥210～400	$(1.0\%\sim 2.0\%)t$	$(3.0\%\sim 7.0\%)t$	$(7.0\%\sim 10.0\%)t$	$(10.0\%\sim 12.5\%)t$	21.0
中碳钢 45、40Cr13、膨胀合金（可伐合金）4J29	≥420～560	$(1.0\%\sim 2.0\%)t$	$(3.5\%\sim 8.0\%)t$	$(8.0\%\sim 11.0\%)t$	$(11.0\%\sim 15.0\%)t$	23.0
高碳钢 T8A、T10A、65Mn	≥590～930	$(2.5\%\sim 5.0\%)t$	$(8.0\%\sim 12.0\%)t$	$(12.0\%\sim 15.0\%)t$	$(15.0\%\sim 18.0\%)t$	25.0
纯铝 1060、1050A、1035、1200、铝合金（软态）3A21、黄铜（软态）H62、纯铜（软态）T_1、T_2、T_3	≥65～255	$(0.5\%\sim 1.0\%)t$	$(2.0\%\sim 4.0\%)t$	$(4.5\%\sim 6.0\%)t$	$(6.5\%\sim 9.0\%)t$	17.0
黄铜（硬态）H62、铅黄铜 HPb59-1、纯铜（硬态）T_1、T_2、T_3	≥290～420	$(0.5\%\sim 2.0\%)t$	$(3.0\%\sim 5.0\%)t$	$(5.0\%\sim 8.0\%)t$	$(8.5\%\sim 11.0\%)t$	25.0
铝合金（硬态）ZA12、锡磷青铜 QSn4-4-2.5、铝青铜 QA17、铍青铜 QBe2	≥225～550	$(0.5\%\sim 1.0\%)t$	$(3.5\%\sim 6.0\%)t$	$(7.0\%\sim 10.0\%)t$	$(11.0\%\sim 13.5\%)t$	20.0
镁合金 MB1、MB8	120～180	$(0.5\%\sim 1.0\%)t$	$(1.5\%\sim 2.5\%)t$	$(3.5\%\sim 4.5\%)t$	$(5.0\%\sim 7.0\%)t$	16.0
电工硅钢	190	—	$(2.5\%\sim 5.0\%)t$	$(5.0\%\sim 9.0\%)t$	—	—

注：1. Ⅰ类冲裁间隙适用于冲裁件剪切面、尺寸精度要求高的场合；Ⅱ类冲裁间隙适用于冲裁件剪切面、尺寸精度要求较高的场合；Ⅲ类冲裁间隙适用于冲裁件剪切面、尺寸精度要求一般的场合，适用于工件继续塑性变形的场合；Ⅳ类冲裁间隙适用于冲裁件剪切面、尺寸精度要求不高时，应优先采用大间隙，以有利于提高冲模寿命的场合；Ⅴ类冲裁间隙适用于冲裁件剪切面、尺寸精度要求较低的场合。

2. 凸、凹模配合使用时，凸、凹模之间的间隙将随模具磨损变得越来越大，因此新模具的间隙应取间隙值中的最小值。

4.1.3 冲裁工艺力的计算及设备吨位的选择

冲裁工艺力是为了完成冲裁所需的各种力，计算这些力的目的主要有两个：①选择设备吨位；②校核模具。

1. 冲裁工艺力的计算

冲裁过程需要的工艺力主要有冲裁力、卸料力、推件力和顶件力等，采用平刃口模具进行冲裁时，各工艺力的计算公式见表 4-11。

表 4-11　冲裁工艺力计算公式

序号	工艺力名称	图解	计算公式
1	冲裁力 F		$F = KLt\tau$
2	卸料力 $F_{卸}$		$F_{卸} = K_{卸}\,F$
3	推件力 $F_{推}$		$F_{推} = nK_{推}\,F$
4	顶件力 $F_{顶}$		$F_{顶} = K_{顶}\,F$
参数含义		L—剪切长度，不一定等于零件的轮廓长度，单位为 mm t—板料厚度，单位为 mm τ—板料的抗剪强度，单位为 MPa $K_{卸}$、$K_{推}$、$K_{顶}$—卸料力系数、推件力系数和顶件力系数，见表 4-12 F—平刃模冲裁时的冲裁力，单位为 N n—卡在凹模孔口内的料的件数，$n = h/t$（h 为凹模刃口高度，由表 5-3 查得）	

图解中标注：凸模、带孔的条料、冲下的制件、凹模、$F_{卸}$、$F_{推}$、$F_{顶}$、h、t

表 4-12　卸料力系数 $K_{卸}$、推件力系数 $K_{推}$、顶件力系数 $K_{顶}$

材料厚度 t/mm		$K_{卸}$	$K_{推}$	$K_{顶}$
钢	≤0.1	0.065～0.075	0.1	0.14
	>0.1～0.5	0.045～0.055	0.063	0.08
	>0.5～2.5	0.04～0.05	0.055	0.06
	>2.5～6.5	0.03～0.04	0.045	0.05
	>6.5	0.02～0.03	0.025	0.03
铝、钢合金		0.025～0.08	0.03～0.07	
纯铜、黄铜		0.02～0.06	0.03～0.09	

2. 冲裁设备吨位的选择

冲裁设备是完成冲裁工艺的三要素之一，当计算出冲裁过程所需的各种工艺力后，即可根据模具结构计算冲裁过程所需要的总的工艺力，进而确定所需设备吨位。

不同的模具结构，冲裁所需设备提供的动力不同，因此总的冲裁工艺力 $F_{总}$ 需根据不同的模具结构采用不同的计算方法，而设备吨位只需大于总的工艺力，具体方法见表 4-13。

表 4-13　冲裁工艺力 $F_{总}$ 的计算及设备吨位的选择

模具结构特征	总的冲裁工艺力 $F_{总}$	设备吨位 $F_{设}$	参数含义
(1) 刚性卸料装置 (2) 下出料方式出料	$F_{总} = F + F_{推}$		F—平刃口冲裁时冲裁力 $F_{总}$—总的冲裁工艺力
(1) 弹性卸料装置 (2) 上出料方式出料	$F_{总} = F + F_{卸} + F_{顶}$	$F_{设} \geqslant F_{总}$	$F_{卸}$—卸料力 $F_{推}$—推件力
(1) 弹性卸料装置 (2) 下出料方式出料	$F_{总} = F + F_{卸} + F_{推}$		$F_{顶}$—顶件力 $F_{设}$—设备吨位

4.1.4　模具压力中心的计算

计算模具压力中心的目的是模具安装到压力机上时，使压力机滑块中心、模柄中心和模具压力中心"三心重合"，以保证模具能平稳工作，不偏载，避免模具和设备过早磨损。多工位级进模的压力中心与压力机滑块中心轴线允许偏离，但偏离不应超过 $L/5$（凹模板长度 L 方向）和 $B/6$（凹模板宽度 B 方向）。

通常，单凸模冲压形状复杂的冲压件或多凸模（如级进模）冲压时需求压力中心，对于简单对称的冲裁件不需要求压力中心，压力中心即几何中心，如圆形冲裁件，其压力中心就在其圆心上。

另外求压力中心时所用到的力是指与冲压方向同向或反向的力，其他方向的力不需要考虑，如冲压方向垂直向下时，水平方向的冲压力在计算压力中心时就不需要考虑。

压力中心的计算与模具结构有关，可以用解析法进行计算，即根据"合力对某轴的力矩等于各分力对该轴的力矩之和"的原理进行计算；或通过作图法，即采用空间平行力系的合力作用线的求解方法。这里主要介绍解析法，具体方法见表 4-14。

表 4-14　解析法计算模具压力中心

	单凸模冲裁复杂不规则工件	多凸模冲压
冲压件		
压力中心计算（图解）		
计算方法	1）按比例画出冲裁工件的轮廓 2）在任意位置建立直角坐标系 xOy 3）将冲裁件的冲裁轮廓分解为若干直线段和圆弧段，并计算各线段的长度 $l_1, l_2, l_3, \cdots, l_n$ 4）计算各线段重心到坐标轴 x、y 的距离 $y_1, y_2, y_3, \cdots, y_n$ 和 $x_1, x_2, x_3, \cdots, x_n$ 5）根据力矩平衡原理，得到计算压力中心 x_c、y_c 的公式 $$x_c = \frac{l_1 x_1 + l_2 x_2 + \cdots + l_n x_n}{l_1 + l_2 + \cdots + l_n}$$ $$y_c = \frac{l_1 y_1 + l_2 y_2 + \cdots + l_n y_n}{l_1 + l_2 + \cdots + l_n}$$	1）按比例并根据各凸模的相对位置画出每一个凸模冲击的轮廓形状 2）在任意位置建立直角坐标系 xOy 3）分别计算每个凸模冲击的轮廓的压力中心到 x、y 轴的距离 $y_1, y_2, y_3, \cdots, y_n$ 和 $x_1, x_2, x_3, \cdots, x_n$ 4）分别计算每个凸模冲击的轮廓的周长 $L_1, L_2, L_3, \cdots, L_n$ 5）根据力矩平衡原理，可得压力中心坐标 x_c、y_c 计算公式 $$x_c = \frac{L_1 x_1 + L_2 x_2 + \cdots + L_n x_n}{L_1 + L_2 + \cdots + L_n}$$ $$y_c = \frac{L_1 y_1 + L_2 y_2 + \cdots + L_n y_n}{L_1 + L_2 + \cdots + L_n}$$

扩展阅读

由表 4-14 可知，当冲压形状异常复杂的冲压件时，这种方法不仅繁琐，精度不高，极易出错，而且无法计算包含样条轮廓冲压件的压力中心。随着计算机辅助设计技术的发展，目前工厂常用的方法是利用 AutoCAD 软件中的"工具"里求"质心"的方法求模具的压力中心，这是一种快速、准确、简便的方法。具体计算方法与步骤如下。

1）计算原理。冲裁力的计算公式为：$F = KLt\tau$。在同种材料、板厚相同的条件下，冲裁轮廓各部分的冲裁力与轮廓长度成正比；同时冲裁力沿轮廓分布，因此求轮廓各部分冲裁力合力作用点（压力中心）时，可以转化为求轮廓线的质心位置。

2）具体步骤。由于刃口的轮廓形状包括单凸模非封闭式（如样条曲线形式）、单凸模封闭式、多凸模或连续模式三种，不同情况下求解过程略有不同，具体的计算方法见表 4-15。

表 4-15　利用 AutoCAD 计算冲模压力中心的步骤

冲模刃口的轮廓形状	单凸模非封闭式（如样条曲线形式）	单凸模封闭式	多凸模或连续模式
计算步骤	①用 AutoCAD 绘出刃口的轮廓线，并用"快捷工具"→"修改"→"多段线合并"定义为多义线 ②用"偏移"命令将轮廓线分别向两侧偏移极小的距离（$\delta/2$），并"删除"原轮廓 ③用"画直线"命令将开口端封闭，并用"编辑多义线"命令将此封闭线转为一条多义线，使 AutoCAD 认为这条线为一个整体 ④用"绘图"菜单下的"面域"创建以上述多义线为边界的面域 ⑤依次点取"工具"菜单"查询"→"质量特性"，点选面域，然后按 \<Enter\> 键，屏幕上的文本窗口将显示面域的质心：X，Y	步骤①、②、⑤与非封闭式相同，步骤③用"绘图"下的"面域"分别创建以内外多义线为边界的两个面域；步骤④用"修改"菜单下的"实体编辑"中的"差集"命令创建环形面域	①此情况包含的多个刃口轮廓可能封闭，也可能不封闭。对封闭型刃口，用处理单凸模封闭式刃口的方法创建环形面域；否则，用处理单凸模非封闭式刃口的方法创建面域 ②打开"工具"菜单"查询"→"质量特性"，顺次点取各个面域差集，按 \<Enter\> 键后就可获得质心（压力中心）坐标

例：利用 AutoCAD 求十字槽支承板压力中心。

1）打开产品图，复制产品图并移至旁边，删除掉所标尺寸，如图 4-5 所示。后面的操作完全在没有尺寸标注的图形上进行。

2）在 CAD 界面底部"命令"行输入：pedit，按 \<Enter\> 键，选择外轮廓图形的一条边，并在"是否将其转换为多段线"中选"Y"，如图 4-6 所示。

3）在随后出现的"输入选项"对话框中选择"合并"（图 4-7a），然后选中所有外形轮廓（图 4-7b），按 \<Enter\> 键，使外形轮廓成为一整体图形（图 4-7c）。同上操作将中间的十字孔也编辑为一整体图形。

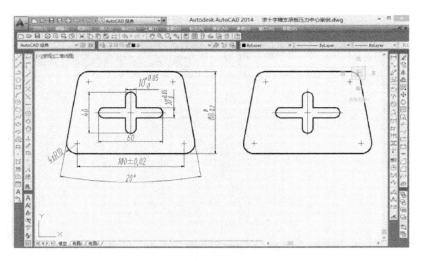

图 4-5　复制产品图并移至旁边

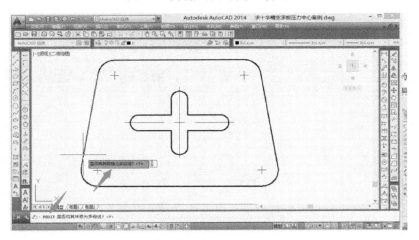

图 4-6　选择外轮廓图形的一条边

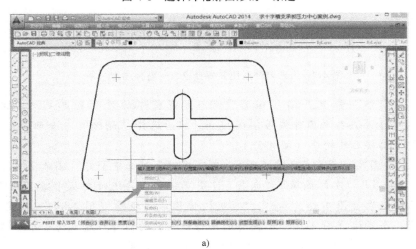

a)

图 4-7　编辑内外形使其各自成为一整体图形

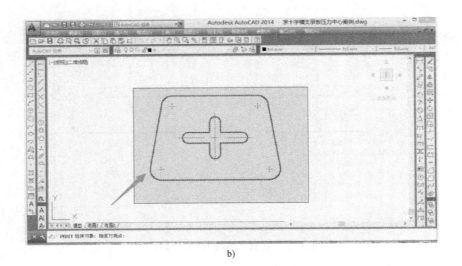

b)

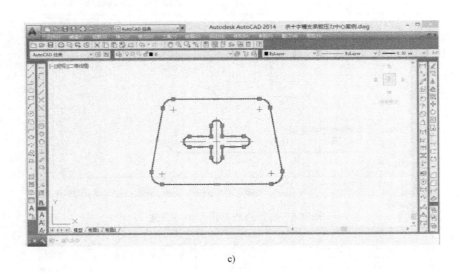

c)

图 4-7 编辑内外形使其各自成为一整体图形（续）

4）选择"偏移"命令并输入偏移量 0.1，将整体的外形轮廓内外偏移各 0.1mm（图 4-8a），同样十字内孔也内外偏移各 0.1mm。然后选择"删除"命令删掉原外轮廓和内孔，保留内外形偏移后的轮廓（图 4-8b）。

5）选择"绘图"—"面域"（图 4-9a），在选择对象时选中全部（图 4-9b）。

6）选择"修改""实体编辑""差集"（图 4-10a），再选择要从中减去的实体或面域，先选外偏移后的轮廓（图 4-8a），确定，再选内偏移后的轮廓（图 4-8a），确定，使外形的内外轮廓成为一个整体（图 4-10b）。同样的操作使内孔的内外形也成为一个整体。

7）任意画两条直线垂直相交于 O 点（图 4-11a），利用"工具"—"新建"—"原点"创建坐标系 xOy（图 4-11b），选择 O 点作为坐标原点（图 4-11c）。

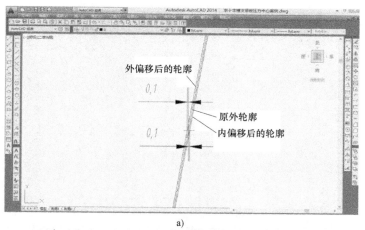

a)

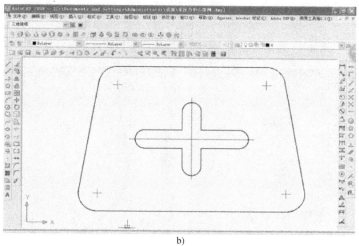

b)

图 4-8 偏移处理

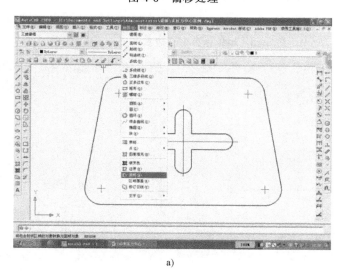

a)

图 4-9 利用"绘图"—"面域"选中全部创建面域

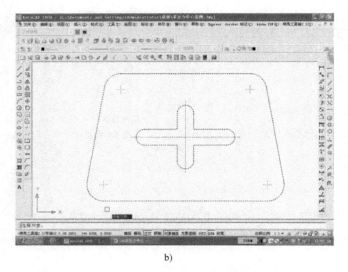

b)

图 4-9 利用"绘图"—"面域"选中全部创建面域（续）

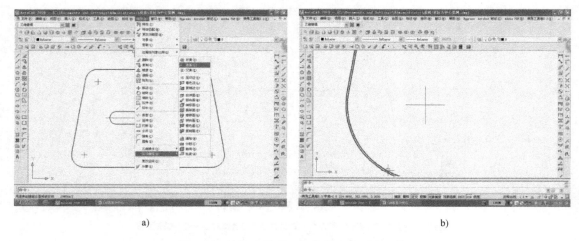

a)   b)

图 4-10 编辑内外形，使其各成为一个整体

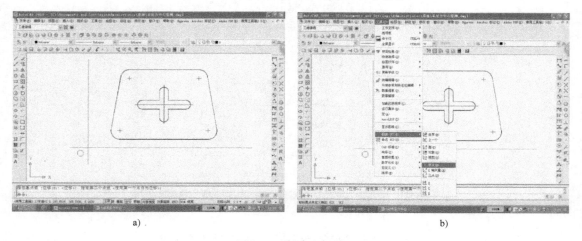

a)   b)

图 4-11 创建坐标系

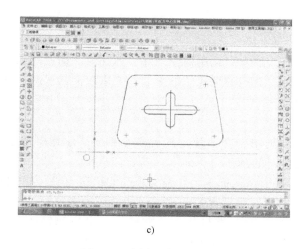

c)

图 4-11 创建坐标系（续）

8）利用"工具"—"查询"—"面域/质量特性"（图 4-12a），选中全部图形，得到质心：X = 85.799、Y = 48.183（图 4-12b），把 x、y 坐标线分别偏移 48.183 和 85.799，交点即为压力中心（图 4-12c）。

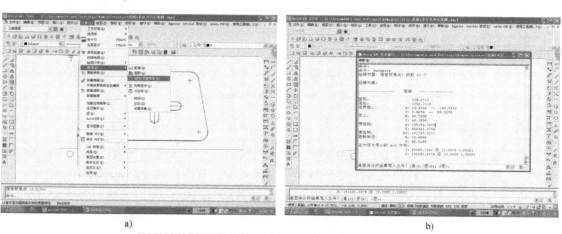

a)　　　　　　　　　　　　　　　b)

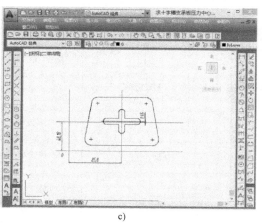

c)

图 4-12 求解压力中心

4.1.5 弹性元件的选用

采用弹性卸料装置时，通常需选用弹性元件，如弹簧、橡胶和氮气弹簧等，目前普通冲压模具中应用最多的是矩形截面的螺旋压缩弹簧，要求较高的模具，如级进模、汽车覆盖件模具等，常采用氮气弹簧。

弹簧的选用步骤如下：

1）由卸料力 $F_{卸}$ 和模具结构初估使用的弹簧个数 n，计算出每根弹簧需要承受的卸料力，此力应等于弹簧安装时的预压力，即：$F_{预}=F_{卸}/n$。

2）根据弹簧预压力查询弹簧标准，使弹簧承受的预压力 $F_{预}$ 小于弹簧允许承受的总压力 $[F_{总}]$，即：$F_{预}<[F_{总}]$，由此得到弹簧允许承受的总压缩量 $[H_{总}]$。

3）根据弹簧提供的压力与压缩量成正比的特性，求出弹簧的预压缩量 $H_{预}$，即：$F_{预}/H_{预}=[F_{总}]/[H_{总}]$，由此得到弹簧的预压缩量 $H_{预}=F_{预}[H_{总}]/[F_{总}]$。

4）计算弹簧实际需要的总压缩量 $H_{总}$，应等于弹簧的预压缩量 $H_{预}$、卸料板的工作行程 $H_{卸}$ 之和，即 $H_{总}=H_{预}+H_{卸}$，这里 $H_{卸}=t+1\mathrm{mm}$，t 为板料厚度。

5）计算弹簧实际应承受的最大压力 $F_{总}$，即 $F_{总}=F_{预}H_{总}/H_{预}$。

6）校核，若 $F_{总}<[F_{总}]$，同时 $H_{总}<[H_{总}]$，则上述弹簧选用合适，否则重新假定弹簧个数并按上述步骤重新选择。

扩展阅读

上述选用的弹性元件作为参考，在现场中，工人师傅会根据实际需要的卸料力大小进行调整，以能卸料为准，过大的卸料力会增大压力机的负荷。

4.1.6 模具校核

模具校核主要是指对冲裁凸模的校核，冲裁凹模的设计只要遵循经验公式，一般强度与刚度均能满足要求，但冲裁凸模需要校核其刚度和强度，具体校核方法见表 4-16。

表 4-16 冲裁凸模的校核公式

校核内容		计算公式		式中符号意义
		无导向	有导向	
弯曲应力	简图			L—凸模允许的最大自由长度，单位为 mm d—凸模最小直径，单位为 mm A—凸模最小断面积，单位为 mm^2 J—凸模最小断面的惯性矩，单位为 mm^4 F—冲裁力，单位为 N t—被冲材料厚度，单位为 mm τ—被冲材料抗剪强度，单位为 MPa $[\sigma_压]$—凸模材料的许用压应力，单位为 MPa
	圆形	$L\leqslant 90\dfrac{d^2}{\sqrt{A}}$	$L\leqslant 270\dfrac{d^2}{\sqrt{A}}$	
	非圆形	$L\leqslant 425\sqrt{\dfrac{J}{A}}$	$L\leqslant 1200\sqrt{\dfrac{J}{A}}$	
压应力	圆形	$d\geqslant\dfrac{4t\tau}{[\sigma_压]}$		
	非圆形	$d\geqslant\dfrac{F}{[\sigma_压]}$		

4.2 弯曲工艺计算

弯曲工艺计算主要包括弯曲毛坯形状和尺寸的确定、弯曲模刃口尺寸的确定、弯曲工艺力的计算、弯曲设备吨位的选择等内容。

4.2.1 弯曲件毛坯形状和展开尺寸的确定

根据宽厚比（b/t）的不同，可将弯曲件分为宽板弯曲件（$b/t>3$）和窄板弯曲件（$b/t<3$）两种类型，对于普通弯曲件，不考虑弯曲过程中板料厚度的变化，因此弯曲毛坯的厚度即为弯曲件的厚度。由于实际生产中的弯曲件多为宽板弯曲件，而宽板弯曲时其宽度保持不变，因此弯曲工件的宽度即为毛坯宽度，故这里只需确定弯曲件的展开长度，即弯曲件在弯曲前的展平长度。

弯曲件的弯曲半径不同，其展开长度的计算方法也不一样，具体的计算公式请参见 JB/T 5109—2001，表4-17列出了部分计算公式。

表4-17 宽板弯曲件毛坯展开尺寸的计算公式（JB/T 5109—2001）

弯曲半径 r	弯曲特征		计算公式或方法	参数含义
$\geqslant 0.5t$	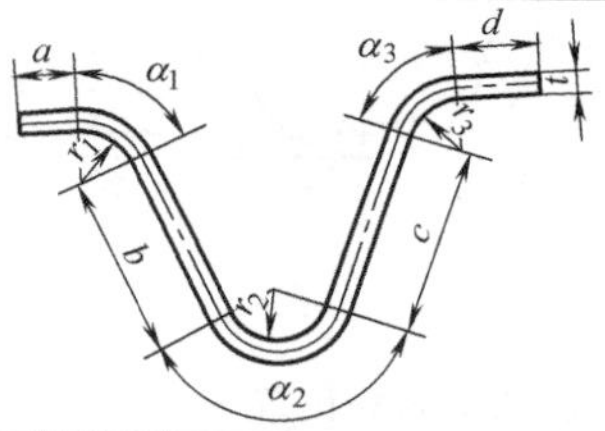		$L = \sum L_{直} + \sum L_{弯}$ $= a+b+c+d+l_1+l_2+l_3$ $l_i = \pi\rho_i\alpha_i/180°$ $\rho_i = r+xt$	
$<0.5t$	弯一个角	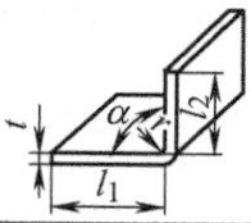	$L \approx l_1+l_2+0.4\text{mm}$	L—弯曲毛坯展开长度，单位为 mm l_i—弯曲部分的展开长度，单位为 mm ρ_i—弯曲变形区应变中性层曲率半径，单位为 mm x—中性层位移系数，见表4-18 其余各字母含义见图示
	弯一个角	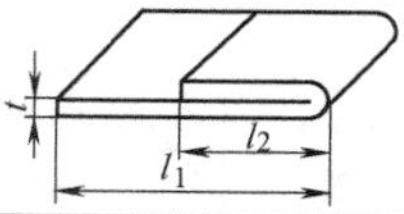	$L = l_1+l_2-0.43\text{mm}$	
	一次同时弯两个角	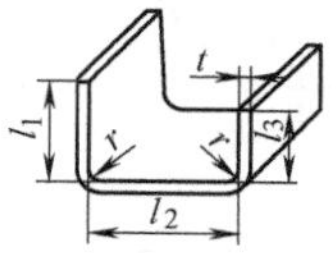	$L = l_1+l_2+l_3+0.6\text{mm}$	
	一次同时弯三个角	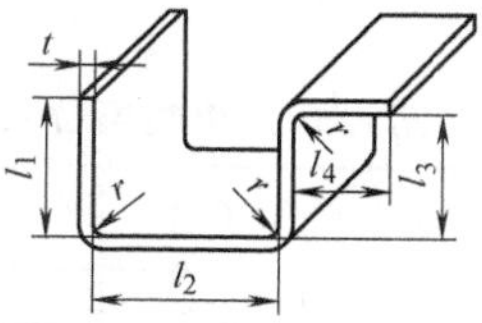	$L = l_1+l_2+l_3+l_4+0.75\text{mm}$	
	一次同时弯两个角、第二次弯曲另一个角		$L = l_1+l_2+l_3+l_4+t$	
	一次弯曲四个角	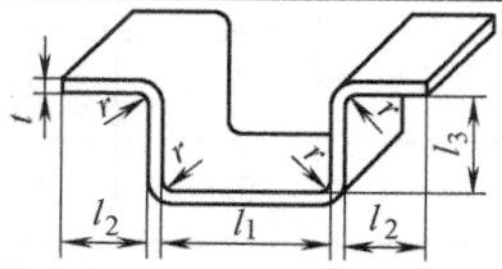	$L = l_1+2l_2+2l_3+t$	
	分两次弯曲四个角		$L = l_1+2l_2+2l_3+1.2\text{mm}$	

扩展阅读

1）JB/T 5109—2001 中列出了多种弯曲件展开尺寸的计算公式以及压弯 90°时的应变中性层的弧长值，表 4-17 只列出了 JB/T 5109—2001 标准中的部分计算公式。

2）弯曲件的展开尺寸也可以通过 CAD 软件求解。如图 4-13a 所示的弯曲件，料厚 0.8mm，利用 CAD 软件的求解过程如下。

1）$r/t = 1.25/0.8 = 1.56$，查表 4-18 得到中性层位移系数 $x \approx 0.366$。

2）利用 AutoCAD 的偏移工具把图 4-13a 中的内侧形状往外偏移 $0.366 \times 0.8mm = 0.293mm$，得到应变中性层的形状和位置，如图 4-13b 所示。

3）得到中性层形状和位置后，即可利用 AutoCAD "工具" 菜单中的 "查询"—"列表" 命令得到应变中性层的展开长度，如图 4-15 和图 4-16 所示。图 4-16 的列表中即展示了应变中性层的展开长度为 12.2969mm，此即图 4-13a 所示弯曲件的毛坯展开长度。

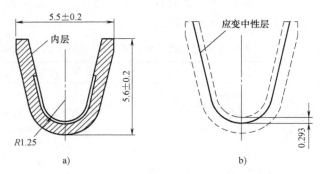

图 4-13　作图求解应变中性层形状和位置
a）弯曲件　b）应变中性层形状和位置

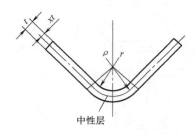

图 4-14　90° V 形压弯件

表 4-18　V 形压弯 90°时（图 4-14）中性层位移系数 x 值

r/t	0.3	0.4	0.5	0.6	0.7	0.8	0.9	1.0	1.1	1.2
x	0.18	0.22	0.24	0.25	0.26	0.28	0.29	0.30	0.32	0.33
r/t	1.3	1.4	1.5	1.6	1.8	2.0	2.5	3.0	4.0	≥5.0
x	0.34	0.35	0.36	0.37	0.39	0.40	0.43	0.46	0.48	0.50

注：表中数值适用于低碳钢、90° V 形校正压弯。

图 4-15 利用"工具"—"查询"—"列表"命令

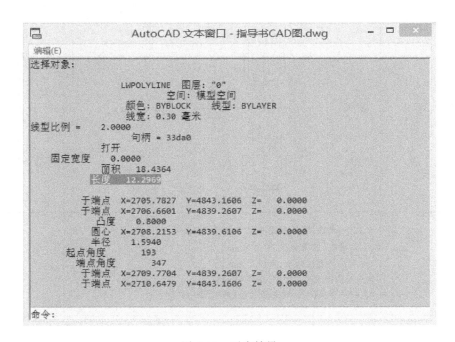

图 4-16 列表结果

4）需要说明的是，这里的经验公式或 CAD 软件求得的弯曲件毛坯展开尺寸仅作参考，对于复杂弯曲件，其毛坯的实际尺寸需要通过试冲才能最后确定，因此弯曲模具设计通常是先设计弯曲模，利用弯曲模试冲不同的毛坯尺寸，直到试出完全符合图样要求的弯曲件时，才将此毛坯作为设计落料模的依据，完成落料模具的设计。

4.2.2 弯曲模工作部分刃口尺寸及公差的确定

弯曲模工作部分刃口尺寸主要指其宽度方向的尺寸，尺寸计算公式与弯曲件的尺寸标注有关，具体见表 4-19。

表 4-19 弯曲凸、凹模宽度尺寸计算公式

工件尺寸标注方式	基准	工件简图	凹模宽度尺寸	凸模宽度尺寸
工件标注外形尺寸	凹模	$L \pm \Delta'$	$L_d = (L - 0.5\Delta)^{+\delta_d}_0$	$L_p = (L_d - 2c)^0_{-\delta_p}$
		$L^0_{-\Delta}$	$L_d = (L - 0.75\Delta)^{+\delta_d}_0$	
工件标注内形尺寸	凸模	$L \pm \Delta'$	$L_d = (L_p + 2c)^{+\delta_d}_0$	$L_p = (L + 0.5\Delta)^0_{-\delta_p}$
		$L^{+\Delta}_0$		$L_p = (L + 0.75\Delta)^0_{-\delta_p}$
参数含义	L_d、L_p—弯曲凹、凸模宽度尺寸，单位为 mm c—弯曲凸、凹模间隙，单位为 mm L—弯曲件宽度尺寸，单位为 mm Δ—弯曲件的尺寸公差，单位为 mm δ_d、δ_p—弯曲凹、凸模制造公差，采用 IT6～IT7			

4.2.3 弯曲工艺力的计算及设备吨位的选择

计算弯曲工艺力的目的是为了选择设备。

1. 弯曲工艺力的计算

弯曲过程需要的工艺力主要有弯曲力、压料力和顶件力，弯曲力的大小与弯曲方式、弯曲件形状有关，具体的计算公式见表 4-20。

表 4-20 弯曲工艺力的计算公式 （JB/T 5109—2001）

弯曲方式		简图	弯曲力	顶件力或压料力	参数含义
自由弯曲	V 形件		$P_1 = bt^2 R_m / (r+t)$	$Q = cP_1$	P_1—材料在冲压行程结束时的自由弯曲力，单位为 N b—压弯处的板料宽度（弯曲线长度），单位为 mm t—弯曲件厚度，单位为 mm r—弯曲半径，单位为 mm R_m—材料强度极限，单位为 MPa P_2—校正弯曲力，单位为 N q—单位投影面积上的校正力，单位为 MPa，可参考表 4-21 选取 A—工件被校正部分在垂直于凸模运动方向上的投影面积，单位为 mm^2 c—系数，见表 4-22
	U 形件				
校正弯曲			$P_2 = qA$		

表 4-21 单位投影面积上的校正力 q （JB/T 5109—2001） （单位：MPa）

材料	材料厚度 t/mm			
	≤1	>1～3	>3～6	>6～10
1050A、1035	15～20	20～30	30～40	40～50
H62、H68、Be2	20～30	30～40	40～60	60～80
08、10、15、20、Q195、Q215、Q235A	30～40	40～60	60～80	80～100
25、30、35、13MnTi、16MnXtL	40～50	50～70	70～100	100～120
TB2	—	160～180	—	180～210

表 4-22 系数 c 值 （JB/T 5109—2001）

用途	压弯件复杂程度	
	简单	复杂
顶件	0.1～0.2	0.2～0.4
压料	0.3～0.5	0.5～0.8

2. 弯曲设备吨位的确定

弯曲时，设备吨位需要考虑不同的弯曲方式和模具结构，具体的计算公式参见表 4-23。

表 4-23 弯曲设备吨位的确定 （JB/T 5109—2001）

模具结构特征	弯曲方式	设备吨位	参数含义
带压料装置	自由弯曲	$P \geq 1.2(P_1 + Q)$	P—设备吨位，单位为 N Q—顶件力或压料力，单位为 N P_1—自由弯曲力，单位为 N P_2—校正弯曲力，单位为 N
	校正弯曲	$P \geq 1.2P_2$	

4.3 拉深工艺计算

拉深工艺计算主要包括拉深件毛坯形状和展开尺寸的确定、拉深次数与半成品尺寸的确定、拉深模工作部分刃口尺寸及公差的确定、拉深工艺力的计算及设备吨位的选择等。

4.3.1 拉深件毛坯形状和展开尺寸的确定

根据形状的不同拉深件可分为旋转体拉深件和非旋转体拉深件，旋转体拉深件毛坯的形状与其口部形状相似，如直壁圆筒形件的口部形状是圆形，因此其拉深前的毛坯形状就是圆形。此外由于拉深过程中不考虑板料厚度的变化，因此毛坯尺寸主要是指展开后的平面尺寸。表4-24是旋转体拉深件毛坯尺寸计算公式。非旋转体拉深件毛坯的展开形状和平面尺寸比较复杂，实际设计时可以借助于 CAE 软件或相关的经验公式初步确定，再通过实际试冲最后确定准确的毛坯形状和尺寸。

表 4-24　直壁旋转体拉深件毛坯尺寸计算公式（JB/T 6959—2008）

拉深件名称	计算公式	简图
无凸缘直壁圆筒形件	$D = \sqrt{d^2 - 1.72 d r_{\mathrm{p}} - 0.56 r_{\mathrm{p}}^2 + 4d(h + \Delta h)}$	
有凸缘直壁圆筒形件	$D = \sqrt{(d_{\mathrm{f}} + 2\Delta d_{\mathrm{f}})^2 - 1.72 d(r_{\mathrm{p}} + r_{\mathrm{d}}) - 0.56(r_{\mathrm{p}}^2 - r_{\mathrm{d}}^2) + 4dh}$	
参数含义	D—拉深件展开毛坯直径，单位为 mm Δh—无凸缘直壁圆筒形件修边余量，单位为 mm，由表 4-25 查取 Δd_{f}—有凸缘直壁圆筒形件修边余量，单位为 mm，由表 4-26 查取 其他字母含义见图示	

注：1. 上述公式中的各尺寸均为中线尺寸，当板料厚度小于 1mm 时，可以零件图中标注尺寸代入上述公式进行计算。
　　2. 在计算毛坯展开尺寸之前，需要首先确定修边余量，见表 4-25 和表 4-26。

表 4-25　无凸缘直壁圆筒形件修边余量 Δh（JB/T 6959—2008）（单位：mm）

工件高度 h	工件相对高度 h/d				附图
	>0.5~0.8	>0.8~1.6	>1.6~2.5	>2.5~4.0	
≤10	1.0	1.2	1.5	2.0	
>10~20	1.2	1.6	2.0	2.5	
>20~50	2.0	2.5	3.3	4.0	
>50~100	3.0	3.8	5.0	6.0	
>100~150	4.0	5.0	6.5	8.0	
>150~200	5.0	6.3	8.0	10.0	
>200~250	6.0	7.5	9.0	11.0	
>250	7.0	8.5	10.0	12.0	

表 4-26　有凸缘直壁圆筒形件修边余量 Δd_f（JB/T 6959—2008）　　（单位：mm）

凸缘直径 d_f	相对凸缘直径 d_f/d				附图
	<1.5	1.5~2.0	2.0~2.5	2.5~3.0	
≤25	1.8	1.6	1.4	1.2	
>25~50	2.5	2.0	1.8	1.6	
>50~100	3.5	3.0	2.5	2.2	
>100~150	4.3	3.6	3.0	2.5	
>150~200	5.0	4.2	3.5	2.7	
>200~250	5.5	4.6	3.8	2.8	
>250	6.0	5.0	4.0	3.0	

扩展阅读

一般情况下，对于形状简单且精度要求不高的成形件，其毛坯的展开可以按照有关的经验方法或公式进行，但对于结构复杂且精度要求高或成形过程中材料变形、变薄比较大的冲压件，就不能完全依靠经验方法。此时实际生产中的做法是先按冲压件的图样尺寸和展开原理绘制冲压件展开平面图，然后用线切割或手工制作的方法制作几块坯料，再用单工序模或手工的方法把冲压件制作出来，并对照产品图进行尺寸检验和评估，如出现尺寸偏差，则对毛坯尺寸进行调整，直到能制作出完全符合产品图要求的产品为止。

4.3.2　拉深次数与半成品尺寸的确定

当拉深件需多次拉深时，需要确定拉深次数及每次拉深时半成品的形状和尺寸。

图 4-17 所示拉深件是需要 n 次拉深的无凸缘直壁圆筒形件，这里的半成品是指第 1 次、第 2 次……第 $n-1$ 次拉深的半成品，可以看出半成品的形状仍然是无凸缘直壁圆筒形件，半成品的尺寸主要是半成品直径 d_i、半成品底部圆角半径 r_i 和半成品高度 h_i（$i=1, 2, 3, \cdots, n$）。

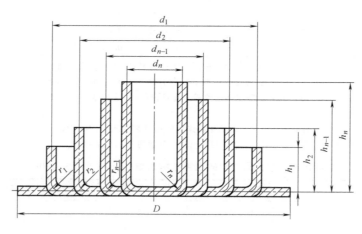

图 4-17　拉深

为了确定上述各尺寸，首先需要确定拉深次数，拉深次数确定的方法如下。

（1）判断能否一次拉深成功

1）对于无凸缘直壁圆筒形件，能否一次拉成的判断依据是比较拉深件实际所需的总拉深系数 $m_总$ 和第一次允许使用的极限拉深系数 $[m_1]$ 的大小，即：

① 若 $m_总 \geq [m_1]$，说明该拉深件的实际变形程度小于第一次允许的极限变形程度，可以一次拉成。

② 若 $m_总 < [m_1]$，说明该拉深件的实际变形程度大于第一次允许的极限变形程度，不能一次拉成。

这里 $m_总 = d_n/D$，$[m_1]$ 见表4-27或表4-28。

2）对于宽凸缘直壁圆筒形件，能否一次拉成的判断依据是比较工件实际所需的总拉深系数 $m_总$ 和相对高度 h_n/d_n 与凸缘件第一次拉深的极限拉深系数 $[m_1]$ 和极限拉深相对高度 $[h_1/d_1]$，若 $m_总 > [m_1]$，$h_n/d_n \leq [h_1/d_1]$，则能一次拉深，否则应多次拉深。

这里 $[m_1]$ 和 $[h_1/d_1]$ 分别见表4-29和表4-30。

（2）拉深件不能一次拉成　不能一次拉成时，可按推算法确定拉深次数，以无凸缘直壁圆筒形件为例，步骤如下：

1）查阅表4-27或表4-28，得到各次极限拉深系数 $[m_1]$，$[m_2]$，…，$[m_n]$。

2）根据式（4-1）计算每次拉深允许的极限拉深直径 d_1，d_2，…，d_n，直到 $d_n \leq d$（工件直径），由此得到拉深次数 n。

$$d_n = [m_n]d_{n-1} \tag{4-1}$$

式中，d_n 为第 n 次拉深的半成品直径，单位为 mm。$[m_n]$ 为第 n 次拉深的极限拉深系数，见表4-27或表4-28。d_{n-1} 为第 $n-1$ 次拉深的半成品直径，单位为 mm。

表4-27　无凸缘圆筒形件的极限拉深系数 $[m_n]$（JB/T 6959—2008）

各次极限拉深系数	毛坯相对厚度$(t/D) \times 100$					
	1.5~2.0	1.0~1.5	0.6~1.0	0.3~0.6	0.15~0.3	0.08~0.15
$[m_1]$	0.48~0.50	0.50~0.53	0.53~0.55	0.55~0.58	0.58~0.60	0.60~0.63
$[m_2]$	0.73~0.75	0.75~0.76	0.76~0.78	0.78~0.79	0.79~0.80	0.80~0.82
$[m_3]$	0.76~0.78	0.78~0.79	0.79~0.80	0.80~0.81	0.81~0.82	0.82~0.84
$[m_4]$	0.78~0.80	0.80~0.81	0.81~0.82	0.82~0.83	0.83~0.85	0.85~0.86
$[m_5]$	0.80~0.82	0.82~0.84	0.84~0.85	0.85~0.86	0.86~0.87	0.87~0.88

注：1. 表中的系数适用于08、10S、15S等普通拉深钢及软黄铜H62、H68。当材料的塑性好、屈强比小、塑性应变比大时（05、08Z及10Z钢等），应比表中数值减小1.5%~2.0%；而当材料的塑性差、屈强比大、塑性应变比小时（20、25、Q215、Q235、酸洗钢、硬铝、硬黄铜等），应比表中数值增大1.5%~2.0%（符号S为深拉深钢；Z为最深拉深钢）。

2. 表中数据适用于无中间退火的拉深，若有中间退火时可将数值减小2%~3%。

3. 表中较小值适用于凹模圆角半径 $r_d = (8~15)t$；较大值适用于 $r_d = (4~8)t$。

表4-28　其他金属材料的极限拉深系数（JB/T 6959—2008）

材料名称	牌号	首次拉深$[m_1]$	以后各次拉深$[m_i]$
铝和铝合金	8A06、1035、3A21	0.52~0.55	0.70~0.75
杜拉铝	2A11、2A12	0.56~0.58	0.75~0.80
黄铜	H62	0.52~0.54	0.70~0.72
	H68	0.50~0.52	0.68~0.72
纯铜	T2、T3、T4	0.50~0.55	0.72~0.80

（续）

材料名称	牌号	首次拉深$[m_1]$	以后各次拉深$[m_i]$
无氧铜		0.50~0.58	0.75~0.82
镍、镁镍、硅镍		0.48~0.53	0.70~0.75
康铜（铜镍合金）		0.50~0.56	0.74~0.84
白铁皮		0.58~0.65	0.80~0.85
酸洗钢板		0.54~0.58	0.75~0.78
不锈钢	06Cr13	0.52~0.56	0.75~0.78
	06Cr19Ni10	0.50~0.52	0.70~0.75
	06Cr18Ni11Nb、06Cr23Ni13	0.52~0.55	0.78~0.80
镍铬合金	Cr20Ni80Ti	0.54~0.59	0.78~0.84
合金结构钢	30CrMnSiA	0.62~0.70	0.80~0.84
可伐合金		0.65~0.67	0.85~0.90
钼铱合金		0.72~0.82	0.91~0.97
钽		0.65~0.67	0.84~0.87
铌		0.65~0.67	0.84~0.87
钛及钛合金	TA2、TA3	0.58~0.60	0.80~0.85
	TA5	0.60~0.65	0.80~0.85
锌		0.65~0.70	0.85~0.90

注：1. 毛坯相对厚度$(t/D)\times100<0.62$时，表中系数取大值；当$(t/D)\times100\geqslant0.62$时，表中系数取小值。

2. 凹模圆角半径$r_d<6t$时，表中系数取大值；凹模圆角半径$r_d\geqslant(7\sim8)t$时，表中系数取小值。

表4-29 宽凸缘圆筒形件首次拉深的极限拉深系数$[m_1]$（JB/T 6959—2008）

凸缘相对直径d_f/d_1	毛坯相对厚度$(t/D)\times100$				
	>0.06~0.2	>0.2~0.5	>0.5~1.0	>1.0~1.5	>1.5
≤1.1	0.59	0.57	0.55	0.53	0.50
>1.1~1.3	0.55	0.54	0.53	0.51	0.49
>1.3~1.5	0.52	0.51	0.50	0.49	0.47
>1.5~1.8	0.48	0.48	0.47	0.46	0.45
>1.8~2.0	0.45	0.45	0.44	0.43	0.42
>2.0~2.2	0.42	0.42	0.42	0.41	0.40
>2.2~2.5	0.38	0.38	0.38	0.38	0.37
>2.5~2.8	0.35	0.35	0.34	0.34	0.33
>2.8~3.0	0.33	0.33	0.32	0.32	0.31

注：表中系数适用于08、10钢。对于其他材料，可根据其成形性能的优劣对表中数值作适当修正。

表4-30 宽凸缘圆筒形件首次拉深的最大相对高度$[h_1/d_1]$（JB/T 6959—2008）

凸缘相对直径d_f/d_1	毛坯相对厚度$(t/D)\times100$				
	>0.06~0.2	>0.2~0.5	>0.5~1.0	>1.0~1.5	>1.5
≤1.1	0.45~0.52	0.50~0.62	0.57~0.70	0.60~0.80	0.75~0.90
>1.1~1.3	0.40~0.47	0.45~0.53	0.50~0.60	0.56~0.72	0.65~0.80
>1.3~1.5	0.35~0.42	0.40~0.48	0.45~0.53	0.50~0.63	0.52~0.70
>1.5~1.8	0.29~0.35	0.34~0.39	0.37~0.44	0.42~0.53	0.48~0.58

（续）

凸缘相对直径 d_f/d_1	毛坯相对厚度 $(t/D)\times100$				
	>0.06~0.2	>0.2~0.5	>0.5~1.0	>1.0~1.5	>1.5
>1.8~2.0	0.25~0.30	0.29~0.34	0.32~0.38	0.36~0.46	0.42~0.51
>2.0~2.2	0.22~0.26	0.25~0.29	0.27~0.33	0.31~0.40	0.35~0.45
>2.2~2.5	0.17~0.21	0.20~0.23	0.22~0.27	0.25~0.32	0.28~0.35
>2.5~2.8	0.16~0.18	0.15~0.18	0.17~0.21	0.19~0.24	0.22~0.27
>2.8~3.0	0.10~0.13	0.12~0.15	0.14~0.17	0.16~0.20	0.18~0.22

注：1. 表中系数适用于08、10钢。对于其他材料，可根据其成形性能的优劣对表中数值作适当修正。
2. 圆角半径大时 $[r_p、r_d=(10~20)t]$ 取较大值；圆角半径小时 $[r_p、r_d=(4~8)t]$ 取较小值。

确定了拉深次数后，接下来就可以计算半成品尺寸了。

（1）半成品的直径 d_i 确定拉深次数是假设以极限拉深系数进行拉深，但是实际生产中一般不会选择极限拉深系数，所以需要重新计算实际采用的半成品的直径 d_i。

设各次实际采用的拉深系数分别为 m_1，m_2，m_3，…，m_n，根据拉深系数的定义可知：$m_总=m_1m_2m_3m_4$，$m_1<m_2<m_3<m_4$，同时保证 $m_1-[m_1]\approx m_2-[m_2]\approx m_3-[m_3]\approx m_4-[m_4]$，$d_n=d$，据此调整各次拉深系数后，使最后一次拉深得到所需的工件直径，从而估算出实际使用的各次拉深系数，即可求出各次拉深的半成品直径，即：

$$d_1=m_1D$$
$$d_2=m_2d_1$$
$$\vdots$$
$$d_n=m_nd_{n-1}=d$$

 扩展阅读

按照上述方法计算半成品直径时，需要反复试取 m_1，m_2，m_3，…，m_n，比较繁琐，实际上可以将各次极限拉深系数放大一个合适倍数 $k=\sqrt[n]{\dfrac{m_总}{[m_1][m_2]\cdots[m_n]}}$（式中 n 是拉深次数）即可得到实际使用的拉深系数 m_1，m_2，…，m_n，即：$m_1=k[m_1]$，$m_2=k[m_2]$，…，$m_n=k[m_n]$。

（2）筒底圆角半径 r_n 筒底圆角半径 r_n 的大小与本次拉深凸模的圆角半径 r_p 数值相同，具体的确定方法可参见5.3节内容。

（3）半成品高度 H_n 半成品高度 H_n 可由表4-24中毛坯尺寸计算公式反推得出，即：
无凸缘直壁圆筒形件：

$$H_n=\frac{D^2-d_n^2+1.72r_nd_n+0.56r_n^2}{4d_n} \tag{4-2}$$

有凸缘直壁圆筒形件：

$$h_n=\frac{D^2-(d_f+2\Delta d_f)^2+1.72(r_{pn}+r_{dn})+0.56(r_{pn}^2-r_{dn}^2)}{4d_n}$$

式中，d_n 为第 n 次拉深的中线直径，单位为 mm；r_n 为第 n 次拉深底部圆角中线半径，单位为 mm；H_n 为第 n 次拉深工序件的中线高度，包含修边余量，单位为 mm；D 为毛坯直径，单位为 mm。

4.3.3　拉深模工作部分刃口尺寸及公差的确定

拉深模工作部分刃口尺寸主要指径向尺寸，尺寸计算方法与拉深件的尺寸标注和拉深次数有关。由于拉深件最终的尺寸和精度是由最后一次拉深所用模具保证的，因此对于首次和中间各次拉深用模具，其径向尺寸可以直接取其等于中间半成品的尺寸，而只需要一次拉深的拉深模和需要多次拉深时的最后一次拉深模的径向尺寸及精度需根据拉深件的尺寸和精度进行计算。具体计算公式参见表 4-31。

表 4-31　拉深凸、凹模径向尺寸计算公式

工件尺寸标注方式	工件标注外形尺寸		工件标注内形尺寸	
简图				
基准	凹模		凸模	
首次和中间各次拉深用模具径向尺寸	基准模	$D_d = D_i{}^{+\delta_d}_{\ 0}$	$D_p = (d_i)^{\ 0}_{-\delta_p}$	
	非基准模	$D_p = (D_d - 2c)^{\ 0}_{-\delta_p}$	$D_d = (D_p + 2c)^{+\delta_d}_{\ 0}$	
仅需一次拉深或多次拉深的最后一次拉深用模具径向尺寸	基准模	$D_d = (D_{max} - 0.75\Delta)^{+\delta_d}_{\ 0}$	$D_p = (d_{min} + 0.4\Delta)^{\ 0}_{-\delta_p}$	
	非基准模	$D_p = (D_d - 2c)^{\ 0}_{-\delta_p}$	$D_d = (D_p + 2c)^{+\delta_d}_{\ 0}$	
参数含义	D_d、D_p——拉深凹、凸模径向尺寸，单位为 mm c——拉深凸、凹模间隙，单位为 mm，其值见 5.3 节 D_i——拉深件第 i 次拉深的外形径向尺寸，单位为 mm d_i——拉深件第 i 次拉深的内形径向尺寸，单位为 mm Δ——拉深件的尺寸公差，单位为 mm δ_d、δ_p——拉深凹、凸模的制造公差，采用 IT6~IT7 或参考表 4-32 选用			

表 4-32　拉深模凸模和凹模的制造公差　　　　　（单位：mm）

板料厚度 t	拉深直径 d					
	≤20		20~100		>100	
	δ_d	δ_p	δ_d	δ_p	δ_d	δ_p
≤0.5	0.02	0.01	0.03	0.02	—	—
>0.5~1.5	0.04	0.02	0.05	0.03	0.08	0.05
>1.5	0.06	0.04	0.08	0.05	0.10	0.06

4.3.4　拉深工艺力的计算及设备吨位的选择

1. 拉深工艺力的计算

在有压边装置的拉深模中，拉深过程需要的工艺力主要有拉深力和压边力。由于压边圈在拉深过程中起压边作用，而在拉深结束时起卸料作用，因此这种模具不需要专门设置卸料装置，故拉深工艺力中没有卸料力。各拉深工艺力的计算公式见表 4-33。

表 4-33　拉深工艺力的计算公式 （JB/T 6959—2008）

拉深件特征	压边力	拉深力	参数含义
(1)圆筒形件 (2)椭圆形件 (3)盒形件	$Q = Aq$ （在生产中，一次拉深时的压边力 Q 也可按拉深力的 1/4 选取）	$P_i = K_p L_s t R_m$	Q—压边力，单位为 N A—有效压边面积，单位为 mm^2，即开始拉深时，同时与压边圈和凹模端面接触部分的面积，单位为 mm^2 q—单位压边力，单位为 MPa，通常取 $q = R_m/150$ R_m—材料的强度极限，单位为 MPa P_i—第 i 次拉深所需拉深力，单位为 N L_s—工件断面周长（按料厚中心记），单位为 mm K_p—系数，对于圆筒形件拉深，$K_p = 0.5 \sim 1.0$；对于椭圆形件及盒形件的拉深，$K_p = 0.5 \sim 0.8$；对于其他形状工件的拉深，$K_p = 0.7 \sim 0.9$。当拉深趋近极限时 K_p 取大值；反之取小值 t—板料厚度，单位为 mm

表 4-33 中的压边力是由压边装置提供的，因此在计算拉深工艺力前，应先判断该拉深件在拉深过程中是否起皱，是否需要设置压边圈。拉深件在拉深过程中是否容易起皱以及是否需要设置压边圈，可根据式 (4-3)、式 (4-4) 或表 4-34 来判断。

平端面凹模首次拉深时，坯料不起皱的条件是：

$$\frac{t}{D} \geqslant 0.045\left(1 - \frac{d}{D}\right) \tag{4-3}$$

锥形凹模首次拉深时，坯料不起皱的条件是：

$$\frac{t}{D} \geqslant 0.03\left(1 - \frac{d}{D}\right) \tag{4-4}$$

表 4-34　采用压边圈的条件 （平端面凹模）

拉深方法	第一次拉深		以后各次拉深	
	$(t/D) \times 100$	m_1	$(t/D) \times 100$	m_n
需使用压边圈	<1.5	<0.6	<1.0	<0.8
可用可不用压边圈	1.5~2.0	0.6	1.0~1.5	0.8
不需使用压边圈	>2.0	>0.6	>1.5	>0.8

2. 拉深设备吨位的确定

根据所用设备不同，有在单动压力机上进行的拉深，也有在双动压力机上进行的拉深，若采用双动压力机进行拉深，则压边力由外滑块提供，拉深力由内滑块提供，因此拉深设备吨位的确定不仅取决于模具结构，还取决于设备类型，具体的设备吨位的确定方法见表 4-35。

表 4-35　拉深设备吨位的确定（JB/T 6959—2008）

拉深工艺	设备吨位	参数含义
单动压力机拉深	$P_0 < P_i + Q$	P_0—单动压力机公称压力，单位为 N
双动压力机拉深	$P_1 < P_i$ $P_2 < Q$	P_i—第 i 次拉深所需拉深力，单位为 N P_1—双动压力机内滑块公称压力，单位为 N
落料拉深复合	浅拉深： $\Sigma F \leqslant (0.7 \sim 0.8) F_{设}$ 深拉深： $\Sigma F \leqslant (0.5 \sim 0.6) F_{设}$	P_2—双动压力机外滑块公称压力，单位为 N Q—压边力，单位为 N ΣF—拉深工艺力，包括冲裁工艺力，单位为 N $F_{设}$—压力机的公称压力，单位为 N

第5章

冲压模具零件详细设计

模具零件的详细设计主要是指模具零件的结构与尺寸（除刃口尺寸外）设计、固定方式的选用、材料的选用、热处理及其他技术要求的确定以及标准的选用等。一副模具，无论其结构是否复杂，按照组成零件功能的不同，都可以分为工作零件、定位零件、出件零件（卸下、推出或顶出模具中的废料或工件的零件）、导向零件以及固定零件五大部分。模具的典型结构都应包括这五部分，课程设计时应以设计典型结构的模具为宜。冷冲模中已有一部分零件是标准件，如凹模板、模柄、模座、导柱、导套、卸料螺钉、导正销、侧刃、螺钉、销钉等，对于这些标准件，只需按一定的条件选用，而对于非标准件，则需进行设计。

不同冲压工艺模具零件的设计方法虽有不同，但主要区别在于工作零件，其他零件的设计方法和标准件的选用方法几乎相同，在所有的冲压模具中，冲裁模是最基本、也是较为简单的模具，冲裁模的设计思路如图 5-1 所示，其他类型的模具设计也可借鉴此设计思路。

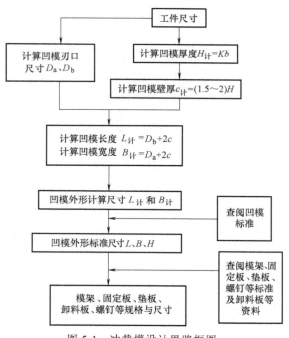

图 5-1　冲裁模设计思路框图

由图 5-1 可知，最为关键的零件是凹模，只要凹模设计完成，则垫板、固定板、卸料板、模架（上、下模座，导柱、导套）、螺钉、销钉等都可以根据凹模进行设计或按标准选用，而凸模、推件装置、顶件装置也与凹模关联，所以模具零件设计可以从工作零件中的凹模开始。

5.1　冲裁模零件的设计及标准选用

5.1.1　工作零件的设计及标准选用

工作零件主要指凸模、凹模和凸凹模。

1. 冲裁凹模的设计及标准的选用

（1）冲裁凹模的结构形式　冲裁凹模有整体式、组合式和镶拼式三种结构形式，普通冲裁模具通常选用整体式凹模结构。冲裁凹模的刃口有直壁式（表5-1）和斜壁式（表5-3）两种，直壁式适用于精度较高、薄料等的冲裁，斜壁式适用于精度不高、较厚料的冲裁。

根据"JB/T 7643.1—2008 冲模模板　第1部分　矩形凹模板"和"JB/T 7643.4—2008 冲模模板　第4部分：圆形凹模板"可知，标准的整体式凹模板的外形只有矩形和圆形两种，如图5-2所示。当所冲工件外形接近矩形时，常选用矩形凹模板。当工件外形接近圆形时，常选用圆形凹模板，没有统一规定，按情况选用。

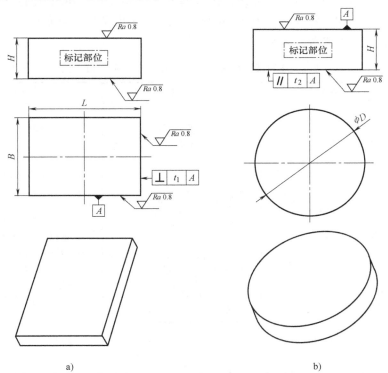

图5-2　2种标准凹模板示意图

a）矩形凹模板（JB/T 7643.1—2008）　b）圆形凹模板（JB/T 7643.4—2008）

（2）冲裁凹模的固定方式　整体式凹模板由于其平面尺寸较大，可以直接利用螺钉和销钉将其固定在下模座，其中销钉起定位作用，一般使用2个。螺钉起连接固定作用，矩形凹模至少需 4 个螺钉，圆形凹模至少需要 3 个螺钉，如图 5-3 所示。

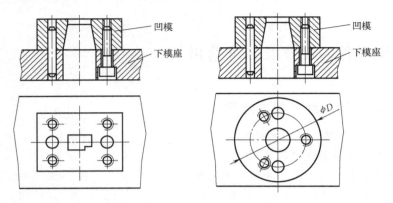

图 5-3　冲裁凹模的固定方式

（3）冲裁凹模的尺寸设计及标准选用　这里的尺寸指除刃口尺寸之外的其他尺寸。对于冲裁凹模，外形尺寸可以通过经验公式直接计算，主要确定凹模的高度 H 和凹模壁厚 c，具体的计算公式见表 5-1。

当得到冲裁凹模外形的计算尺寸后，需根据计算尺寸查阅"JB/T 7643.1—2008 冲模模板　第 1 部分　矩形凹模板"或"JB/T 7643.4—2008 冲模模板　第 4 部分：圆形凹模板"，从而得到冲裁凹模的标准外形尺寸。

表 5-1　冲裁凹模外形尺寸的计算（以矩形凹模为例）

计算尺寸	计算公式（mm）	图解	参数含义
凹模高度 $H_{计}$	$H_{计} = Kb \geqslant 15$		H—凹模的厚度（高度），单位为 mm
凹模壁厚 c	$c = (1.5 \sim 2)H$ $\geqslant (30 \sim 40)$		b—工件的最大外形尺寸，单位为 mm K—系数，由表 5-2 选用 c—凹模壁厚，单位为 mm D_a、D_b—凹模刃口尺寸，单位为 mm
凹模计算长度 $L_{计}$	$L_{计} = D_b + 2c$		h—凹模刃口高度，单位为 mm，由表 5-3 选用 β—漏料孔斜度，由表 5-3 选用
凹模计算宽度 $B_{计}$	$B_{计} = D_a + 2c$		

表 5-2　凹模厚度修正系数 K

孔口尺寸 b/mm	料厚 t/mm				
	0.5	1.0	2.0	3.0	>3.0
<50	0.30	0.35	0.42	0.50	0.60

（续）

孔口尺寸 b/mm	料厚 t/mm				
	0.5	1.0	2.0	3.0	>3.0
50~100	0.20	0.22	0.28	0.35	0.42
100~200	0.15	0.18	0.20	0.24	0.30
>200	0.10	0.12	0.15	0.18	0.22

表 5-3　凹模刃口 h 和 β 值

料厚 t/mm	α/(′)	β/(°)	刃口高度 h/mm	备注
<0.5	15	2	≥4	
0.5~1			≥5	
1~2.5			≥6	表列 α 值适用于钳工,
2.5~6	30	3	≥8	线切割加工时 α = 5′~20′
>6			≥10	

2. 冲裁凸模的设计及标准选用

（1）冲裁凸模的结构形式　按刃口截面形状的不同，冲裁凸模有圆形和非圆形（即异形）两种结构形式。无论是哪种形式，基本结构都是由安装固定部分（图 5-4、图 5-5、图 5-6 中的 l′）和工作部分组成。

模具行业标准 JB/T 5825~5829—2008 中对刃口尺寸为 1~36mm 的圆凸模的结构、尺寸等进行了规定，其中常用的圆柱头直杆圆凸模和缩杆圆凸模的结构如图 5-4 所示。缩杆圆凸模有中间过渡部分，刚度较好，适于尺寸更小的冲裁件。

对于其他尺寸的圆凸模，其结构可参考标准圆凸模的结构形式进行设计。对于较大型尺寸的圆凸模，可参考图 5-12a 所示结构进行设计。

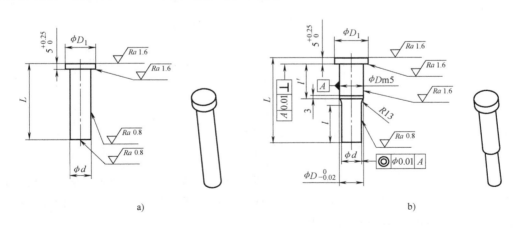

a)　　　　　　　　　　　　　　　　　b)

图 5-4　2 种常用的标准圆凸模

a）圆柱头直杆圆凸模（JB/T 5825—2008）　b）圆柱头缩杆圆凸模（JB/T 5826—2008）

实际生产中，广泛应用的是截面为非圆形的异形凸模。异形凸模的结构形式主要有两种：台阶式结构（图 5-5）和直通式结构（图 5-6）。凡是截面为非圆形的凸模，如采用台阶式固定，其固定部分应尽量简化成简单形状的几何截面，即圆形或矩形（图 5-5、图 5-8）。

（2）冲裁凸模的固定方式　当冲裁凸模的横向尺寸较小时，凸模通常采用凸模固定板固定的方式，如图 5-7 所示。

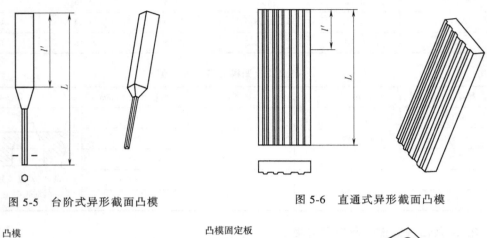

图 5-5　台阶式异形截面凸模　　　　　图 5-6　直通式异形截面凸模

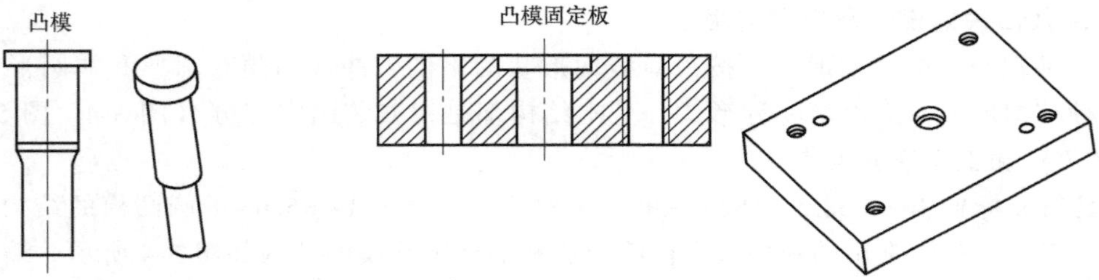

a)

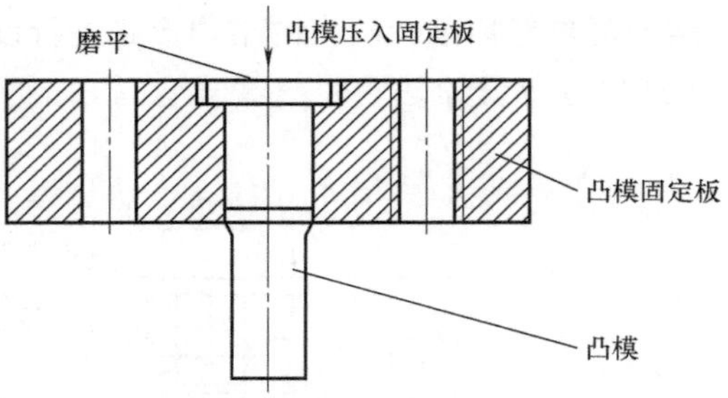

b)

图 5-7　固定板固定小尺寸凸模

a）装配前　b）装配后

对于异形截面凸模，当固定部分为圆形，若采用压入式方法固定到固定板，则必须在固定端接缝处加止转销，如图 5-8 所示。异形截面凸模在其固定部分尺寸允许的情况下也可以采用如图 5-9 所示的螺钉吊装固定方式。

直通式异形凸模在截面尺寸较小时也需要利用固定板固定，此时可将异形凸模侧面开槽，利用压板固定，如图 5-10 所示，也可以采用图 5-11 所示的利用横销和固定板固定。

当冲裁较大工件，凸模横向尺寸较大，此时可采用螺钉、销钉直接固定到模座上，如图 5-12 所示。

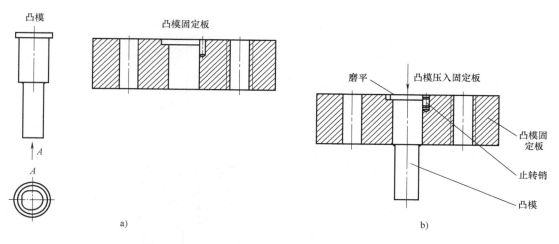

图 5-8 固定板固定异形截面凸模加止转销防转结构

a) 装配前 b) 装配后

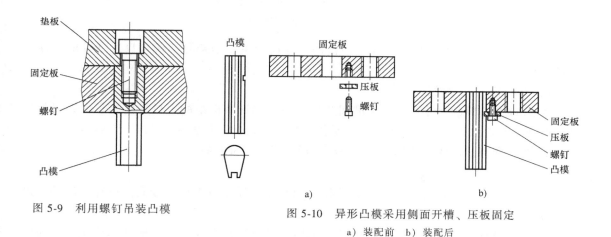

图 5-9 利用螺钉吊装凸模

图 5-10 异形凸模采用侧面开槽、压板固定

a) 装配前 b) 装配后

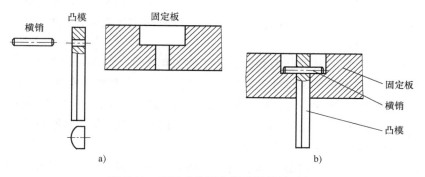

图 5-11 直通式异形凸模采用横销固定

a) 装配前 b) 装配后

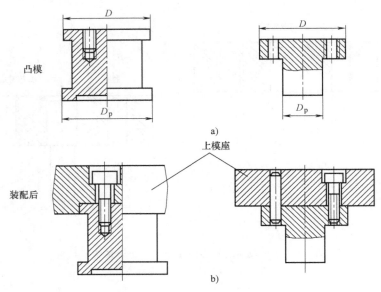

图 5-12 尺寸较大凸模的固定方式

a) 装配前 b) 装配后

（3）冲裁凸模的尺寸设计 冲裁凸模的尺寸设计主要是指除凸模刃口尺寸外的其他尺寸的设计。

1）圆凸模的尺寸设计。

① 标准圆凸模的尺寸设计。标准圆凸模只需根据计算出来的刃口尺寸和长度查阅相应的标准即可确定除刃口外的其他尺寸，具体设计方法请参见附表 A-15 和附表 A-16。

② 非标准圆凸模的尺寸设计可参考标准圆凸模的尺寸进行设计。

2）异形凸模的尺寸设计。

① 若设计成直通式（图 5-6），则凸模固定部分的尺寸与工作部分完全一样，均等于刃口部分的计算尺寸，不用另外设计。

② 对于设计成台阶式的异形凸模（图 5-5），其固定部分通常设计成圆形或矩形。固定部分的尺寸必须大于工作部分的尺寸，具体尺寸按实际情况确定。

3）凸模长度尺寸的设计。凸模长度尺寸应根据模具的具体结构，并考虑修磨、固定板与卸料板之间的安全距离、装配等的需要来确定。具体设计方法见表 5-4。

3. 冲裁凸凹模的设计

凸凹模是复合模中同时具有凸模和凹模作用的工作零件，内外缘均为刃口，其形状和尺寸完全取决于所冲工件的形状和尺寸，如图 5-13 所示。当采用复合模冲制如图 5-13 所示工件时，其凸凹模壁厚 c 取决于工件相应部位的孔边距尺寸，即 $(20mm - 8.5mm)/2 = 5.75mm$，因此从强度方面考虑，当工件上孔边距太小就会导致模具壁厚过小，从而导致强度不够，所以凸凹模壁厚应受最小值限制。

落料冲孔复合模中凸凹模的最小壁厚与模具结构有关，当模具为正装结构时，内孔不积存废料，胀力小，最小壁厚可以小些；当模具为倒装结构时，若内孔为直壁形刃口，且采用下出料，则内孔积存废料，胀力大，故最小壁厚应大些。

表 5-4　凸模长度尺寸设计方法

模具结构	简图	长度计算公式	参数含义
刚性卸料板卸料、导料板导料		$L = h_1 + h_2 + h_3 + h_{附加1}$	L—凸模长度，单位为 mm h_1—凸模固定板厚度，单位为 mm h_2—卸料板厚度，单位为 mm h_3—导料板厚度，单位为 mm t—被冲板料厚度，单位为 mm $h_{附加1}$—附加的长度，单位为 mm。 一般取经验值 10～20mm，包括模具闭合时凸模固定板与卸料板之间的安全距离、凸模修磨量(一般取 3～8mm)及凸模进入凹模的深度(0.5～1mm) $h_{附加2}$—附加的长度，单位为 mm。 包括模具闭合时弹簧压缩后的高度及凸模进入凹模的深度(0.5～1mm)以及凸模的修磨量(3～8mm)
弹性卸料板卸料		$L = h_1 + h_2 + t + h_{附加2}$	

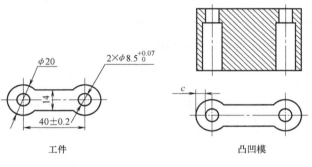

图 5-13　凸凹模壁厚尺寸

　　冲裁凸凹模的最小壁厚值，目前一般按经验数据确定，倒装复合模的凸凹模最小壁厚见表 5-5。

表 5-5　凸凹模最小壁厚

简图										
料厚 t/mm	0.4	0.5	0.6	0.7	0.8	0.9	1.0	1.2	1.5	1.75
最小壁厚 c/mm	1.4	1.6	1.8	2.0	2.3	2.5	2.7	3.2	3.8	4.0
料厚 t/mm	2.0	2.1	2.5	2.75	3.0	3.5	4.0	4.5	5.0	5.5
最小壁厚 c/mm	4.9	5.0	5.8	6.3	6.7	7.8	8.5	9.3	10.0	12.0

5.1.2　定位零件的设计及标准的选用

定位零件的类型及结构与送进模具的毛坯形式有关，常见的定位零件见表5-6。

表 5-6　常见的定位零件

毛坯形式	定位零件的类型			标准代号
条料	导料零件	导料板		JB/T 7648.5—2008
		导料销		
	挡料零件	始用挡料装置		JB/T 7649.1—2008
		固定挡料销		JB/T 7649.10—2008
		弹簧弹顶挡料装置		JB/T7649.5—2008
		侧刃及侧刃挡块	侧刃	JB/T 7648.1—2008
			侧刃挡块	JB/T 7648.2—2008
	精确定位零件	导正销		JB/T 7647—2008
单个毛坯	定位板	外形定位		
		内形定位		
	定位销	外形定位		
		内形定位		

表5-5所示零件中，除定位板外，其他几乎都是标准件，按相关条件选用即可，具体选用或设计方法如下：

1. 导料板（JB/T 7648.5—2008）

导料板是模具中最常用的一种导料装置。当利用导料板导料时，通常需设置2块，可利用螺钉、销钉直接固定在凹模工作表面两侧，沿送料方向的长度通常与凹模一致，如图5-14所示。

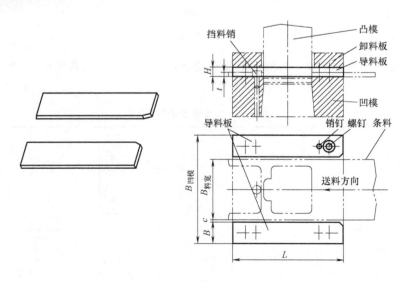

图 5-14　导料板的应用示例（一）

导料板的选用方法如下：

1）根据凹模的外形尺寸、条料宽度确定导料板的平面尺寸。沿送料方向，导料板长度 L 可与凹模长度相同，如图 5-14 所示，也可长于凹模，在导料板悬空部位用承料板连接，如图 5-15 所示。导料板的宽度 $B = (B_{凹模} - B_{料宽} - 2c)/2$。

2）根据料厚 t 查阅标准 JB/T 7648.5—2008，选用导料板厚度 H，使 $H = (2.5 \sim 4)t$。

3）根据 L、B、H 查阅标准 JB/T 7648.5—2008，得到导料板的规格尺寸及标记示例。

采用导料销导料时，导料销可用固定挡料销（JB/T 7649.10—2008），其选用方法参见本节"4. 固定挡料销（JB/T 7649.10—2008）"。

2. 始用挡料装置（JB/T 7649.1—2008）

始用挡料装置通常用于手工送料的 2～3 个工位的级进模，用于控制首次送料的送料进距，当第一次冲压结束之后，后续冲压过程中将不再起挡料作用。始用挡料装置中直接用于挡料的是始用挡料块，始用挡料块安装于导料板内，其结构和尺寸要求如图 5-16 所示。由于手工操作不方便，4 工位以上的级进模基本就不再使用。

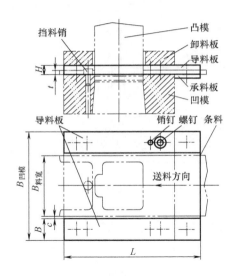

图 5-15　导料板的应用示例（二）

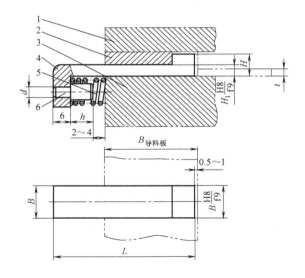

图 5-16　始用挡料装置的应用示例
1—卸料板　2—导料板　3—凹模
4—挡料块　5—弹簧　6—芯柱

始用挡料装置的选用方法如下：

1）根据板料厚度 t 查阅标准 JB/T 7649.1—2008，选用始用挡料块的厚度 H，使 $H = (2.5 \sim 4)t$，但应比导料板厚度小。

2）根据挡料块的厚度 H 继续查阅标准，得到始用挡料块上安装弹簧芯柱的孔径 d，据此得到弹簧芯柱的头部尺寸 h。

3）根据导料板的宽度、弹簧芯柱头部尺寸 h 等按图 5-16 尺寸要求计算得到始用挡料块的长度 L，即：$L = B_{导料板} - (0.5 \sim 1) + (2 \sim 4) + h + 6$。

4）根据 L、H 查标准 JB/T 7649.1—2008，得到标准始用挡料装置的规格尺寸及标记示例。

3. 弹簧弹顶挡料装置（JB/T 7649.5—2008）

弹顶挡料装置大多使用于倒装复合模中，适用于手工送料。挡料装置中的挡料销通常装于弹性卸料板上，常见的有弹簧弹顶挡料装置、扭簧弹顶挡料装置、回带式挡料装置和钢球弹顶装置等，这里主要介绍常用的弹簧弹顶挡料装置的结构及选用方法，如图 5-17 所示。其他弹顶装置的选用可参考此方法。

弹簧弹顶挡料装置的选用方法如下：

1）由弹性卸料板厚度并按图 5-17 的装配关系得到 $l=H_{卸}+(2\sim4)\,\mathrm{mm}$，查阅标准 JB/T 7649.5—2008，得到标准挡料销的尺寸 l，进而得到挡料销的长度 L。

2）由 L 并考虑搭边值 a_1，尽量保证 d_1 与凸凹模不发生干涉，选择挡料销的直径 d。

3）根据 L、d 查 JB/T 7649.5—2008《弹簧弹顶挡料装置》，得到弹簧弹顶挡料装置的规格尺寸及标记示例。

4. 固定挡料销（JB/T 7649.10—2008）

固定挡料销通常在手工送料的正装模上使用，直接固定在凹模上平面，适用于料厚 $t>0.5\,\mathrm{mm}$ 的金属板料冲压时的进距控制，如图 5-18 所示。

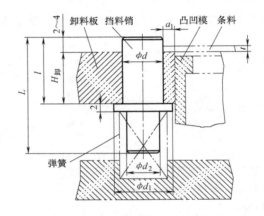

固定挡料销的选用方法如下：

1）根据板料厚度 t 查阅标准 JB/T 7649.10—2008，选取固定挡料销头部高度 h，使：

$$t<1\,\mathrm{mm}, h=2\,\mathrm{mm}$$
$$t=1\sim3\,\mathrm{mm}, h=3\,\mathrm{mm}$$
$$t>3\,\mathrm{mm}, h=4\,\mathrm{mm}$$

图 5-17 弹顶挡料装置的应用示例

使用刚性卸料板时，h 应小于 $(H-t)$，如图 5-18 所示，同时得到挡料销的其他尺寸，如长度 L、头部直径 d 等。

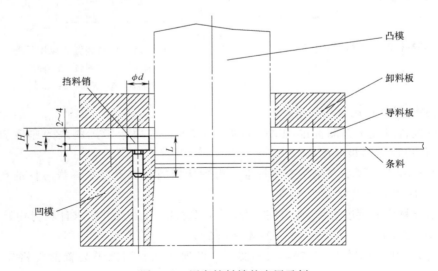

图 5-18 固定挡料销的应用示例

2）根据 L、d 查阅标准 JB/T 7649.10—2008，得到固定挡料销的规格尺寸及标记示例。

5. 侧刃及侧刃挡块

（1）侧刃（JB/T 7648.1—2008） 侧刃主要适用于料厚 $t = 0.1 \sim 1.5$mm 的金属板料级进冲压模中的条料定位。利用侧刃控制进距，既适合手动送料也适合自动送料，但单独使用侧刃定距的级进模工位数不宜太多，手工送料以 2~5 个工位为宜。冲压薄料和超薄料时，其进距控制宜选用侧刃。

标准侧刃有Ⅰ型和Ⅱ型两种，普通冲压模具多选用Ⅰ型结构的侧刃。图 5-19 所示为Ⅰ型结构的标准侧刃及应用示例。

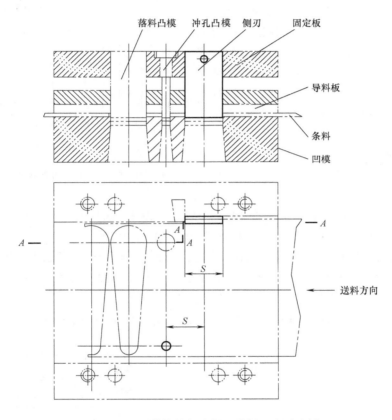

图 5-19　Ⅰ型结构的标准侧刃及侧刃应用示例

标准侧刃的选用方法如下：

1）选择侧刃类型，如Ⅰ型。

2）根据排样设计时确定的步距查阅标准 JB/T 7648.1—2008，选择侧刃截面长度 S 等于送料步距的标准侧刃，进而得到侧刃的其他尺寸。

3）侧刃的长度根据模具结构确定，如图 5-19 所示的模具结构中，可以采用确定凸模长度的方法确定侧刃的长度。

4）由 L、B 查阅标准 JB/T 7648.1—2008，得到侧刃的规格尺寸及标记示例。

（2）侧刃挡块（JB/T 7648.2—2008） 侧刃挡块通常与侧刃配合使用，目的是提高挡料部分的硬度和耐磨性。侧刃挡块通常安装在导料板内。国家标准规定了 A、B、C 三种型式的侧刃挡块，A、B 两种使用较多。图 5-20 所示为 A 型侧刃挡块的结构及应用示例。

标准侧刃挡块的选用方法如下：

1）选定侧刃挡块的类型，如 A 型侧刃挡块。

2）根据导料板的厚度 H 查阅标准 JB/T 7648.2—2008，选取侧刃挡块厚度，使其厚度与导料板厚度相同，即也为 H，进而得到侧刃挡块的其他尺寸，如长度 L，但需要注意的是挡块的长度 L 应小于导料板的宽度。

3）由 L 和 H，查阅标准 JB/T 7648.2—2008，得到侧刃挡块的规格尺寸及标记示例。

6. 导正销（JB/T 7647.2—2008）

导正销用于级进模中对条料的精确定位。导正销不能单独使用，必须与挡料销、侧刃或自动送料装置联合使用，利用挡料销、侧刃或自动送料装置进行粗定位，导正销进行精确定位。行业标准中导正销有 A、B、C、D 四种结构型式，图 5-21 所示为 B 型导正销的结构及应用示例。

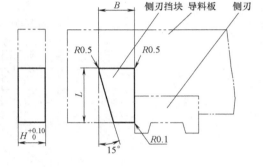

图 5-20　标准 A 型侧刃挡块结构及应用示例

标准导正销的选用方法如下：

1）选择导正销的结构形式，如选择 B 型导正销。

2）根据导正销孔的直径查阅标准 JB/T 7647.2—2008，选取与导正销孔直径相近的导正销导正部分直径 d_1，进而得到导正销的其他尺寸，如 d、d_2 等。

3）导正销的长度尺寸需根据模具结构确定，图 5-21 所示导正销长度应为凸模长度、模具开启时导正销突出凸模端面的长度 x 以及导正销导入部分的长度 L_3 之和，其中 x 通常取 $(0.8 \sim 1.5)t$（t 为板料厚度），L_3 在设计时决定。

4）由 d、d_1、L 查阅标准 JB/T 7647.2—2008，得到导正销的结构尺寸及标记示例。

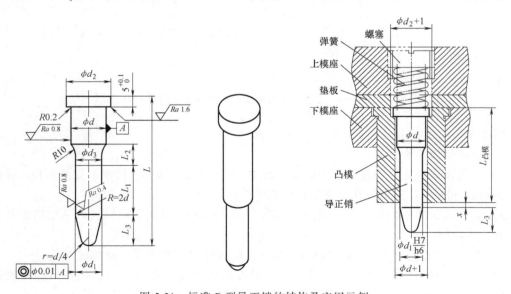

图 5-21　标准 B 型导正销的结构及应用示例

7. 定位板

定位板是利用单个毛坯的外形或内孔进行定位，因此定位板的结构完全取决于所需定位的毛坯外形或内孔，设计时比较灵活，如图5-22所示。定位板通常利用螺钉、销钉直接固定在凹模上。定位板的设计方法如下：

1）依据毛坯外形进行定位，定位板的定位孔形与毛坯外形可以完全相同，也可以局部相同，相同地方的尺寸两者之间间隙配合，如图5-22所示的尺寸 A，此处定位板的尺寸就可以与毛坯的尺寸相同，两者之间间隙配合。

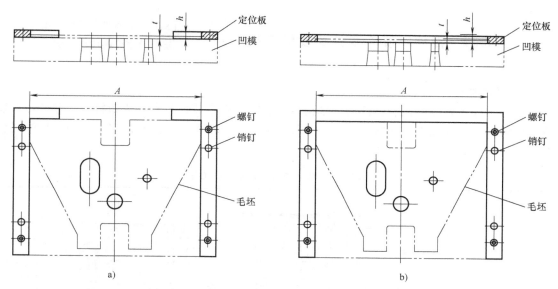

图5-22　依据毛坯外形定位时的定位板应用示例

a）利用毛坯外形的局部定位　b）利用毛坯外形的整条边定位

2）依据毛坯的内形进行定位时，定位板的外形与毛坯内形可以完全相同，也可以局部相同，相同地方的尺寸两者之间间隙配合，如图5-23所示。

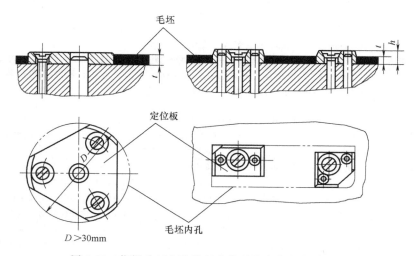

图5-23　依据毛坯内孔进行定位时的定位板应用示例

3）根据板料厚度 t 设计定位板的高度 h，使：

$$t < 1mm, h = 2mm$$
$$t = 1 \sim 3mm, h = 3mm$$
$$t > 3mm, h = 4mm$$

图 5-24 为依据毛坯外形采用定位销定位的应用示例，定位销可选用固定挡料销（JB/T 7649.10—2008），其选用方法参见本节"4. 固定挡料销（JB/T 7649.10—2008）"的内容。

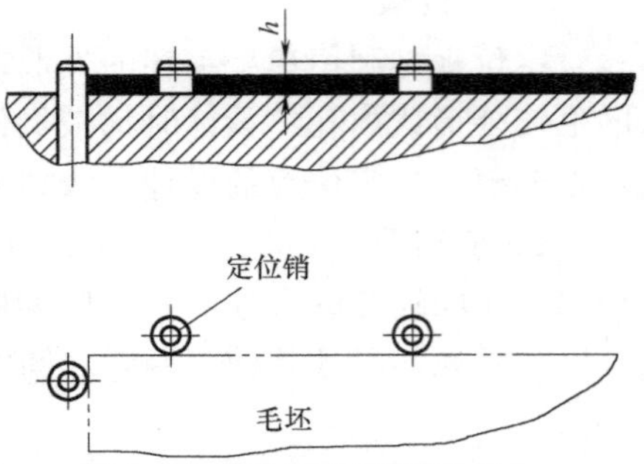

图 5-24 依据毛坯外形采用
定位销定位的应用示例

5.1.3 卸料、推件、顶件零件的设计与标准的选用

1. 卸料零件

卸料零件主要有刚性和弹性两种结构形式。刚性卸料装置只有一块卸料板，弹性卸料装置由卸料板、弹性元件和卸料螺钉三个零件组成。冲压模具中，越来越多地采用弹性卸料装置。弹性卸料装置的设计方法见表 5-7。

表 5-7 弹性卸料装置的设计方法

简图		
	a) 平板结构卸料板	b) 带台阶结构卸料板
设计内容	卸料板、卸料螺钉、弹性元件	
卸料板 / 卸料板外形	由本表图 a、b 可看出，当模具中采用导料销和挡料销定位时，卸料板为平板结构。当采用导料板和挡料销定位时，卸料板为带台阶结构。 卸料板外形的平面形状和尺寸一般与凹模一致，带台阶卸料板的台阶高度 $h = H - t + (0.1 \sim 0.3)t$（料厚 $t > 1mm$ 时，取 $0.1t$，薄料取 $0.3t$，H 为导料板厚度）。当安装的弹性元件过多过大时，允许将卸料板的平面尺寸加大，以提供足够大的安装位置	
卸料板 / 卸料孔	被凸模穿过的卸料孔的孔形与本次冲压用凸模外形相同，两者之间单边留 $0.05 \sim 0.15mm$ 的间隙，当卸料板对细小凸模兼起导向作用时，卸料孔与凸模外形采用 H7/h6 的间隙配合	
卸料板 / 卸料板厚度	由所冲板料厚度决定，可根据表 5-8 选用	
卸料螺钉	为标准件。冲模中使用最多的是 JB/T 7650.6—2008 中的圆柱头内六角卸料螺钉，选用依据是卸料螺钉螺纹部分的长度 l，一般使 l 小于卸料板与卸料螺钉连接处的卸料板的厚度，约 $0.3mm$	
弹性元件	常用的弹性元件是弹簧、橡胶和氮气弹簧，是标准件，可依据卸料力的大小及模具结构参考 4.1.5 节内容选用。普通模具使用较多的是弹簧丝为矩形截面的螺旋弹簧	

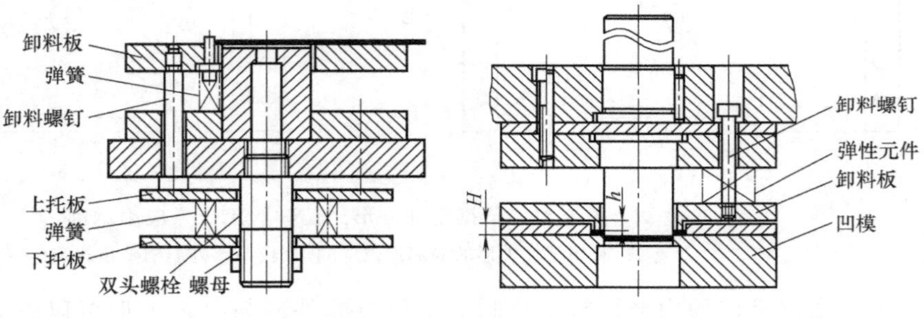

表 5-8　卸料板厚度

板料厚度 t/mm	卸料板宽度 B/mm									
	≤50		50~80		80~125		125~200		>200	
	S	S'	S	S'	S	S'	S	S'	S	S'
0.8	6	8	6	10	8	12	10	14	12	16
0.8~1.5	6	10	8	12	10	14	12	16	14	18
1.5~3	8	—	10	—	12	—	14	—	16	—
3~4.5	10	—	12	—	14	—	16	—	18	—
>4.5	12	—	14	—	16	—	18	—	20	—

注：S 为刚性卸料板的厚度，S' 为弹性卸料板的厚度。

如果采用刚性卸料装置卸料，此时仅需设计卸料板，卸料板的结构多为平板结构，其设计方法可参考表 5-7 中的卸料板。

2. 推件装置

具有典型结构的刚性推件装置由推件块、推杆、推板、打杆四个零件组成，除推件块外，其他均为标准件。刚性推件装置的设计方法见表 5-9。

表 5-9　刚性推件装置的设计方法

简图		
	a) 刚性推件装置结构组成	b) 推件块设计方法
设计内容	推件块、推杆、推板、打杆	
推件块 形状及尺寸	由本表图 b 可看出，推件块的外形及尺寸 D 由落料凹模的孔形决定，内孔 d 由冲孔凸模的外形决定，当制件或废料的外形复杂时，推件块与冲孔凸模的外形采用 H8/f8 间隙配合，与落料凹模之间留有间隙；反之与落料凹模的刃孔采用 H8/f8 的间隙配合。推件块的高度 H 应等于凹模刃口的高度 h 加上台阶的高度 h' 和 0.5~1.0mm 的伸出量，其中台阶的作用是防止模具开启时推件装置由于自重掉出模具，其值由所推件的尺寸大小决定，一般可取 3~5mm	
推杆	通常需要 2~4 根且分布均匀、长短一致，直径和尺寸根据模具结构设计	

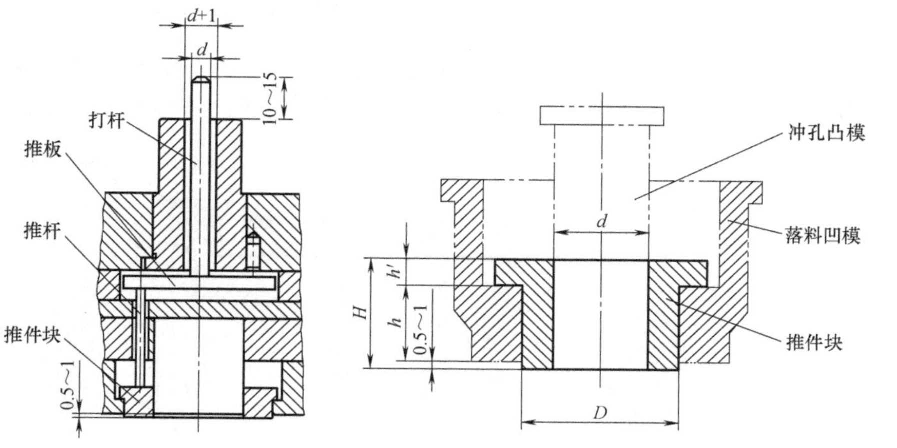

（续）

推板	标准件（JB/T 7650.4—2008），其形状无需与工件的形状一样，只要有足够的刚度，其平面形状尺寸能够覆盖到推杆即可
打杆	从模柄孔中伸出，并能在模柄孔内上下运动，因此它的直径比模柄内的孔径单边小 0.5mm，长度由模具结构决定，在模具开启时一般超出模柄 10~15mm，如本表中图 a 所示

3. 顶件装置

顶件装置多为弹性结构，主要由顶件块、顶杆和弹顶器三个部分组成，如图 5-25 所示，其中顶件块的设计方法参考表 5-9 中的推件块，顶杆是标准件（JB/T 7650.3—2008）。

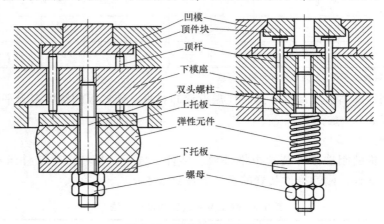

图 5-25　顶件装置应用示例

弹顶器通常为通用的，根据需要直接购买即可，因此在模具装配图中可以不予绘出，只需在下模座上绘制出螺纹孔及伸出下模座下平面的顶杆，如图 5-26 所示。

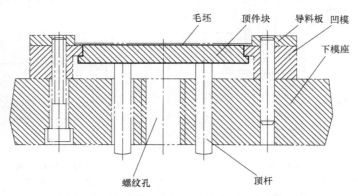

图 5-26　通用弹顶装置不予绘出时的表示方法

5.1.4　导向零件的设计与标准的选用

工厂里广泛使用的导向零件是导柱、导套，根据导柱与导套间配合关系的不同，有滑动导柱、导套和滚动导柱、导套两种，普通冲压模具常用的是滑动导柱（GB/T 2861.1—2008）和导套（GB/T 2861.3—2008）。标准滑动导柱、导套的结构、装配关系及选用方法见表 5-10。

表 5-10　标准滑动导柱、导套结构、装配关系及选用方法

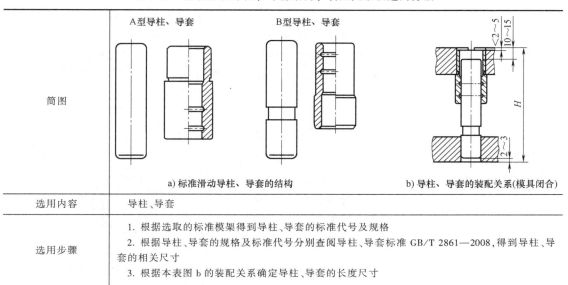

简图	a) 标准滑动导柱、导套的结构	b) 导柱、导套的装配关系(模具闭合)
选用内容	导柱、导套	
选用步骤	1. 根据选取的标准模架得到导柱、导套的标准代号及规格 2. 根据导柱、导套的规格及标准代号分别查阅导柱、导套标准 GB/T 2861—2008，得到导柱、导套的相关尺寸 3. 根据本表图 b 的装配关系确定导柱、导套的长度尺寸	

5.1.5　固定零件的设计与标准的选用

固定零件包括模柄、上模座、下模座、垫板、固定板、螺钉和销钉等。

1. 模柄

标准 JB/T 7646.1~7646.6—2008 规定了压入式模柄、旋入式模柄、凸缘模柄、槽形模柄、浮动模柄、推入式活动模柄结构形式和尺寸规格。由于压入式模柄（JB/T 7646.1—2008，图 5-27）装配后，模柄轴线与上模座有很好的垂直度，长期使用稳定可靠，加设骑缝销防转，模柄不会松动，因此是普通冲压模具中最常用的结构。

模柄的选用依据是设备模柄孔的尺寸，模柄固定到滑块模柄孔部分的直径 d 应尽量与压力机滑块模柄孔直径一样（两者尺寸配合关系可取 H11/d11），模柄夹持部分长度 L_1 小于模柄孔深度 L 约 5~10mm。当模具中设有刚性推件装置时，应选择中间带孔的模柄，如图 5-27b 所示。

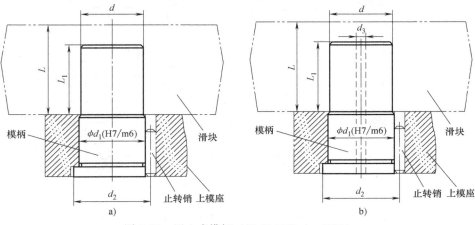

图 5-27　压入式模柄（JB/T 7646.1—2008）

a）A 型　b）B 型

扩展阅读

止转销的止转原理如图 5-28 所示，安装时使销的中心线通过模柄上直径为 d_2 的外圆，保证止转销的一半在模柄台阶，一半在上模座，从而达到止转的目的。

2. 上、下模座

上、下模座与导柱、导套组成标准模架。标准模架的种类较多，根据导柱、导套间的运动关系不同，标准模架分为冲模滑动导向模架和冲模滚动导向模架；根据模座所用材料不同，又可分为铸铁模架和钢板模架。按照导柱、导套在模座上安装位置的不同每种模架又分成四种，图 5-29 所示为 4 种不同的滑动导向钢板模架。

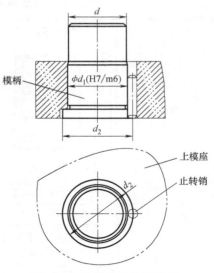

图 5-28 止转销的止转原理

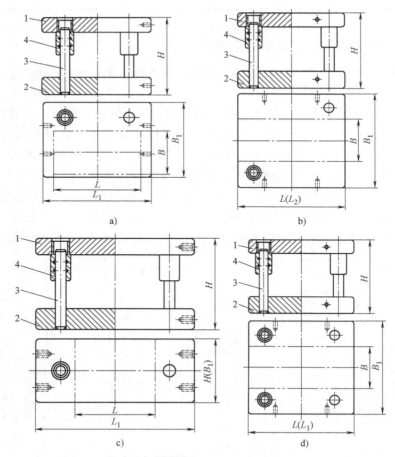

a)

b)

c)

d)

图 5-29 滑动导向钢板模架（GB/T 23565.1~4—2009）

a) 滑动导向后侧钢板模架 b) 滑动导向对角钢板模架 c) 滑动导向中间钢板模架 d) 滑动导向四角钢板模架

1—上模座 2—下模座 3—导柱 4—导套

标准模架的选用依据是凹模的周界尺寸及压力机的闭合高度，由标准模架即可得到上、下模座的规格尺寸。上、下模座的选用方法为：

1）根据工件的形状尺寸、精度要求及条料送料方式选择模架类型，如选用冲模滑动导向对角钢板模架。

2）根据凹模的周界尺寸（$L \times B$）及模具的闭合高度，查阅模架标准，如查阅 GB/T 23565.2—2009，即可得到模架的规格尺寸，并同时得到组成该模架的上、下模座的标准代号和规格。

3）根据得到的上、下模座的标准代号和规格分别查阅上、下模座的相关标准，进而得到上、下模座的详细尺寸和标记示例。

3. 固定板

固定板有凸模固定板和凹模固定板（普通冲压模具中最常见的是凸模固定板）。

固定板是标准件，分为矩形固定板（JB/T 7643.2—2008）和圆形固定板（JB/T 7643.5—2008）两种，结构如图 5-30 所示。

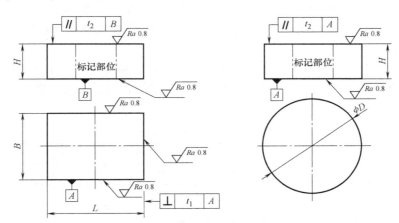

图 5-30　标准固定板

固定板的选用依据是凹模的外形及尺寸，具体选用方法如下：

1）选定固定板的形状，固定板的形状通常与凹模相同，即凹模是矩形的，则固定板选矩形，凹模是圆形，则固定板选圆形。

2）根据凹模的平面尺寸查阅标准 JB/T 7643.2—2008 或 JB/T 7643.5—2008，选取与凹模平面尺寸相同尺寸的固定板，厚度一般取凹模厚度的 0.6～0.8 倍。

3）根据固定板的平面尺寸 L、B，查阅固定板标准，得到标准固定板的规格尺寸及标记示例。

4. 垫板

典型结构模具均含有凸模垫板。垫板是标准件，有矩形垫板（JB/T 7643.3—2008）和圆形垫板（JB/T 7643.6—2008）两种，如图 5-31 所示。

垫板的选用依据是凹模的外形及尺寸，具体选用方法如下：

1）选定垫板的形状，垫板形状通常与凹模相同，即凹模是矩形的，则垫板也选矩形，否则垫板选圆形。

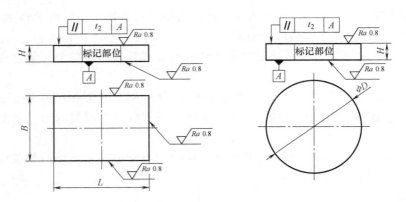

图 5-31　标准垫板

2）根据凹模的平面尺寸查阅标准 JB/T 7643.3—2008 或 JB/T 7643.6—2008，选取与凹模平面尺寸相同尺寸的垫板，厚度一般取 6mm、8mm、10mm、12mm。

3）根据垫板的平面尺寸 L、B，查阅垫板标准，得到标准垫板的规格尺寸及标记示例。

5. 螺钉与销钉

冲压模具常采用内六角螺钉固定模具零件，圆柱销钉对模具零件进行定位。它们都是标准件，设计时按标准选用。通常同一副模具中螺钉、销钉的直径相同，规格大小可依据凹模厚度确定，见表 5-11。

表 5-11　螺钉、销钉的选用

凹模厚度	<13	13~19	19~25	25~32	>32
螺钉直径	M4,M5	M5,M6	M6,M8	M8,M10	M10,M12

5.2　弯曲模零件的设计及标准的选用

弯曲件不同于冲裁件，因弯曲方向可以是任意的，因此弯曲件的结构复杂，导致弯曲模的结构也异常复杂且灵活多变，但典型结构的弯曲模仍然是由工作零件、定位零件、出件（压料、顶料）零件、导向零件和固定零件组成。除工作零件外，其他几类零件的设计均可参考冲裁模，因此本节主要就弯曲模工作零件的设计展开。弯曲模的工作零件主要是弯曲凹模和凸模。

1. 弯曲凹模的设计

（1）弯曲凹模的结构形式

弯曲凹模视弯曲件形状的不同而不同，可以设计成整体式结构，也可以设计成分块式结构，如 U 形件（图 5-32a）弯曲凹模可以设计成图 5-32b 所示的整体式结构，也可以设计成图 5-32c 所示的左右两块分开的结构。弯曲凹模的外形通常设计成矩形结构。

（2）弯曲凹模的固定方式

弯曲凹模常通过螺钉、销钉直接固定在下模座上，如图 5-33 所示。

2. 弯曲凸模的设计

（1）弯曲凸模的结构形式　弯曲凸模通常也是由固定部分和工作部分两个部分组成，

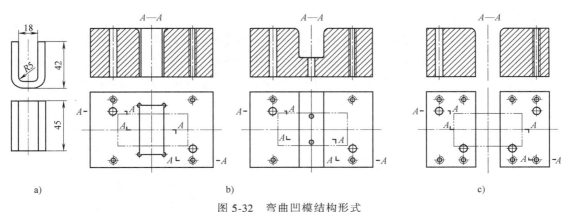

图 5-32　弯曲凹模结构形式

a）U形弯曲件　b）2种整体式结构　c）分块式结构

工作部分的结构完全取决于被弯曲的工件形状，但设计比较灵活。弯曲件形状简单时，其凸模形状与弯曲件被弯部分的形状可以完全相似，如图 5-33～图 5-35 所示。弯曲凸模的固定部分通常设计成规则形状的矩形，如图 5-35 所示。

（2）弯曲凸模的固定方式　弯曲凸模的固定方式比较灵活，尺寸小的弯曲凸模可以采用固定板的固定方式（图 5-36a），尺寸较大的弯曲凸模可以直接通过螺钉、销钉固定在上模座上，简单的弯曲模甚至可直接利用槽形模柄固定带柄的弯曲凸模，如图 5-36b 所示。

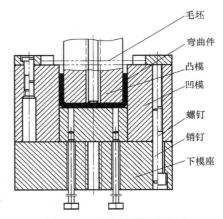

图 5-33　弯曲凹模固定方式

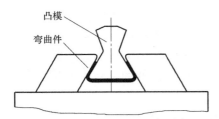
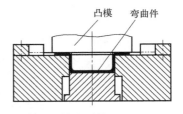

图 5-34　弯曲凸模工作部分结构取决于被弯曲工件的形状

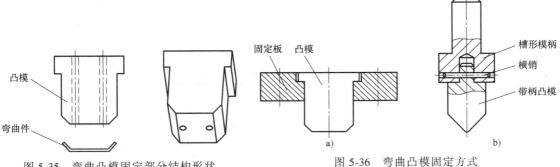

图 5-35　弯曲凸模固定部分结构形状

图 5-36　弯曲凸模固定方式

a）固定板固定　b）槽形模柄固定

3. 弯曲凸、凹模的尺寸设计

弯曲凸、凹模刃口的宽度尺寸 L_p 与 L_d 在 4.2.2 节中已详细介绍，这里只需确定弯曲凹模的外形尺寸（长 L、宽 B、高 H）以及工作部分的其他尺寸，如弯曲凸模、凹模的圆角半径 r_p 与 r_d、凸模与凹模之间的间隙 c、凹模的深度 h_0、l_0 及 h、弯曲凸模的长度等，如图 5-37 所示。

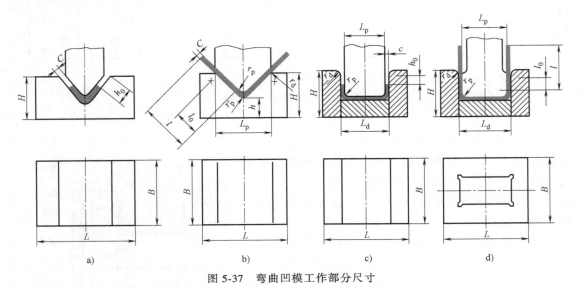

图 5-37 弯曲凹模工作部分尺寸

（1）弯曲凹模的外形尺寸 对于弯曲凹模，其外形尺寸（长、宽、高）需根据弯曲件的展开尺寸、弯曲件的高度及精度要求并考虑其强度进行设计，具体设计方法参见 9.1.2 节弯曲模设计实例。

（2）弯曲凸模圆角半径 弯曲凸模圆角半径是指图 5-37 中的 r_p，根据工件弯曲半径 r 的不同，凸模圆角半径 r_p 通常分 2 种情况，具体设计方法参见表 5-12。

（3）弯曲凹模圆角半径 弯曲凹模圆角半径是指图 5-37 中的 r_d，一般凹模圆角半径 r_d 的大小在满足弯曲件质量的前提下尽量取大，通常不小于 3mm，具体可根据板厚确定，见表 5-13。

表 5-12 弯曲凸模圆角半径的确定 （单位：mm）

工件弯曲半径 r	凸模圆角半径 r_p	备注
$r \geqslant r_{min}$	$r_p = r$	1）r_{min} 是材料允许的最小弯曲半径 2）当 $r < r_{min}$ 时，工件的圆角半径 r 通过整形获得，即使整形凸模的圆角半径 r_z 等于工件的圆角半径 r
$r < r_{min}$	$r_p > r_{min}$	

表 5-13 弯曲凹模圆角半径的确定 （单位：mm）

板料厚度 t	凹模圆角半径 r_d
$\leqslant 2$	$r_d = (3 \sim 6)t$
$2 \sim 4$	$r_d = (2 \sim 3)t$
> 4	$r_d = 2t$

（4）弯曲凹模深度　弯曲凹模深度是指图 5-37 中的 h_0、l_0 及 h，在保证弯曲件质量的前提下以节省模具材料、降低成本为原则进行设计，具体的可参考表 5-14～表 5-16。

表 5-14　凹模尺寸 h_0　　　　（单位：mm）

材料厚度	<1	1~2	2~3	3~4	4~5	5~6	6~7	7~8	8~10
h_0	3	4	5	6	8	10	15	20	25

表 5-15　弯曲 V 形件的凹模深度和底部最小厚度值　　　　（单位：mm）

弯曲件边长 l	材料厚度					
	≤2		2~4		>4	
	h	l_0	h	l_0	h	l_0
10~25	20	10~15	22	15	—	—
25~50	22	15~20	27	25	32	30
50~75	27	20~25	32	30	37	35
75~100	32	25~30	37	35	42	40
100~150	37	30~35	42	40	47	50

表 5-16　弯曲 U 形件的凹模深度 l_0　　　　（单位：mm）

弯曲件边长 l	材料厚度 t				
	<1	1~2	>2~4	>4~6	>6~10
<50	15	20	25	30	35
50~75	20	25	30	35	40
75~100	25	30	35	40	40
100~150	30	35	40	50	50
150~200	40	45	55	65	65

（5）弯曲凸模与凹模之间的间隙　弯曲凸模与凹模之间的间隙是指图 5-37 中的 c。对于 V 形件弯曲，凸、凹模之间的间隙是靠调节压力机的闭合高度来控制的，设计和制造模具时可以不考虑。

U 形件弯曲凸、凹模的单边间隙 c 一般可按下式计算：

钢板　　　　　　　$c=(1.05\sim1.15)t$

有色金属　　　　　$c=(1\sim1.1)t$

当对弯曲件的精度要求较高时，间隙值应适当减小，可以取 $c=t$。

（6）弯曲凸模长度　弯曲凸模长度需根据模具结构、工件高度等因素确定，如图 5-38 所示的弯曲凸模，其长度 L 可按下式计算：

$$L=h_1+h_2+h_3+h_4+r_d+h_{附加}$$

式中，L 为凸模长度，单位为 mm；h_1 为

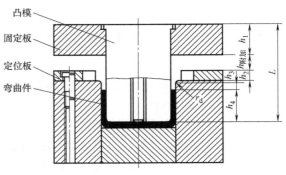

图 5-38　弯曲凸模长度的确定

凸模固定板厚度，单位为 mm；h_2 为定位板的高度，单位为 mm；h_3 为弯曲结束后工件上端面至凹模圆角中心的距离，见表 5-14 中的 h_0，单位为 mm；h_4 为工件的高度，单位为 mm；r_d 为弯曲凹模圆角半径；$h_{附加}$ 为附加的长度，单位为 mm。一般取经验值 10～20mm，包括模具闭合时凸模固定板与导料板之间的安全距离、凸模修模量（一般取 2～3mm）等。

扩展阅读

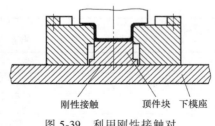

1）送进弯曲模的毛坯为单个毛坯，因此弯曲模中的定位零件主要是定位板或定位销，它们的设计或选用方法参见冲裁模中的定位板和定位销的设计或选用方法。

2）为了保证弯曲件的弯曲质量，通常在弯曲结束时利用顶件块与下模座的刚性接触对弯曲件进行校正，如图 5-39 所示。

刚性接触　　顶件块　下模座

图 5-39　利用刚性接触对弯曲件进行校正

5.3　拉深模零件的设计及标准的选用

与弯曲模相同，这里主要介绍拉深模工作零件的设计，其他零件的设计方法和标准件的选用方法参考冲裁模。拉深模的工作零件包括拉深凹模、凸模以及落料拉深复合模中的凸凹模。

1. 拉深凹模的设计

（1）拉深凹模的结构形式　拉深凹模通常为整体式结构，即在整块凹模板上加工出拉深凹模的刃口。拉深凹模的外形一般由拉深件的形状决定，如拉深轴对称的圆形件时，其外形可以选用圆形，其他形状拉深件，其外形可以选用矩形。图 5-40 所示为拉深直壁圆筒形件所用整体式凹模的结构形式。

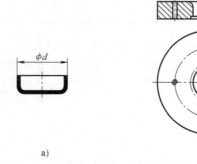

a)　　　　　　　　b)　　　　　　　　c)

图 5-40　拉深直壁圆筒形件的整体式凹模
a）拉深件　b）拉深凹模　c）拉深凹模实物

（2）拉深凹模的固定方式　拉深凹模通常采用螺钉、销钉直接固定，如图 5-41 所示。

2. 拉深凸模的设计

（1）拉深凸模的结构形式　圆筒形拉深件的拉深凸模通常设计成台阶式结构，如图 5-42 所示。非轴对称拉深件的拉深凸模通常可设计成上下直通式或端部带台阶结构。

（2）拉深凸模的固定方式　尺寸小的拉深凸模常采用固定板的固定方式，如图 5-43 所示。尺寸较大的拉深凸模可直接通过螺钉、销钉固定在上模座。

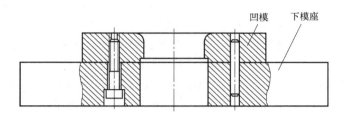

图 5-41　拉深凹模固定方式

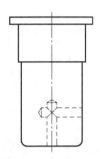

图 5-42　圆筒形拉深件的拉深凸模的结构形式

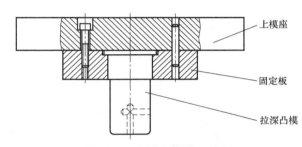

图 5-43　拉深凸模固定方式

3. 拉深凸、凹模的设计

拉深凸、凹模的设计包括拉深凸、凹模刃口部分的结构以及凸、凹模尺寸设计。

（1）拉深凸、凹模刃口部分的结构设计　拉深凸、凹模刃口部分结构如图 5-44 所示，其中斜角结构通常用于拉深直径大于 100mm 的拉深件。

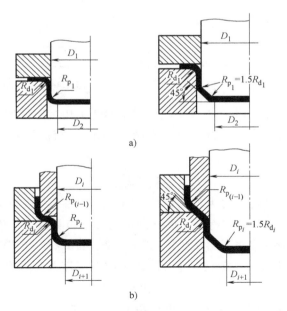

图 5-44　拉深凸、凹模工作部分结构（JB/T 6959—2008）

a）首次拉深　b）后续拉深

（2）拉深凸、凹模的尺寸设计　拉深凸、凹模尺寸包括凹模的外形尺寸（L、B、H）以及工作部分的其他尺寸，如拉深凸模、凹模的刃口尺寸 D_d 与 D_p、圆角半径 r_p 与 r_d、凸模与凹模之间的间隙 c、凸模的长度 L_p 等，如图 5-45 所示，其中刃口尺寸 D_d 与 D_p 已经在4.3.3 节中做过详细介绍，这里不再赘述。

1）拉深凹模外形尺寸设计。对于拉深凹模，其外形尺寸（L、B、H）需根据拉深件的尺寸（直径、高度）、拉深件展开的毛坯尺寸并考虑其强度进行设计，如图 5-46 所示，凹模长度 L 和宽度 B 应考虑毛坯的直径 D、螺钉、销钉孔到凹模刃口、以及到外缘的允许距离等，而凹模高度主要与拉深件的高度和质量要求有关，具体设计方法参见 9.1.3 节的拉深模实例和 9.2.2 节落料拉深复合模设计实例。

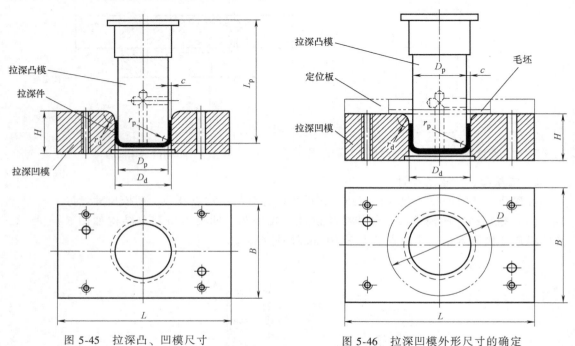

图 5-45　拉深凸、凹模尺寸　　　　　图 5-46　拉深凹模外形尺寸的确定

2）拉深凹模圆角半径。生产上，一般应尽量避免采用过小的凹模圆角半径，在保证工件质量的前提下尽量取大值，以满足模具寿命的要求。拉深凹模圆角半径 r_{d_i} 可按经验公式（5-1）计算：

$$r_{d_i} = 0.8\sqrt{(d_{i-1}-d_i)t} \tag{5-1}$$

式中，r_{d_i} 为第 i 次拉深凹模圆角半径，单位为 mm；d_i 为第 i 次拉深的筒部直径，单位为 mm；d_{i-1} 为第 $i-1$ 次拉深的筒部直径，单位为 mm；t 为板料厚度，单位为 mm。

同时，凹模圆角应满足前述工艺性要求，即 $r_{d_i} \geqslant 2t$，若 $r_d < 2t$，则需通过后续整形工序获得。

3）拉深凸模圆角半径。一般情况下，除末道拉深工序外，可取 $r_{p_i} = r_{d_i}$；对于末道拉深工序，当工件的圆角半径 $r \geqslant t$，则取凸模圆角半径等于工件的圆角半径，即 $r_p = r$；若零件的圆角半径 $r < t$，则取 $r_p > t$，拉深结束后再通过整形工序获得 r。

4）拉深凸、凹模间隙。确定拉深间隙时，需考虑压边状况、拉深次数和工件精度等。
对于圆筒形件及椭圆形件的拉深，凸、凹模的单边间隙 c 可按式（5-2）计算：

$$c = t_{\max} + K_c t \tag{5-2}$$

式中，$t_{\max}$ 为板料最大厚度，单位为 mm；K_c 为系数，见表 5-17。

表 5-17　系数 K_c

板料厚度 t /mm	一般精度		较精密	精密
	一次拉深	多次拉深		
≤0.4	0.07~0.09	0.08~0.10	0.04~0.05	
>0.4~1.2	0.08~0.10	0.10~0.14	0.05~0.06	0~0.04
>1.2~3.0	0.10~0.12	0.14~0.16	0.07~0.09	
>3.0	0.12~0.14	0.16~0.20	0.08~0.10	

注：1. 对于强度高的材料，表中数值取小值。

2. 精度要求高的工件，建议末道工序采用间隙 $(0.9~0.95)t$ 的整形工序。

5）拉深凸模长度。拉深凸模长度需根据模具结构、工件高度等因素确定，具体设计方法参见 9.1.3 节拉深模设计实例。

6）拉深凸模通气孔。为避免出件时产生负压导致出件困难，需在拉深凸模上加工通气孔，通气孔直径可按表 5-18 选取。

表 5-18　拉深凸模通气孔直径

凸模直径/mm	≤50	>50~100	>100~200	>200
通气孔直径/mm	5.0	6.5	8.0	9.5

4. 落料拉深复合模中的凸凹模设计

这里的凸凹模不同于冲裁模中的凸凹模，外刃口是落料的凸模，内刃口是拉深的凹模，如图 5-47 所示。其壁厚大小（$D_{p落料} - D_{d拉深}$）取决于拉深件的高度 h，因此当拉深件高度 h 较小时，凸凹模的壁厚就比较小，此处的强度难以保证，因此就不适合复合模生产。

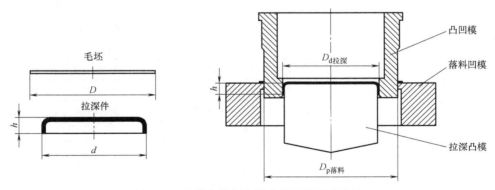

图 5-47　落料拉深复合模中凸凹模尺寸设计

扩展阅读

1）由上面的分析可知，与冲裁凸、凹模明显不同的是弯曲和拉深凸、凹模刃口均须带有一定的圆角，以利于塑性变形。

2）为了加快模具的设计和制造效率，应尽可能地采用标准件，或采用标准件进行二次加工。例如，冲小圆孔的凸、凹模时，常采用标准圆凸模和圆凹模，在江苏、浙江、广东沿海地区提供冲模标准件的公司很多，都可提供冲模的各类零件。

3）关于模具的设计方法，实际上是有规律可循的，所有模具零件的设计都可以根据装配图中它与周围零件的关系以及它需要完成的功能来进行，如表5-9中的推件块设计方法以及第9章设计实例。

5.4 模具零件材料的选用及热处理的要求

GB/T 14662—2006《冲模技术条件》推荐了冲模零件用材料，并对各种材料的热处理工艺进行了规定，设计时可根据具体情况参照表5-19和表5-20选用。

表5-19 模具工作零件推荐材料和硬度要求（GB/T 14662—2006）

模具类型		冲件与冲压工艺情况	材料	硬度	
				凸模	凹模
冲裁模	I	形状简单，精度较低，材料厚度≤3mm，中小批量	T10A、9Mn2V	56~60HRC	58~62HRC
	II	材料厚度≤3mm，形状复杂；材料厚度≥3mm	9CrSi、CrWMn、Cr12、Cr12MoV、W6Mo5Cr4V2	58~62HRC	60~64HRC
	III	大批量	Cr12MoV、Cr4W2MoV	58~62HRC	60~64HRC
			YG15、YG20	≥86HRA	≥84HRA
			超细硬质合金	—	
弯曲模	I	形状简单，中小批量	T10A	56~62HRC	
	II	形状复杂	CrWMn、Cr12、Cr12MoV	60~64HRC	
	III	大批量	YG15、YG20	≥86HRA	≥84HRA
	IV	加热弯曲	5CrNiMo、5CrNiTi、5CrMnMo	52~56HRC	
			4Cr5MoSiV1	40~45HRC 表面渗氮≥900HV	
拉深模	I	一般拉深	T10A	56~60HRC	58~62HRC
	II	形状复杂	Cr12、Cr12MoV	58~62HRC	60~64HRC
	III	大批量	Cr12MoV、Cr4Wu2MoV	58~62HRC	60~64HRC
			YG15、YG20	≥86HRA	≥84HRA
			超细硬质合金		
	IV	变薄拉深	Cr12MoV	58~62HRC	
			W18Cr4V、W6Mo5Cr4V2、Cr12MoV		60~64HRC
			YG15、YG10	≥86HRA	≥84HRA
	V	加热拉深	5CrNiTi、5CrNiMo	52~56HRC	
			4Cr5MoSiV1	40~45HRC 表面渗氮≥900HV	
大型拉深模	I	中小批量	HT250、HT300	170~260HBW	
			QT600-20	197~269HBW	
	II	大批量	镍铬铸铁	火焰淬火 40~45HRC	
			钼铬铸铁、钼钒铸铁	火焰淬火 50~55HRC	

表 5-20　模具一般零件的材料及硬度（GB/T 14662—2006）

零件名称	材料	硬度
上、下模座	HT200	170~220HBW
	45	24~28HRC
导柱	20Cr	60~64HRC（渗碳）
	GCr15	60~64HRC
导套	20Cr	58~62HRC（渗碳）
	GCr15	58~62HRC
凸模固定板、凹模固定板、螺母、垫圈、螺塞	45	28~32HRC
模柄、承料板	Q235A	—
卸料板、导料板	45	28~32HRC
	Q235A	—
导正销	T10A	50~54HRC
	9Mn2V	56~60HRC
垫板	45	43~48HRC
	T10A	50~54HRC
螺钉	45	头部 43~48HRC
销钉	T10A、GCr15	56~60HRC
挡料销、抬料销、推杆、顶杆	65Mn、GCr15	52~56HRC
推板	45	43~48HRC
压边圈	T10A	54~58HRC
	45	43~48HRC
定距侧刃、废料切断刀	T10A	58~62HRC
侧刃挡块	T10A	56~60HRC
斜楔与滑块	T10A	54~58HRC
弹簧	50CrVA、55CrSi、65Mn	44~48HRC

扩展阅读

1）冲压模具材料的选用主要是根据模具零件的工作情况来确定，另外还要考虑冲压制件的材料性能、尺寸精度、几何形状的复杂程度以及生产批量等因素。模具材料选择的一般原则如下：

① 考虑冲压制件材料性能，如冲制硅钢片就应选用可获得高韧性、高硬度和高耐磨性的材料，常见的材料，如 Cr12、Cr12MoV。

② 考虑凸、凹模的尺寸精度及几何形状的复杂性。如形状复杂、尺寸精度高，则应选热处理变形小、尺寸稳定性好的材料，如 9SiCr、CrWMn、Cr12MoV 等材料。

③ 考虑生产批量，一般是在保证零件的使用条件下，尽量减少贵重钢材的使用。

2）物尽其用、人尽其才，只有把自己放在合适的位置从事适合的工作，才能发挥最大的作用。

第6章

冲压设备的选择与校核

冲压设备的选择主要取决于工艺要求、生产批量及原材料性能等因素。冲压设备规格的选定主要取决于模具结构尺寸及与模具结构相匹配的生产工艺参数（如生产批量、冲次等）。

6.1 压力机类型的选择

冲压用压力机的种类很多，有开式曲柄压力机、闭式曲柄压力机等，中小型的普通冲模多采用开式曲柄压力机。压力机的类型和规格可参考"附录 B.2 常用压力机型号及技术参数"进行选择。选择时应遵循以下原则：

1）中、小型冲压件选用开式机械压力机。

2）大、中型冲压件选用双柱闭式机械压力机。

3）导板模或要求导套不离开导柱的模具，选用偏心压力机等。

4）大量生产的冲压件选用高速压力机或多工位自动压力机。

5）校平、整形和温热挤压工序选用摩擦压力机。

6）薄板冲裁、精密冲裁选用刚度高的精密压力机。

7）大型、形状复杂的拉深件选用双动或三动压力机。

8）小批量生产的大型厚板件的成形工序，多采用液压压力机。

6.2 压力机型号和规格的选择

设备类型确定后，就可确定设备的型号和规格，选用步骤是：

1）依据第 4 章介绍的方法计算冲压工艺力的大小，据此选用设备吨位和型号，得到设备的主要技术参数：①公称压力，②滑块行程，③最大装模高度和装模高度调节量，④工作台面尺寸，⑤漏料孔大小，⑥滑块模柄孔尺寸，⑦滑块尺寸。

2）依据设计完成的模具尺寸验算所选设备是否满足尺寸关系。

6.3 设备的验算

设备吨位在计算冲压工艺力时已经初选过，这里主要验算模具的平面尺寸、高度尺寸、模柄尺寸等是否与初选设备相适应。

（1）平面尺寸的验算　下模是通过螺栓、垫铁和压板将下模座安装在压力机工作台台面上，如图6-1所示。为了留有固定下模座的位置，下模座的平面尺寸应小于压力机工作台台面尺寸。一般压力机工作台台面尺寸比下模座单边大50~70mm。上模座的平面尺寸一般不应超过滑块下平面尺寸。

图6-1　模具平面尺寸与压力机平面尺寸之间的关系

对于有下顶件装置的模具，工作台漏料孔尺寸还应大于下顶件装置的外形尺寸，以便于安装下顶件装置，如图6-2所示。

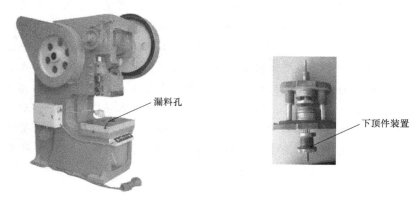

图6-2　压力机的漏料孔与模具下顶件装置

（2）高度尺寸的验算　高度尺寸主要是验算压力机的闭合高度和模具闭合高度之间是否相适应。

冲模闭合高度 H 与压力机最小闭合高度 H_{min} 和压力机的最大闭合高度 H_{max} 之间应满足如下关系：

$$H_{max} - 5\text{mm} > H > H_{min} + 10\text{mm}$$

这样才可将冲模安装在压力机上，如图6-3所示。

（3）滑块模柄孔尺寸　模柄孔直径要与模柄直径相符，模柄孔深度应大于模柄长度。

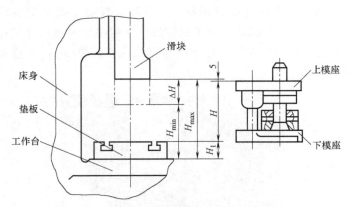

图 6-3　模具闭合高度与压力机闭合高度之间的关系

除上述尺寸，滑块行程长度应保证毛坯能顺利放入模具和冲压件能顺利从模具中取出。特别是成形拉深件和弯曲件时，应使滑块行程为制件高度的 2.5~3.0 倍。

扩展阅读

1）冲压中应用较多的是机械压力机和液压机，设备类型的选择主要取决于冲压工艺的要求和生产批量。需要注意的是，对于校正弯曲、校形和精冲等工序，要求压力机有足够的刚度，应选精密压力机。生产批量不大时可选用摩擦压力机，若采用曲柄压力机，则务必严格控制压力机闭合高度和板料毛坯的厚度公差，以防损坏设备。

2）模架选择时应考虑下模座尺寸必须小于压力机工作台台面尺寸，严格讲应小于压力机工作台最外两条 T 形槽之间的尺寸。采用压板、T 形螺栓固定下模时，安装方位应不小于50~70mm，否则应另增加垫板以增加支承强度。

3）上模座安装在滑块上，通常闭式压力机的工作台台面尺寸与滑块底平面尺寸大体相同，而开式压力机的工作台台面尺寸则大于滑块底面尺寸。对于大多数压力机，一般滑块在上止点位置时，其底平面低于压力机机身导向部分，因此可允许上模座尺寸略大于滑块底面尺寸。若压力机滑块在上止点位置，但其底平面高于压力机机身导向部分，这时上模座外形尺寸必须小于压力机滑块底平面尺寸。闭式压力机和较大的开式压力机的滑块底平面有 T 形槽，可以用 T 形螺栓固定模具的上模部分，为安全起见，上模安装不宜用压板和 T 形螺栓固定，上模座应设计出安装螺栓的孔槽。

第7章

冲压模具图形的绘制方法及要求

当模具各零件的结构与尺寸确定之后就可以开始绘图，绘图的步骤是先绘装配图，再绘零件图。

7.1 图样幅面及比例

模具总图和零件图的图纸幅面，按照"技术制图 图纸幅面和格式 GB/T 14689—2008"的规定，选择适当的图幅。绘图比例尽量采用 1：1，这样直观性好，特殊情况下可放大或缩小比例。

7.2 模具总装配图的绘制方法及要求

模具总装图是拆绘模具零件图的依据，也是模具装配的指导性文件，应清楚表达各零件之间的装配关系及固定连接方式，绘制时应严格按照制图的相关国家标准。模具总装图内容及布置如图 7-1 所示。

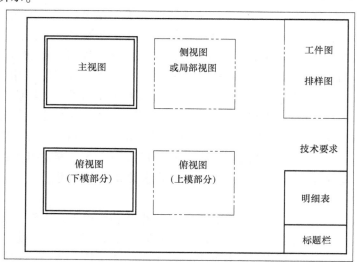

图 7-1 模具总装图内容及布置

1. 主视图

模具主视图是模具总装图的主体部分，必不可少。

当模具处于闭合状态时，可以直观反映模具的工作原理，对确定模具零件的相关尺寸及选用压力机的装模高度都极为方便，同时为了充分表达模具各零件之间的装配关系，模具主视图通常应绘制成上、下模闭合状态的全剖视图。

全剖视图可以通过单一平面剖切或一组相互平行的平面剖切或一组相交的平面剖切，具体画法应按"机械制图 图样画法 剖视图和断面图 GB/T 4458.6—2002"规定执行，但在冲模图中，为了减少局部视图，在不影响剖视图表达剖面迹线通过部分结构的情况下，可将剖面迹线以外的部分旋转或平移到剖视图，如螺钉、销钉、推杆等。

主视图应标注闭合高度尺寸，用涂黑的方式绘出工件和毛坯的断面，按顺时针或逆时针方向逐一标注各个模具零件的件号，如图 7-2 中的件号 1、2……

2. 俯视图

俯视图有下模俯视图和上模俯视图，下模俯视图必不可少，上模俯视图视模具复杂情况及具体要求决定是否绘制。

下模俯视图是假设将上模去掉以后的投影图，可以明确表达下模各个零件的平面布置、排样方法及凹模孔的分布。上模俯视图是假设将下模去掉以后的投影图（从上向下看）。对于对称的模具，上模和下模俯视图可以以对称线为界各画一半表示。

在下模俯视图上以双点画线的形式绘出排样图，以表明条料在模具中的定位方式。

俯视图上应标注模具的总长和总宽尺寸。

3. 侧视图或局部视图

侧视图和局部视图是对主、俯视图的补充，是否设置取决于模具结构。一般情况下，对于简单的模具，主视图和俯视图就能表达清楚模具结构，但对于有复杂结构的模具或局部结构复杂而又难以表达的模具，就需用侧视图或局部视图。侧视图或局部视图中如若出现料厚，也应涂黑。

4. 工件图和排样图

工件图是经本副模具冲压后得到的冲压件图形（不一定是最终的产品图），一般画在总图的右上角，必不可少。若图面位置不够或工件较大时，可另立一页。

工件图应按与模具总装图同样的比例画出，特殊情况可以缩小或放大。为了看图方便，工件图方向应与其在冲压模具中冲压时的方向一致（即与工件在模具图中的方向一样），有时也允许不一致，但必须用箭头注明冲压方向。有落料工序的模具，还应画出排样图，排样图一般也布置在总图右上角，放置在工件图下方，排样图的方向一般也应与其在模具中送料的方向一致，即从右往左送料时，排样图应水平放置，从前往后送料时，排样图应垂直放置，特殊情况下允许旋转，但须注明方向。排样图上需注明料宽、进距、搭边和侧搭边等尺寸。

图 7-2 所示为省略了标题栏、明细表及技术要求的装配图示例。

5. 标题栏和明细栏

标题栏和明细栏一般放在总图右下角，必不可少。若图面位置不够，可另立一页。

总装图中的所有零件（含标准件）都要详细填写在明细栏中。标题栏和明细栏的格式各工厂也不尽相同，图 7-3 是对 GB/T 10609.1—2008《技术制图 标题栏》和 GB/T 10609.2—2009《技术制图 明细栏》进行了适当的调整，以适合在校学生冲压模具课程设计时绘图用，其中图 7-3a 是模具总装图中的标题栏和明细栏的格式及尺寸，图 7-3b 是模具零件图用的标题栏，绘图时可供参考。

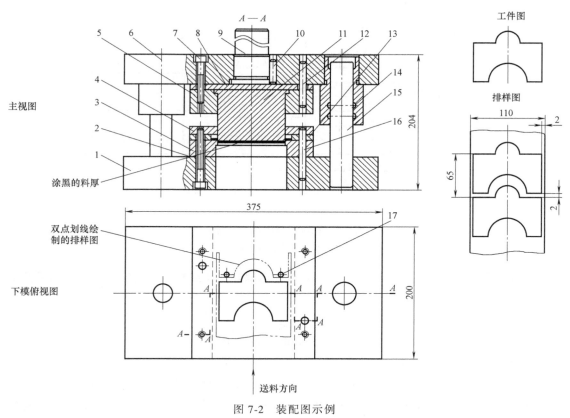

图 7-2　装配图示例

8	40	44	8	38	10	12	
5	CPT/C04-01-04	镶块式凹模2	1	Cr12MoV			自制件
4	CPT/C04-01-03	镶块式凹模1	1	Cr12MoV			自制件
3	CPT/C04-01-02	凹模固定板160×100×12	1	45			外购件
2	JB/T 7649.10—2008	固定挡料销A6×40	1	9Mn2V			标准件
1	CPT/C04-01-01	凹模垫板160×100×18	1	45			外购件

图 7-3　标题栏与明细表

a）总装图中的标题栏和明细表

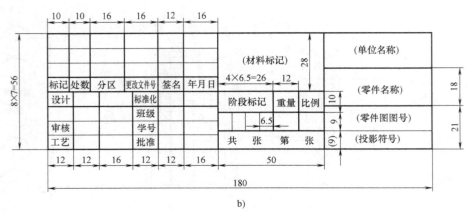

图 7-3 标题栏与明细表（续）

b）零件图中的标题栏

冲压模具课程设计或毕业设计时，总装图中标题栏和明细栏中的内容主要填写以下几个部分：

1）设计者的姓名、班级和学号。

2）设备代号，是指设计的这副模具需要的设备的型号。

3）比例，一般为 1：1。

4）共 张，第 张，此项指同一图号图样的张数。对于尺寸不大、结构简单的模具，一般每个图号的图样通常只有 1 张，此时这一项就无需填写。但如果模具尺寸较大、结构复杂，总装图一张图绘制不下，就导致同一图号的图样有多张，此时需要填写此项。比如汽车发动机内盖板的拉延模具，其模具总装图包括主视图、下模俯视图、工件图、上模俯视图、侧视图等内容，由于其尺寸较大、结构复杂，主视图、下模俯视图与工件图、上模俯视图、侧视图各需一张图样，此时这四张图样的图号相同，这种情况下就需要在这四张图样上分别填写成"共 4 张，第 1 张"（比如主视图），"共 4 张，第 2 张"（比如下模俯视图），以此类推。

5）单位名称，学生所在学校的名称。

6）模具名称，即所绘制的模具名称，如落料冲孔复合模、落料拉深复合模等。

7）总装图图号。

标题栏中图号的编写可参考"产品代号/类组代号 分组号 — 设计顺序号"格式，其中类组代号用大写英文字母表示，这里用 C 表示冲压。

分组号以两位数字表示，分别为：00-冲裁模，01-弯曲模，02-拉深模，03-成形模，04-复合模，05-连续模，06-非金属用模。

设计顺序号为模具或零件的设计顺序号。

如产品代号为 CPT，该产品需三副模具完成，模具第一副总装图为复合模，则第一副总装图图号可编为 CPT/C04-01，如图 7-3a 所示。

8）明细表中的序号、名称、数量、备注等列内的内容均参照"技术制图 明细栏 GB/T 10609.2—2009"规定填写，"代号"一列中内容的填写分两种情况：

① 对于完全的标准件，即不需要绘制其零件图的，直接填写其标准代号，如图 7-3a 中

的固定挡料销，此外对于螺钉、销钉、导柱、导套、模柄等通常也不需要绘制其零件图，因此对于它们，此列也只需填写它们各自的标准代号。

② 对于需要绘制零件图的，为便于图样的管理，则需要编制图号，此时填写的就是图号。零件图图号的编写是在总装图图号的基础上按顺序增加两位数字，如总装图图号是 CPT/C01-01，该总装图中零件图的图号可编为：CPT/C01-01-01，其中第二个 01 代表该模具中绘制的第一个零件，后面以此类推，如图 7-3a 中的凹模垫板的图号。

6. 技术要求

技术要求中一般需注明本模具在使用、装配等过程中的要求和注意事项，详细要求可参见 GB/T 14662—2006，最基本的要求有：

1）模具装配时应保证凸模、凹模之间的间隙均匀一致。

2）模具装配时应保证所有活动部分应平稳灵活，无阻滞现象。

3）模具装配后应保证送进模具的毛坯定位准确、可靠。

4）在模具开启状态时，弹性卸料板或推件块应突出凸、凹模表面 0.5~1.0mm。

5）模具装配后的模架应达到 GB/T 8050—2008 冲模模架技术条件中的规定。

当模具有特殊要求时，应详细注明有关内容。

7. 绘图步骤

模具总体设计完成后，首先应绘制模具结构草图。通常按模具工作位置在闭合状态时绘制，遵循先里后外、由下而上的顺序，即先在俯视图的适当位置绘制冲压件视图（级进模应按排样图绘制出不同工位上的冲压状态），在俯视图上定出模具中心线或模具基准线，按凹模周界尺寸画出模具俯视图的外形尺寸。在主视图上画出板料厚度在模具平面上的两条线，以板料线为基准向上绘制各板厚度（初定）及上模座的厚度，向下绘制各板的厚度，由俯视图向上引线即可确定各块板的外形尺寸。然后确定各辅助零件的安装尺寸、形状和大小，包括有条料送进时的导料、定距、冲压时的精定位、卸料、出件，模具的导向，上、下模部分的连接和固定等。

草图绘制完成后，检查正误，当确定正确即可加深成为正式的装配图，然后再绘制出零件图、排样图、标题栏和明细表，最后写出有关技术要求并标注相关尺寸。

8. 尺寸标注

一般注出模具的闭合高度以及模具的总长、总宽。

应当指出，模具总装图中的内容并非是一成不变的，实际设计中可根据具体情况做出相应的增减。

扩展阅读

1）本书提供的图号编写方法仅供在校学生课程设计和毕业设计时作为参考，实际生产时的图号编写可根据 GB/T 17825.3—1999《CAD 文件管理 编号原则》、GB/T 24735—2009《机械制造工艺文件编号方法》和 JB/T 5054.4—2000《产品图样设计文件编号原则》等几个标准制定本行业或本企业的图号编制规则。

2）如果采用计算机绘图，需要在绘图前设置好绘图环境，如线型、线宽、字高、字体等，只要绘制正确，草图即是正式图。课程设计因不能做到一人一题，所以建议采用手工绘制，不仅可以锻炼学生的手工绘图能力，也能尽可能地避免抄袭。

3）无规矩不成方圆，做人与工程设计一样，不能任性妄为，应遵循社会的生存法则，否则就会被社会抛弃。

7.3　模具零件图的绘制方法及要求

拆绘模具零件图时，应按该模具明细表中所标注的内容进行，凡是明细表中未注明为标准件代号的均需画出零件图。有些标准零件需要补充加工（例如上、下模座上的螺孔、销孔等）时，也需绘出零件图，但在此情况下，通常仅画出加工部位，而非加工部位的形状和尺寸则可省去不画，只需在图中注明标准件的代号与规格。

零件图的一般绘图程序也是先绘工作零件图，再依次画其他各部分的零件图。绘制模具零件图时，需要强调指出的是：

1）尽量按该零件在总装图中的装配方位画出，不要任意旋转或颠倒，以防影响模具审核及模具装配，造成不必要的麻烦，尤其对于带有对称多孔的零件。

2）对于总装图中有相关尺寸的零件，应尽量一起标注尺寸及公差，以防出错。例如凸模与凸模固定板的配合尺寸、凸模与凹模的刃口尺寸等。

3）在对零件图的视图、尺寸标注、配合公差、几何公差、表面粗糙度等检查确认无误后，再填写有关技术要求和标题栏内容。

4）在标题栏中注明所用材料牌号，在技术要求中注明热处理要求以及其他技术要求。冲模零件的技术要求，可按 JB/T 7653—2008《冲模零件技术条件》中的规定进行，有特殊要求，或不是专业模具厂（或模具车间）生产时，要详细注明技术要求。技术要求通常放在标题栏上方。在图形的下方、标题栏的上方用"$\sqrt{Ra\,x}\,（\sqrt{\quad}\,）$"注明在零件图中未标注表面粗糙度的表面粗糙度值，这里的 x 就是具体粗糙度值的大小，如 6.3、3.2、1.6 等。

零件图的绘制示例如图 7-4 所示。

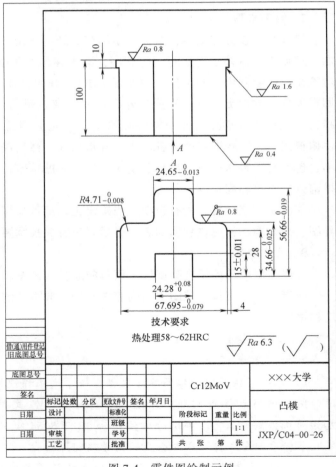

图 7-4　零件图绘制示例

7.4　冲模图的一些习惯画法

模具图的画法主要按机械制图的国家标准规定。考虑模具图的特点，常采用一些习惯画法。

1. 六角螺钉和圆柱销的画法

同一规格、尺寸的内六角螺钉和圆柱销，在剖视图中可各画一个，各引一个件号。剖视图不易表达时，也可从俯视图中引出件号。内六角螺钉和圆柱销在俯视图中分别用双圆（螺钉头外径和窝孔）及单圆表示。当剖视位置不够，如另一边需绘制卸料螺钉时，螺钉和圆柱销以中心线为界可各画一半，如图9-4中的件号7和8。

2. 圆柱螺旋压缩弹簧的画法

冲模图中，弹簧可采用简化画法，用双点划线表示，当弹簧较多时，在俯视图中可画出一个弹簧，其余只画窝座。

3. 弹顶器

装在下模座下面的弹顶器起压料或卸料作用。目前很多工厂均有通用弹顶器可供选用，但有些模具的弹顶器需专门设计，故在画图时可以全部画出，也可不画出，只在下模座上画出连接的螺孔及伸出下模座的顶杆，如图5-26所示。

扩展阅读

1）模具通常按1:1绘制，但也允许缩小或放大比例。无论按什么比例绘制图形，标题栏和明细栏的尺寸不能改变，因此绘制好的图形最后打印时，可以通过标题栏的大小来判断图样比例是否合适。凡是最后打印出来的标题栏长度是180mm的图纸，比例是合适的，只要打印出来的标题栏的长度尺寸小于或大于180mm，都说明打印比例不合适，不是规范的图样。

2）进行课程设计时，最后的图样通常需要和设计说明书装订成一册作为教学档案进行保管，为了规范、整齐和美观，图样最后都要折叠成A4纸大小，再和说明书一起装订，因此A4图样建议采用Y型（图7-4），A3图样建议采用X型。

第8章

设计说明书的编写

设计说明书是设计计算的整理和总结，是图样设计的理论依据，也是审核设计的技术文件之一。因此，编写设计说明书是整个设计工作的一个重要组成部分。

8.1 设计说明书的内容

设计说明书的内容可参考下列目录编写。

第1章 设计任务

第2章 冲压工艺设计

2.1 冲压零件的工艺性分析

2.2 冲压工艺方案的确定

第3章 冲压模具概要设计

3.1 冲压模具类型的确定

3.2 模具零件结构形式的确定

第4章 冲压工艺计算

4.1 毛坯形状和尺寸的确定

4.2 排样设计

4.3 冲压工艺力计算及设备吨位的选择

4.4 模具压力中心的计算

4.5 凸、凹模工作部分尺寸及公差的确定

4.6 弹性元件的选用

4.7 模具校核

第5章 冲压模具零件详细设计及标准的选用

5.1 工作零件的设计及标准的选用

5.2 定位零件的设计及标准的选用

5.3 卸料、推件、顶件、压料零件的设计与标准的选用

5.4 导向零件的设计与标准的选用

5.5 固定零件的设计与标准的选用

第6章 冲压设备选择与校核

6.1 压力机类型的选择

6.2 压力机规格的选择

注意：可根据设计的具体内容进行增删和调整，设计说明书的编写参见第9章的各设计样例。

8.2 编写设计说明书的要求和注意事项

1）说明书一律用碳素墨水书写或打印，一般用A4打印纸，并按规定顺序装订成册。

2）计算部分的书写，首先列出用文字符号表达的计算公式，再代入各文字符号的数值，最后写下计算结果。

3）所引用的计算公式和数据，要注明来源。

4）为清楚说明计算、设计内容，应附有必要的插图。如凸模、凹模的结构示意图等。凡是所插图形或表格，一律需要注明图号和图名、表号和表名。

5）参考文献格式要求规范。

参考文献的格式应符合GB/T 7714—2015《文后参考文献著录规则》的规定，表8-1是此标准中的部分摘录。

表8-1 部分参考文献格式摘录（GB/T 7714—2015）

序号	参考文献类型	参考文献格式
1	普通图书	[1]广西壮族自治区林业厅.广西自然保护区[M].北京:中国林业出版社,1993. [2]蒋有绪,郭泉水,马娟,等.中国森林群落分类及其群落学特征[M].北京:科学出版社,1998. [3]唐绪军.报业经济与报业经营[M].北京:新华出版社,1999:117-121. [4]赵凯华,罗蔚茵.新概念物理教程:力学[M].北京:高等教育出版社,1995. [5]汪昂.(增补)本草备要[M].石印本.上海:同文书局,1912. [6]CRAWFPRD W,GORMAN M. Future libraries:dreams,madness,& reality[M]. Chicago:American Library Association,1995.
2	论文集会议录	[1]中国力学学会.第3届全国实验流体力学学术会议论文集[C].天津:[出版者不详],1990. [2]ROSENTHALL E M. Proceedings of the Fifth Canadian Mathematical Congress,University of Montreal,1961[C]. Toronto:University of Toronto Press,1963.
3	科技报告	[1]U. S. Department of Transportation Federal Highway Administration. Guidelines for handling excavated acid-producing materials,PB 91-194001[R]. Springfield:U. S. Department of Commerce National Information Service,1990. [2]World Health Organization. Factors regulating the immune response:report of WHO Scientific Group[R]. Geneva:WHO,1970.
4	学位论文	[1]张志祥.间断动力系统的随机扰动及其在守恒律方程中的应用[D].北京:北京大学,1998. [2]CALMS R B. Infrared spectroscopic studies on solid oxygen[D]. Berkeley:Univ. of California,1965.
5	期刊文献	[1]李炳穆.理想的图书馆员和信息专家的素质与形象[J].图书情报工作,2000(2):5-8. [2]陶仁骥.密码学与数学[J].自然杂志,1984,7(7):527. [3]亚洲地质图编目组.亚洲地层与地质历史概述[J].地质学报,1978,3:194-208. [4]DES MARAIS D J,STRAUSS H,SUMMONS R E,et al. Carbon isotope evidence for the stepwise oxidation of the Proterozoic environment[J]. Nature,1992,359:605-609. [5]HEWITT J A. Technical services in 1983[J]. Library Resource Services,1984,28(3):205-218.
6	电子文献	[1]江向乐.互联网环境下的信息处理与图书管理系统解决方案[J/OL].情报学报,1999,18(2):4[2000-01-18]. http://www.chinainfo. gov. cn/periodical/qbxb/qbxb99/qbxb990203.

第9章

设 计 实 例

本章列出了单工序模中的冲裁模、弯曲模、拉深模的设计实例，复合模中的落料冲孔复合模、落料拉深复合模的设计实例以及简单的4工位级进模的设计实例，供学习者参考。

9.1 单工序模设计实例

9.1.1 冲裁模设计实例

例9-1 冲制如图9-1所示零件，材料Q235，料厚1mm，抗剪强度320MPa，大量生产，试完成其冲裁工艺与模具设计。

1. 零件的工艺性分析

该冲压件为冲裁件，材料Q235，结构较为简单。有凹槽和悬臂，凹槽宽度为24mm，悬臂宽度为25mm，均远大于1.5倍料厚，由GB/T 30570—2014《金属冷冲压件 结构要素》、GB/T 30571—2014《金属冷冲压件 通用技术条件》可知，该冲裁件的形状、尺寸及原材料等均满足冲压工艺要求。

由GB/T 13914—2013《冲压件尺寸公差》可知，该冲压件最高冲裁精度等级的尺寸是$68_{-0.22}^{0}$，但也不超过ST4级，普通冲裁工艺即可保证要求。

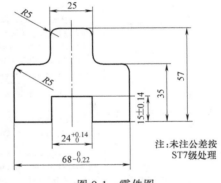

注：未注公差按 ST7级处理

图9-1 零件图

综上所述，该零件具有良好的冲裁工艺性，适合冲裁加工。

2. 工艺方案确定

该零件只需要一道落料工序即可完成，因此采用单工序落料模进行冲压。

3. 模具概要设计

1) 模具类型的确定，这里选用正装下出料的结构。

2) 模具零件结构形式确定

① 凹模采用整体结构，凸模采用两边带台阶结构。

② 送料及定位方式，采用手工送料，导料板导料，固定挡料销挡料。

③ 卸料与出件方式，采用弹性卸料装置卸料。

④ 模架的选用，选用中间导柱导向的滑动导向钢板模架。

4. 工艺计算

（1）排样设计　根据工件形状，选用有废料的单排排样类型，查表 4-1 得搭边 $a_1 = 1.5$mm，侧搭边 $a = 2$mm，则条料宽度 $B = 68$mm$+2\times2$mm$=72$mm，进距 $S = 57$mm$+1.5$mm$=58.5$mm，于是得到图 9-2 所示的排样图。

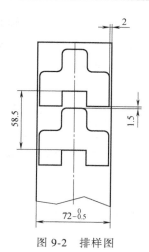

图 9-2　排样图

这里选用的钢板规格为 1800mm×1180mm，采用横裁法，则可裁得宽度为 72mm 的条料 $1800\div72 = 25$（条）；每条条料可冲出零件 $(1180-1.5)\div58.5 \approx 20$（个），余 1180mm$-(58.5\times20)mm=10$mm 余料（废料）。由图 9-1 可计算出该零件的面积为：$A = 2558.43$mm^2，则材料利用率为：

$$\eta = \frac{NA}{LB} \times 100\% = \frac{25\times20\times2558.43}{1800\times1180} \times 100\% = 60.2\%$$

（2）冲裁工艺力计算　因为采用弹性卸料和下出料的模具结构，这里需要计算冲裁力、卸料力和推件力。

$$\begin{aligned}
F_{冲} &= KLt\tau \\
&= 1.3\times[68+15\times2+(35-5)\times2+(68-6\times5)+15\pi+(57-35-10)\times2]\times1\times320\text{N} \\
&= 1.3\times267.1\times1\times320\text{N} \\
&= 111.1\text{kN}
\end{aligned}$$

卸料力 $F_{卸} = K_{卸}F_{冲} = 0.045\times111.1kN=5.0$kN

推件力 $F_{推} = nK_{推}F_{冲} = 6\times0.055\times111.1kN=36.7$kN

（$K_{卸}$、$K_{推}$ 由表 4-12 查得。由表 5-3 查得凹模刃口直壁高度可取 6mm，则 $n=6/1$，为 6）

（3）初选设备　由前述计算出的冲裁工艺力，在确定了模具结构形式后，可得到总的冲压力 $F_{总}$ 为：$F_{总} = F_{冲}+F_{卸}+F_{推} = 111.1kN+5.0kN+36.7kN=152.8$kN

选择 JB23-25 压力机，由附录 B 中附表 B-5 查得其主要参数如下：

公称压力：250kN。

最大闭合高度：230mm，闭合高度调节量：50mm。

工作台尺寸：700mm×400mm。

模柄孔尺寸：$\phi40$mm×60mm。

（4）压力中心的计算

1）建立图 9-3 所示坐标系。

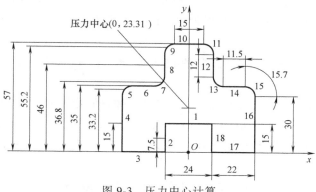

图 9-3　压力中心计算

2）由于外形以 Y 轴对称，因此其压力中心应在 Y 轴上，仅需计算 Y 坐标值 y_c。将图形分成 1、2、3……18 共 18 条线段和圆弧，计算各冲裁线段和圆弧的长度 l_i 及各段重心坐标 y_i，列于表 9-1。

表 9-1　各冲裁线段长度及压力中心坐标

序号 i	线段长度 l_i	重心坐标 y_i	序号 i	线段长度 l_i	重心坐标 y_i
1	24	15	10	15	57
2	15	7.5	11	7.9	55
3	22	0	12	12	46
4	30	15	13	7.9	36.8
5	7.9	33.2	14	11.5	35
6	11.5	35	15	7.9	33.2
7	7.9	36.8	16	30	15
8	12	46	17	22	0
9	7.9	55.2	18	15	7.5

3）将上述各值代入表 4-14 的计算公式得压力中心坐标：

$$y_c = \frac{24\times15+15\times7.5\times2+22\times0\times2+30\times15\times2+7.9\times33.2\times2+11.5\times35\times2+7.9\times36.8\times2+12\times46\times2+7.9\times55.2\times2+57\times15}{267.1}\text{mm}$$

$$= \frac{6227.16}{267.1}\text{mm} = 23.31\text{mm}$$

即压力中心坐标为（0，23.31），如图 9-3 所示。

扩展阅读

实际设计时，零件的面积、周长及压力中心的计算均可借助于 CAD 软件直接完成，不需要进行上述繁琐计算，如要查询某一图形的面积和周长，首先绘制图形，再利用 CAD 的 region 命令使图形成为一个面域，最后利用 massprop 命令即可直接查询到该图形的面积、周长等数据了。具体方法请参见 4.1.4 节的扩展阅读内容。

（5）弹性元件的选用

1）根据卸料力的大小及模具结构，这里初选 4 根弹簧，则每根弹簧承受的卸料力，即预压力为：

$$F_{预} = F_{卸}/4 = 5.0\text{kN}/4 = 1250\text{N}$$

2）根据 $F_{预} = 1250\text{N}$，查 GB/T 2089—2009，选择 $[F_n] = 1376\text{N}$ 的圆柱螺旋压缩弹簧，并选择弹簧有效圈数为 8.5 圈，由此得到弹簧的自由高度 $H_0 = 105\text{mm}$，允许的最大压缩量为 $[f_n] = 39\text{mm}$。

3）根据 $F_{预}/H_{预} = [F_n]/[f_n]$，得到预压缩量为：$H_{预} = F_{预}[f_n]/[F_n] = 1250\times39\div1376\text{mm} = 35.4\text{mm}$。

4）计算弹簧实际需要的总压缩量 $H_{总}$，应等于弹簧的预压缩量 $H_{预}$ 与卸料板的工作行程 $H_{卸}$ 之和，即 $H_{总} = H_{预} + H_{卸} = 35.4\text{mm} + (1+1)\text{mm} = 37.4\text{mm}$，这里 $H_{卸} = t+1\text{mm}$，t 为料厚。

5）计算弹簧实际应承受的最大压力 $F_{总}$，即 $F_{总} = F_{预}\times H_{总}\div H_{预} = 1250\text{N}\times37.4\text{mm}\div35.4\text{mm} = 1321\text{N}$。

6）校核，因 $F_{总} < [F_n]$，同时 $H_{总} < [f_n]$，则上述弹簧选用合适。

根据上述数据查阅 GB/T 2089—2009 得到弹簧的标记为：YA 6×35×105 GB/T 2089—2009。

5. 模具零件详细设计

（1）工作零件设计　工作零件包括凸模、凹模，其模具采用分别加工法制造，以凹模为基准。

1）模具间隙，由于零件无特殊要求，精度一般，这里选用 iii 类冲裁间隙，由表 4-10 查得：$c=(7\%\sim10\%)t$，即：$c_{min}=0.07\times1mm=0.07mm$，$c_{max}=0.10\times1mm=0.10mm$。

2）凸、凹模制造公差 δ_p 和 δ_d 分别按照 IT6 级和 IT7 级查 GB/T 1800.1—2009，磨损系数查表 4-8，图 9-1 中未注公差尺寸 35、25、$R5$、57 按 ST7 级精度查 GB/T 13914—2013 得偏差值。落料凹模和冲孔凸模刃口尺寸计算见表 9-2。

表 9-2　凸、凹模刃口尺寸计算　（单位：mm）

零件尺寸	磨损系数 x	模具制造公差		落料凹模刃口	落料凸模刃口	校核不等式
		δ_d	δ_p			
$68_{-0.22}^{0}$	0.75	0.030	0.019	$(68-0.75\times0.22)_{0}^{+0.030}=$ $67.84_{0}^{+0.030}$	$(67.84-2\times0.070)_{-0.019}^{0}=$ $67.70_{-0.019}^{0}$	$(0.019+0.030)\leqslant$ $2\times(0.10-0.070)$
$24_{0}^{+0.14}$	1	0.021	0.013	$(24+1\times0.14)_{-0.021}^{0}=$ $24.14_{-0.021}^{0}$	$(24.14+2\times0.07)_{0}^{+0.013}=$ $24.28_{0}^{+0.013}$	$(0.013+0.021)\leqslant$ $2\times(0.10-0.070)$
15 ± 0.14		0.018	0.011	15 ± 0.009	15 ± 0.006	
$35_{-0.4}^{0}$	0.5	0.025	0.016	$(35-0.5\times0.4)_{0}^{+0.025}=$ $34.80_{0}^{+0.025}$	$(34.80-2\times0.07)_{-0.016}^{0}=$ $34.66_{0}^{0.016}$	$(0.016+0.025)\leqslant$ $2\times(0.10-0.070)$
$57_{-0.4}^{0}$	0.5	0.030	0.019	$(57-0.5\times0.4)_{0}^{+0.030}=$ $56.8_{0}^{+0.030}$	$(56.8-2\times0.070)_{0}^{0}=$ $56.66_{-0.019}^{0}$	$(0.019+0.030)\leqslant$ $2\times(0.10-0.070)$
$R5_{-0.20}^{0}$	0.75	0.012	0.008	$(5-0.75\times0.20)_{0}^{+0.012}=$ $4.85_{0}^{+0.012}$	$(4.85-2\times0.070)_{-0.008}^{0}=$ $4.71_{-0.008}^{0}$	$(0.008+0.012)\leqslant$ $2\times(0.10-0.070)$
$25_{-0.28}^{0}$	0.75	0.021	0.013	$(25-0.75\times0.28)_{0}^{+0.021}=$ $24.79_{0}^{+0.021}$	$(24.79-2\times0.070)_{-0.013}^{0}=$ $24.65_{-0.013}^{0}$	$(0.013+0.021)\leqslant$ $2\times(0.10-0.070)$

3）落料凹模采用整体式结构，外形为矩形，材料选用 Cr12，热处理 60~64HRC。首先由经验公式计算出凹模外形的参考尺寸，再查阅 JB/T 7643.1—2008 得到凹模外形的标准尺寸，见表 9-3。

表 9-3　落料凹模外形设计　（单位：mm）

凹模外形尺寸符号	凹模简图	凹模外形尺寸计算值	凹模外形尺寸标准值（JB/T 7643.1—2008）
凹模厚度 H		$H=Kb=0.22\times68=14.96$，取 $H=15$ （查表 5-2 得 $K=0.22$）	
凹模壁厚 C		$C=(1.5\sim2)H=22.5\sim30$，取 $C=30$	$L\times B\times H=160\times125\times16$
凹模长度 L		$L=67.835+2\times30=127.835$	
凹模宽度 B		$B=56.8+2\times30=116.8$	

4）落料凸模为两边带台阶结构，落料凸模材料选用 Cr12，热处理 58～62HRC。凸模高度由模具结构决定。由图 9-4 可知，凸模长度应等于固定板厚度、模具闭合时弹簧的高度（弹簧自由高度-最大实际压缩量）、卸料板的厚度、板料厚度及凸模进入凹模的深度（约 1mm）之和，即 16mm+（105mm-37.4mm）+19.1mm+1mm+1mm=104.7mm，取 105mm。

（2）其他板类零件的设计　当落料凹模的外形尺寸确定之后，即可根据凹模外形尺寸查阅有关标准或资料得到模座、固定板、垫板、卸料板、导料板的外形尺寸。

1）查 GB/T 23565.3—2009 得：中间导柱模架 160×125×165-Ⅰ　GB/T 23565.3—2009，同时可得到上、下模座的标准代号及规格，导柱、导套的标准代号及规格，再由这些标准和规格分别去查各自的标准，便得到上、下模座和导柱、导套的具体尺寸了。

2）查 GB/T 23562.3—2009 得：中间导柱下模座 160×125×40　GB/T 23562.3—2009。材料 45 钢，硬度 24～28HRC。

3）查 GB/T 23566.3—2009 得：中间导柱上模座 160×125×32　GB/T 23566.3—2009。材料 45 钢，硬度 24～28HRC。

4）查 JB/T 7643.2—2008 得：矩形固定板 160×125×16　JB/T 7643.2—2008。材料 45 钢，硬度 28～32HRC。

5）查 JB/T 7643.3—2008 得：矩形垫板 160×125×6　JB/T 7643.3—2008。材料 45 钢，硬度 43～48HRC。

6）查表 5-8 得，卸料板的厚度为 14mm，则卸料板的尺寸为：160mm×125mm×14mm。由于采用导料板导料，因此卸料板应该是台阶结构，台阶高度为 6mm-1mm+0.1×1mm=5.1mm（这里 6 是导料板高度，1 是板料厚度）。材料 45 钢，硬度 28～32HRC。

7）查 JB/T 7650.6—2008 得：圆柱头内六角卸料螺钉 M10×90　JB/T 7650.6—2008。材料 45 钢，硬度 35～40HRC。

（3）导料板、挡料销的选用

1）查 JB/T 7648.5—2008 得：导料板 125×40×6　JB/T 7648.5—2008。材料 45 钢，硬度 28～32HRC。

2）查 JB/T 7649.10—2008 得：固定挡料销 A6 JB/T 7649.10—2008。材料 45 钢，硬度 43～48HRC。

（4）导柱、导套的选用　查 GB/T 2861.1—2008 和 GB/T 2861.3—2008 得：

1）导柱 1。滑动导向导柱 A 22×160 GB/T 2861.1—2008。材料 20Cr，硬度 60～64HRC（渗碳）。导套 1。滑动导向导套 A 22×80×28 GB/T 2861.3—2008。材料 20Cr，硬度 58～62HRC（渗碳）。

2）导柱 2。滑动导向导柱 A 25×160 GB/T 2861.1—2008。材料 20Cr，硬度 60～64HRC（渗碳）。导套 2：滑动导向导套 A 25×80×28 GB/T 2861.3—2008。材料 20Cr，硬度 58～62HRC（渗碳）。

（5）模柄的选用　根据初选设备 J23-25 模柄孔的尺寸，查 JB/T 7646.1—2008 得：

压入式模柄 A　40mm×110mm JB/T 7646.1—2008。材料选用 Q235A。

（6）螺钉、销钉的选用　查表 5-11，选 M6 内六角螺钉，直径为 φ6mm 的圆柱形销钉，上、下模螺钉直径相同，但长度不同，销钉规格一致，分别是：

1）上模部分：内六角圆柱头螺钉　M6×40 GB/T 70.1—2008。材料 45 钢，头部硬度

43~48HRC。

2）下模部分：内六角圆柱头螺钉 M6×45GB/T 70.1—2008。材料 45 钢，头部硬度 43~48HRC。

3）销 GB/T 119.2 6×40。材料 T10A，硬度 56~60HRC。

（说明：上述各零件材料及硬度要求由 GB/T 14662—2006 推荐，螺钉长度的确定请参考 GB/T 152.3—1988（附表 B-2））

6. 设备校核

主要校核平面尺寸和闭合高度。由 "中间导柱下模座 160×125×40 GB/T 23562.3—2009" 可知，下模座平面的最大外形尺寸为：315mm×125mm，长度方向单边小于压力机工作台面尺寸（700−315）mm/2＝192.5mm，因此满足模具安装和支撑要求。

模具的闭合高度为：32mm＋6mm＋105mm＋16mm＋40mm−1mm＝198mm，小于压力机的最大装模高度 230mm，因此所选设备合适。

7. 绘图

当上述各零件设计完成后，即可绘制模具总装配图和各设计件的零件图了，分别如图 9-4~图 9-9 所示。

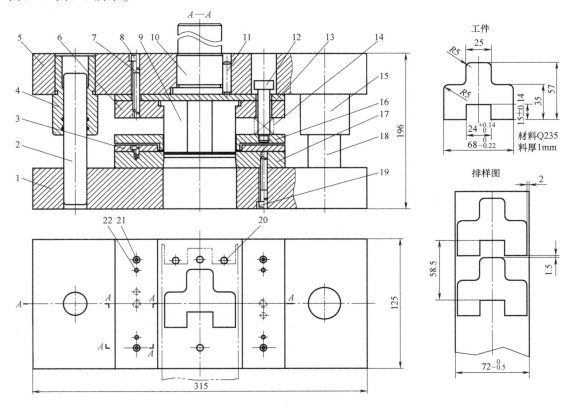

图 9-4 模具装配图

1—下模座 2—导柱 1 3—导料板 4—导套 1 5—上模座 6—凸模固定板 7、22—销钉

8、19、21—螺钉 9—凸模 10—模柄 11—止转销 12—卸料螺钉 13—垫板 14—弹簧

15—导套 2 16—卸料板 17—凹模 18—导柱 2 20—挡料销

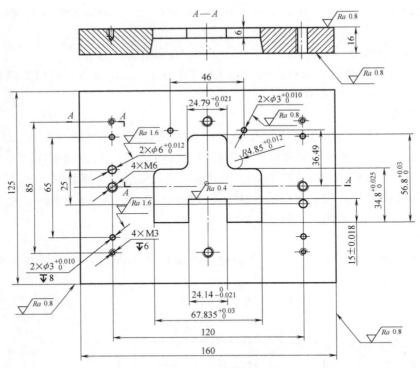

图 9-5 落料凹模零件图

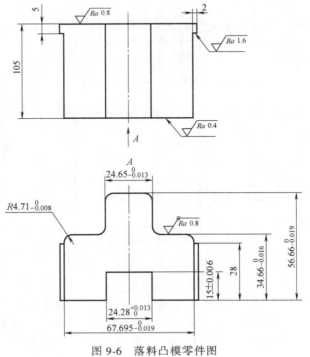

图 9-6 落料凸模零件图

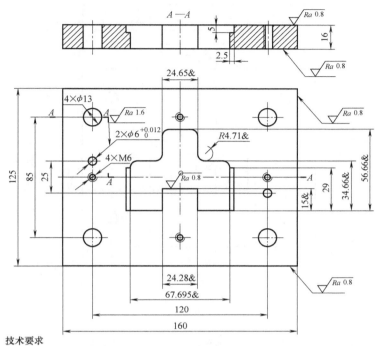

技术要求
所有带&尺寸与凸模外形按H7/m6配作

图 9-7 凸模固定板零件图

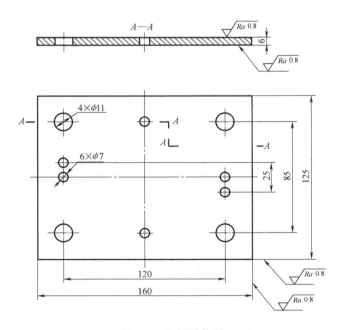

图 9-8 垫板零件图

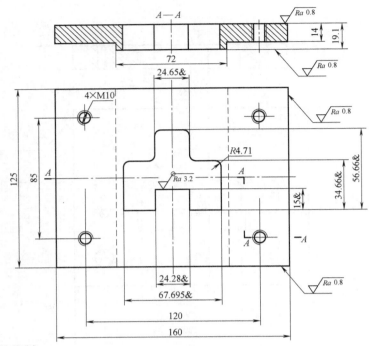

技术要求
所有带&尺寸与凸模外形单边留0.1mm间隙

图 9-9　卸料板零件图

9.1.2　弯曲模设计实例

例 9-2　如图 9-10 所示 U 形弯曲件，材料为 10 钢，料厚 6mm，$R_m = 420\text{MPa}$，小批量生产，试完成该产品的弯曲工艺及模具设计。

1. 工艺性分析

该工件结构简单、形状对称，适合弯曲加工。

由 JB/T 5109—2001《金属板料压弯工艺设计规范》可知，最小允许的弯曲半径是 $r_{min} = 0.5t = 3\text{mm}$，而工件需要的弯曲半径为 5mm，因此可一次弯曲成功。

工件的弯曲直边高度为：42mm − 6mm − 5mm = 31mm，远大于 $2t$，因此可以弯曲成功。

该工件是一个弯曲角度为 90° 的弯曲件，所有尺寸精度均为未注公差，而当 $r/t < 5$ 时，可以不考虑圆角半径的回弹，所以该工件符合普通弯曲的经济精度要求。

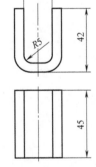

图 9-10　U 形弯曲件

工件所用材料为 10 钢，是常用的冲压材料，塑性较好，适合冲压加工。

综上所述，该工件的弯曲工艺性良好，适合弯曲加工。

2. 工艺方案的拟订

（1）毛坯展开　如图 9-11a 所示，毛坯总长度等于各直边长度加上各圆角展开长度，即：$L = 2L_1 + 2L_2 + L_3$。

由图 9-10 得：

$L_1 = 42mm - 5mm - 6mm = 31mm$

$L_2 = 1.57(r + xt) = 1.57 \times (5 + 0.28 \times 6)mm = 10.488mm$ （x 由表 4-18 查得）

$L_3 = 18mm - 2 \times 5mm = 8mm$

于是得：

$L = 2 \times 31mm + 2 \times 10.488mm + 8mm = 90.976mm$

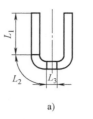
a)

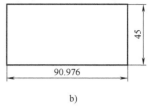
b)

图 9-11　毛坯展开

（2）方案确定　由图 9-10 可得，该产品需要的基本冲压工序为落料、弯曲，可以列出如下三种方案：

1）方案一：单工序生产，即先落料再弯曲。

2）方案二：级进冲压。

3）方案三：复合冲压，同一工位先切断紧接着再弯曲。

方案一模具结构简单、生产效率低，产品精度低。方案二模具结构较复杂，生产效率高，产品精度也高，方案三的模具结构较复杂，生产效率高，产品精度高，但由于是小批量生产，且产品的精度要求低，为降低成本，方案一为最佳方案。

这里仅以弯曲模设计为例，落料模设计参考 9.1.1 节。

3. 工艺计算

（1）冲压力的计算　弯曲力由表 4-20 中公式得：

$$P_2 = qF = 80MPa \times 18mm \times 45mm = 64800N = 64.8kN$$

（q 由表 4-21 查得）

因采用校正弯曲，则压力机公称压力由表 4-23 中公式得：

$$P_{总} \geqslant 1.2 \times P_2 = 1.2 \times 64.8kN = 77.76kN$$

选择 JB23-10 压力机，由附录 B 中附表 B-5 查得其主要参数为：

公称压力：100kN。

最大闭合高度：160mm，闭合高度调节量：40mm。

工作台尺寸：450mm×315mm。

模柄孔尺寸：ϕ30mm。

（2）模具工作部分尺寸计算

1）凸、凹模间隙。$c = (1.05 \sim 1.15)t$，取 $c = 1.1t = 6.6mm$

2）凸、凹模宽度尺寸。由于工件尺寸标注在内形上，因此以凸模作为基准，先计算凸模宽度尺寸。由 GB/T 15055—2007 查得：基本尺寸为 18mm、板厚为 6mm 的弯曲件未注公差为±1.3mm，由表 4-19 中公式得：

$$L_p = (L + 0.5\Delta)\,_{-\delta_p}^{0} = (18 + 0.5 \times 2.6)\,_{-0.021}^{0}mm = 19.3\,_{-0.021}^{0}mm$$

$$L_d = (L_p + 2c)\,_{0}^{+\delta_d} = (19.3 + 2 \times 6.6)\,_{0}^{+0.025}mm = 32.5\,_{0}^{+0.025}mm$$

δ_p、δ_d 按 IT7 级查 GB/T 1800.1—2009 得到。

3）凸、凹模圆角半径的确定。由于一次即能弯成，可取凸模圆角半径等于工件的圆角半径，即 $r_p = 5mm$。

由于 $t = 6mm$，可取 $r_d = 2t$，即 $r_d = 12mm$。

4. 模具总体结构形式确定

选用中间滑动导柱导套导向的模架，毛坯利用凹模上的定位板定位，刚性推件装置推件，顶件装置顶件，并同时提供顶件力，防止毛坯窜动。模具总体结构如图 9-12 所示。

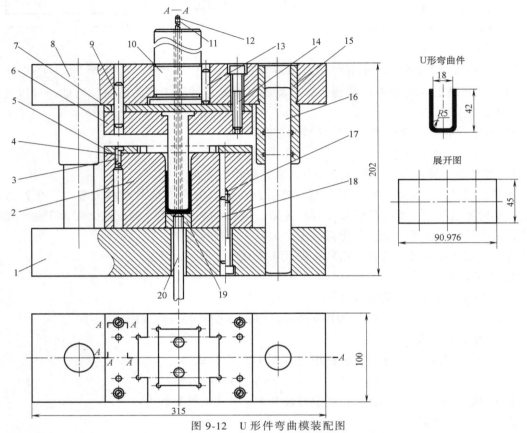

图 9-12 U 形件弯曲模装配图

1—下模座 2—弯曲凹模 3、9、18—销钉 4、14、17—螺钉 5—定位板 6—凸模固定板 7—垫板 8—上模座
10—模柄 11—横销 12—推件杆 13—止动销 15—导套 16—导柱 19—顶件板 20—顶杆

5. 模具主要零件设计

（1）凸模 凸模的结构形式及尺寸如图 9-13 所示。材料选用 T10A，热处理 56~62HRC，未注表面粗糙度值 $Ra6.3\mu m$。

凸模长度根据图 9-12 的模具结构确定，即应包括固定板厚度（25mm）、定位板的厚度（6mm）、弯曲结束时凸模进入凹模的深度（$r_d + h_0 +$ 弯曲件高度 = 12mm + 15mm + 36mm = 63mm，h_0 由表 5-12 查得）、弯曲结束时凸模固定板与定位板之间的安全距离（这里取 15mm），由此可得到凸模的长度为 25mm + 6mm + 58mm + 15mm = 104mm。凸模沿弯折线方向的尺寸略大于弯折线即可，这里取 60mm。

（2）凹模 凹模选用整体式结构，其结构形

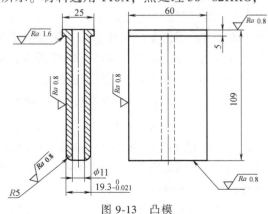

图 9-13 凸模

式及尺寸如图 9-14 所示。材料选用 T10A，热处理 56~62HRC，未注表面粗糙度值 $Ra6.3\mu m$。

凹模的长度和宽度尺寸应考虑弯曲件毛坯的展开尺寸（90.976mm×45mm）、定位板的安装固定，螺钉、销钉孔的位置及模具强度等因素，先初步计算一个计算值，再根据这个计算值查矩形凹模板的标准，选出一个标准值。凹模如图 9-14 所示，其长度的计算值应包括：毛坯的展开长度 90.976mm、2 个 M10 螺钉、2 个 M6 螺钉以及为保证模具强度而留出的安全距离（如螺孔之间的距离、螺孔到刃口间的距离、螺孔到外缘的距离等），即计算长度 $L_{计}=$ 90.976mm+2×10mm+2×6mm+20mm（安全距离）=152mm，故凹模长度取 160mm，同样可以确定凹模的宽度尺寸为 100mm。

由于弯曲凹模的高度与弯曲件的高度及要求有关，需根据弯曲件的高度及要求进行确定，由图 9-12 可得弯曲凹模高度应等于弯曲凹模圆角半径（12mm）、凹模深度 h_0（表 5-14 查得为 15mm）、弯曲件高度（42mm）与顶件块高度（20mm）之和，即：$H_凹=12mm+15mm+42mm+20mm=89mm$。

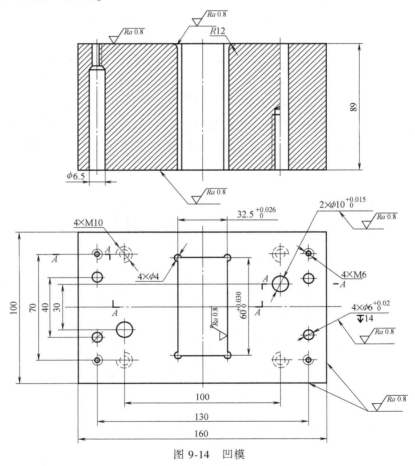

图 9-14　凹模

（3）定位板　定位板采用两块，左右各一块，利用螺钉、销钉直接固定在凹模上，如图 9-12 中的件号 5。外形固定好后与凹模外形相同，定位部分根据毛坯的外形进行设计，厚度取 6mm，其具体结构形式及尺寸如图 9-15 所示，材料选用 45 钢，热处理 43~48HRC。图 9-15 中尺寸 90.976[*] 与毛坯长度尺寸保证 H7/f9 配合，未注表面粗糙度值 $Ra6.3\mu m$。

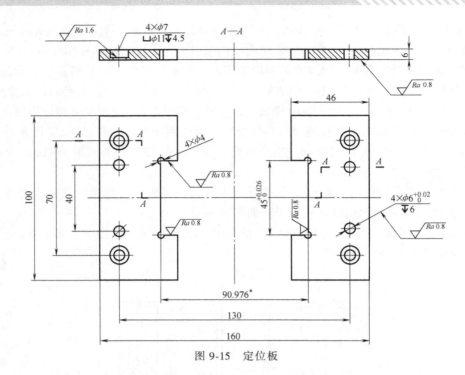

图 9-15　定位板

（4）凸模固定板　凸模固定板的外形及平面尺寸与凹模相同，厚度取 25mm，尺寸 18.6* 与凸模固定部分采用 H7/m6 配合，其具体结构形式及尺寸如图 9-16 所示，材料选用

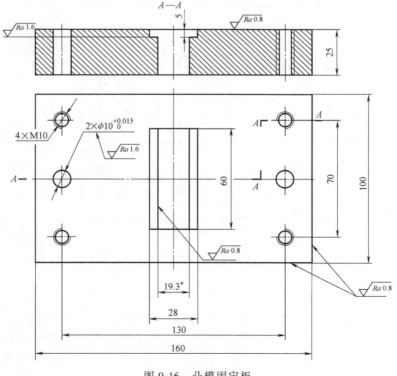

图 9-16　凸模固定板

Q235 钢，未注表面粗糙度值 $Ra6.3\mu m$。

（5）垫板　垫板的外形及平面尺寸与凹模相同，厚度取 6mm，其具体结构形式及尺寸如图 9-17 所示，材料选用 45 钢，热处理 43~48HRC，未注表面粗糙度值 $Ra6.3\mu m$。

（6）顶件块　如图 9-12 所示，顶件块的外形应与凹模内形相似，两者之间保持间隙配合，厚度取 20mm，其具体结构形式及尺寸如图 9-18 所示，材料选用 45 钢，热处理 43~48HRC，未注表面粗糙度值 $Ra3.2\mu m$。

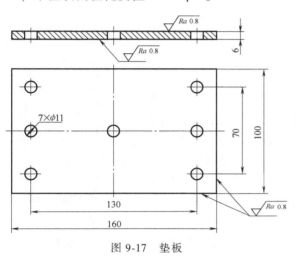

图 9-17　垫板

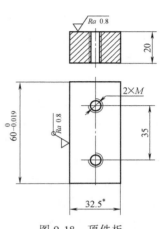

图 9-18　顶件板

（7）其他零件

1）模架。根据凹模的外形尺寸查阅 GB/T 23565.3—2009，选用标准模架：中间导柱模架 160×100×165~200　GB/T 23565—2009。

由此得到上、下模座和导柱、导套的标准代号和规格，标记示例如下：

滑动导向上模座 160×100×32 GB/T 23565.3—2009。

滑动导向下模座 160×100×40 GB/T 23565.3—2009。

导柱 1：滑动导向导柱 A 22×160 GB/T 2861.1—2008。

导套 1：滑动导向导套 A 22×80×28 GB/T 2861.3—2008。

导柱 2：滑动导向导柱 A 25×160 GB/T 2861.1—2008。

导套 2：滑动导向导套 A 25×80×28 GB/T 2861.3—2008。

2）模柄。根据预先选用设备上模柄孔的尺寸查阅标准 JB/T 7646.1—2008，选用压入式模柄 B25×65 JB/T 7646.1—2008。

6. 设备校核

主要校核平面尺寸和闭合高度。

由标记为"中间导柱下模座 160×100×40　GB/T 23562.3—2009"可知，下模座平面的最大外形尺寸为 315mm×100mm，长度方向单边小于压力机工作台面尺寸（560−315）mm/2 = 122.5mm，因此满足模具安装和支撑要求。

模具的闭合高度为：32mm+6mm+109mm+20mm+40mm=207mm，大于压力机的最大闭合高度 160mm，因此所选设备在高度尺寸上不合适，需更换吨位较大的压力机，重新选择 JB 23-25。

查开式曲柄压力机标准 JB/T 14347—2009 得 JB23-25 压力机的主要技术参数为：

公称压力：250kN。

最大闭合高度：230mm，闭合高度调节量：50mm。

工作台板尺寸：700mm×400mm。

模柄孔直径：40mm。

模柄调整为：压入式模柄 B 40×100 JB/T 7646.1—2008。

9.1.3 拉深模设计实例

例 9-3　图 9-19 所示为无凸缘直壁圆筒型件，材料为 08F，料厚 1mm，抗拉强度 R_m = 320MPa，小批量生产，试完成该产品的拉深工艺设计。

1. 工艺分析

该产品是不带凸缘的直壁圆筒形件，要求内形尺寸，厚度为 1mm，没有厚度不变的要求；零件的形状简单、对称，底部圆角半径为 3mm，由 JB/T 6959—2008《金属板料拉深工艺设计规范》可知该拉深件满足拉深工艺对形状和尺寸的要求，适合拉深成形；零件的所有尺寸均为未注公差，普通拉深即可达到；零件所用材料为 08F，塑性较好，易于拉深成形，因此该零件的冲压工艺性良好。

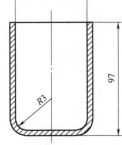

图 9-19　拉深件图

2. 工艺方案确定

为了确定工艺方案，首先应计算毛坯尺寸并确定拉深次数。由于料厚为 1mm，以下所有尺寸均以中线尺寸代入。

（1）确定修边余量　由 $\dfrac{h}{d} = \dfrac{97-0.5}{72+1} = 1.32$，查表 4-25 得：$\Delta h = 3.8$mm。

（2）毛坯直径计算　由表 4-24 中无凸缘直壁圆筒形件公式得：

$$D = \sqrt{d^2 - 1.72dr - 0.56r^2 + 4d(h + \Delta h)}$$

$$= \sqrt{(72+1)^2 - 1.72 \times (72+1) \times (3+0.5) + 4 \times (72+1) \times (97-0.5+3.8) - 0.56 \times (3+0.5)^2}\ \text{mm}$$

$$= 184.85\text{mm} \approx 185\text{mm}$$

（3）拉深次数确定　由 $t/D \times 100 = (1/185) \times 100 = 0.541$，查表 4-27 得极限拉深系数为 $[m_1] = 0.58$，$[m_2] = 0.79$，$[m_3] = 0.81$，$[m_4] = 0.83$。则各次拉深件极限直径为：

$$d_1 = [m_1]D = 0.58 \times 185\text{mm} = 107.3\text{mm}$$

$$d_2 = [m_2]d_1 = 0.79 \times 107.3\text{mm} = 84.77\text{mm}$$

$$d_3 = [m_3]d_2 = 0.81 \times 84.77\text{mm} = 68.66\text{mm} < 73\text{mm}$$

三次拉深即可完成，但考虑上述采用的都是极限拉深系数，而实际生产所采用的拉深系数应比极限值大，因此将拉深次数调整为 4 次。

（4）方案确定　该拉深件需要落料、四次拉深、一次切边才能最终成形，因此成形该零件的方案有以下几种：

1）方案一：单工序生产，即落料—拉深—拉深—拉深—拉深—切边。

2）方案二：首次复合，即落料拉深复合—拉深—拉深—拉深—切边。

3）方案三：级进拉深。

方案一模具结构简单，生产效率低，产品精度低。方案二生产效率稍高，但首次落料拉深复合模结构复杂。方案三生产效率高，但模具结构异常复杂。考虑小批量生产，产品精度要求低，因此上述方案中优选方案一。

3. 工艺计算

（1）各次拉深半成品尺寸的确定

1）半成品直径（中线）。将上述各次极限拉深系数分别乘以系数 k 作调整。

$$k = \sqrt[n]{\frac{m_{总}}{[m_1] \times [m_2] \times \cdots \times [m_n]}} = \sqrt[4]{\frac{73/185}{0.58 \times 0.79 \times 0.81 \times 0.83}} = 1.0638569$$，调整后的各次拉

深系数和半成品直径为：

$m_1 = k \times [m_1] = 1.0638569 \times 0.58 = 0.62$ $d_1 = m_1 D = 0.62 \times 185\text{mm} = 114.7\text{mm}$

$m_2 = k \times [m_2] = 1.0638569 \times 0.79 = 0.84$ $d_2 = m_2 d_1 = 0.84 \times 114.7\text{mm} = 96.3\text{mm}$

$m_3 = k \times [m_3] = 1.0638569 \times 0.81 = 0.86$ $d_3 = m_3 d_2 = 0.86 \times 96.3\text{mm} = 82.8\text{mm}$

$m_4 = k \times [m_4] = 1.0638569 \times 0.83 = 0.883$ $d_4 = m_4 d_3 = 0.883 \times 82.8\text{mm} = 73.1\text{mm} \approx 73\text{mm}$

2）半成品底部圆角半径。由式 5-1 计算出各次拉深凹模圆角半径的值如下：

$r_{d_1} = 0.8\sqrt{(D-d_1)t} = 0.8\sqrt{(185-114.7) \times 1}\text{mm} = 6.7\text{mm}$，取 $r_{d_1} = 7\text{mm}$。

依次求出并取：$r_{d_2} = 5\text{mm}$；$r_{d_3} = 4\text{mm}$；$r_{d_4} = 3.5\text{mm}$。

凸模圆角半径可取与凹模圆角半径相同，即：$r_{p_1} = 7\text{mm}$；$r_{p_2} = 5\text{mm}$；$r_{p_3} = 4\text{mm}$；$r_{p_4} = 3.5\text{mm}$。

则半成品底部圆角半径（中线）为：$r_1 = 7\text{mm}$；$r_2 = 5\text{mm}$；$r_3 = 4\text{mm}$；$r_4 = 3.5\text{mm}$。

3）半成品高度 h，由公式 4-2 计算得：

$$H_1 = \frac{D^2 - d_1^2 + 1.72 r_1 d_1 + 0.56 r_1^2}{4d_1}$$

$$= \frac{185^2 - 114.7^2 + 1.72 \times 7 \times 114.7 + 0.56 \times 7^2}{4 \times 114.7}\text{mm}$$

$$= 49.0\text{mm}$$

$$H_2 = 67.0\text{mm}$$

$$H_3 = 84.4\text{mm}$$

$$H_4 = 100.3\text{mm}$$

（2）冲压工艺力计算及初选设备（以第四次拉深为例，其他类同） 拉深力由表 4-33 中公式计算，则：

$$P_4 = k_p L_s t R_m = 0.8 \times 3.14 \times 73 \times 320\text{N} = 58.68\text{kN}$$

（k_p 取 0.5~1.0，这里取 0.8；L_s 是第四次拉深所得圆筒的筒部周长，$L_s = \pi d_4$）

压边力由表 4-33 中的公式计算，这里 $q = R_m/150 = 2.13$，则

$$Q_{压} = \pi[d_3^2 - d_4^2]q/4$$

$$= \pi[82.8^2 - 73^2] \times 2.13/4\text{kN}$$

$$= 2.55\text{kN}$$

选用单动压力机时，设备吨位由表 4-35 中的公式计算得：

$$P_{设} \geq P_4 + Q_{压} = 58.68\text{kN} + 2.55\text{kN} = 61.23\text{kN}$$

这里初选 100kN 的开式曲柄压力机 JB23-10，由附表 B-5 查得其主要参数如下：

公称压力：100kN。

最大闭合高度：160mm，闭合高度调节量：40mm。

工作台尺寸：450mm×315mm。

模柄孔尺寸：φ30mm。

4. 模具总体结构设计（以第四次拉深模为例）

为了减小模具的总体高度，优先选用倒装拉深模，毛坯利用压边圈的外形进行定位，利用刚性推件装置推件。模具的总体结构如图9-20所示。

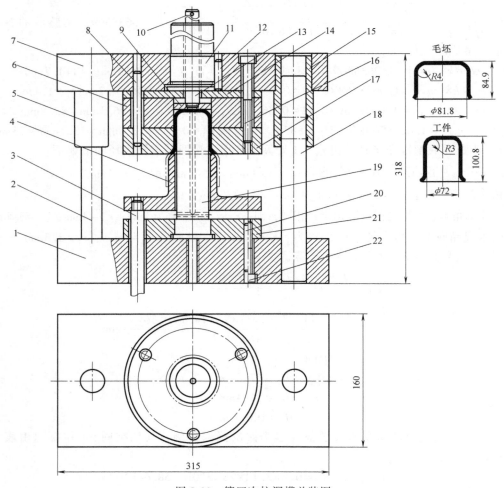

图 9-20　第四次拉深模总装图

1—下模座　2—导柱1　3—卸料螺钉　4—压边圈　5—导套1　6—空心垫板　7—上模座　8、20—销钉
9—推件块　10—横销　11—模柄　12—止动销　13—打杆　14—垫板　15—导套2　16、22—螺钉
17—凹模　18—导柱2　19—拉深凸模　21—凸模固定板

5. 模具零件设计

（1）工作部分尺寸的设计

1）模具间隙 c 的确定。由于该拉深件无精度要求，因此最后一次拉深时凸、凹模之间的单边间隙可以取 $c_4 = t = 1$mm

2）凸、凹模圆角半径的确定。由于工件圆角半径大于 $2t$（料厚），满足拉深工艺要求，因此最后一次拉深用的凸模圆角半径应该与工件圆角半径一致，即 $r_{p_4} = 3$mm。凹模圆角半

径取 $r_{d_4} = 3\text{mm}$。

3）凸、凹模刃口尺寸及公差的确定。零件的尺寸及精度是由最后一道拉深模保证的，因此最后一道拉深用模具的刃口尺寸与公差应由工件决定。由于零件对内形有尺寸要求，因此应以凸模为基准，间隙取在凹模上。

查表4-30得：$\delta_p = 0.03\text{mm}$，$\delta_d = 0.05\text{mm}$

Δ 是工件的公差，工件为未注公差，可由 GB/T 15055—m 查得为±0.5mm，则工件筒部直径调整为：$71.5^{+1.0}_{0}\text{mm}$，则由表4-31中的公式得：

$$d_{p_4} = (d_{min} + 0.4 \times \Delta)^{0}_{-\delta_p} = (71.5 + 0.4 \times 1.0)^{0}_{-0.03}\text{mm} = 71.9_{-0.03}\text{mm}$$

$$d_{d_4} = (d_{p_4} + 2c)^{+\delta_d}_{0} = (71.9 + 2 \times 1)^{+0.05}_{0}\text{mm} = 73.9^{+0.05}_{0}\text{mm}$$

4）凸模通气孔尺寸确定。由表5-18得，通气孔尺寸为6.5mm。

（2）模具主要零件设计

1）凸模。材料选用 Cr12MoV，热处理至56~60HRC，尺寸及结构如图9-21所示，图中未注表面粗糙度值为 $Ra6.3\mu\text{m}$。

凸模长度由图9-20所示的结构确定，凸模长度应该包括：固定板21的厚度（25mm），压边圈4的高度（105mm），本次拉深的半成品拉深件的高度（100.8mm）及拉深结束后压边圈和固定板之间的附加距离（这里取3~5mm），于是得到拉深凸模的总高度为：25mm+105mm+5mm+100.8mm＝235.8mm，可取凸模长度为236mm。

2）凹模。材料选用 Cr12MoV，热处理至58~62HRC，尺寸及结构如图9-22所示，图中未注表面粗糙度值为 $Ra6.3\mu\text{m}$。

由于拉深件为圆筒形件，因此选用圆形凹模板。凹模板的外形尺寸需考虑本次拉深所用毛坯的直径，即第3次拉深的半成品直径为82.8mm，此外还需考虑留足够的螺钉、销钉的安装位置，这里选用160mm的标准尺寸。为了节省模具钢，凹模高度可以小于本次拉深的拉深件的高度（100.8mm），而采用图9-20所示的增加空心垫板6的结构，这里取凹模高度为60mm。

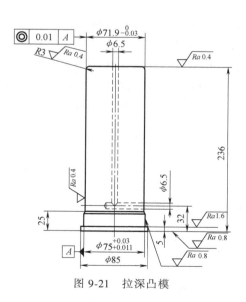

图 9-21 拉深凸模

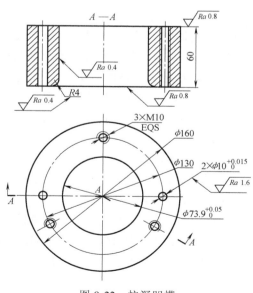

图 9-22 拉深凹模

3）压边圈。材料选用 45 钢，热处理至 43~48HRC，尺寸及结构如图 9-23 所示，图中未注表面粗糙度值为 $Ra6.3\mu m$。

由图 9-20 可知，压边圈为一筒形结构，外形形状和尺寸（81.8mm）取决于上一道拉深（即第 3 次拉深）半成品的内形形状和尺寸，内形形状和尺寸与本次拉深用凸模的外形相匹配，两者之间采用间隙配合，即尺寸 $\phi71.9^*$ 与拉深凸模外形保持 H8/f8 配合。以保证压边圈能相对拉深凸模做上下往复运动。而压边圈的筒部高度（100mm−10mm）要大于上一次拉深的半成品高度 84.4mm，因此最终将压边圈的总高度设计成 100mm。

4）垫板。材料选用 45 钢，热处理至 43~48HRC，尺寸及结构如图 9-24 所示，图中未注表面粗糙度值为 $Ra6.3\mu m$。垫板的外形及平面尺寸与凹模一致，厚度取标准值 6mm。

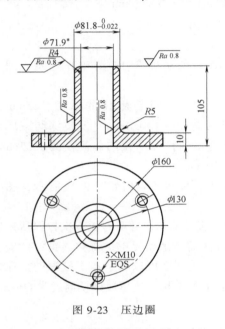

图 9-23　压边圈

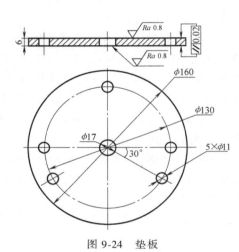

图 9-24　垫板

5）凸模固定板。材料选用 45 钢，尺寸及结构如图 9-25 所示，图中未注表面粗糙度值为 $Ra6.3\mu m$。固定板的外形及平面尺寸与凹模一致，厚度取标准值 25mm。

6）空心垫板。材料选用 45 钢，尺寸及结构如图 9-26 所示，图中未注表面粗糙度值为 $Ra6.3\mu m$。空心垫板的外形及平面尺寸与凹模一致，厚度需考虑拉深件剩余（即突出拉深凹模的部分）的高度、推件块的厚度（这里取 10mm）以及必要的间隙，这里总高度设计为 55mm。

（3）其他零件

1）模架。根据凹模的外形尺寸查阅 GB/T 23565.3—2009，选用标准模架：中间导柱模架 160×160×195　GB/T 23565—2009。

由此得到上、下模座和导柱、导套的标准代号和规格，标记示例如下：

① 中间导柱上模座 160×160×32 GB/T 23565.3—2009。

② 中间导柱下模座 160×160×40 GB/T 23565.3—2009。

③ 导柱 1：滑动导向导柱 A 22×160 GB/T 2861.1—2008。

④ 导套 1：滑动导向导套 A 22×80×28 GB/T 2861.3—2008。

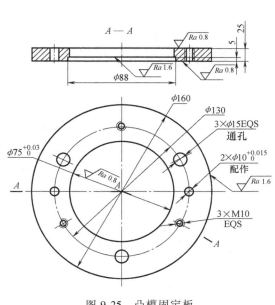

图 9-25 凸模固定板

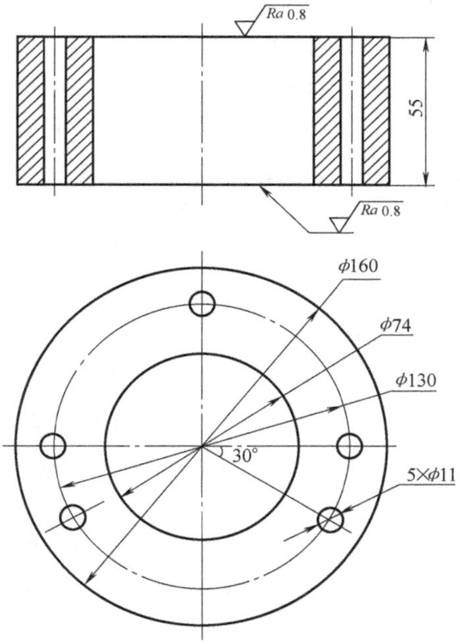

图 9-26 空心垫板

⑤ 导柱 2：滑动导向导柱 A 25×160 GB/T 2861. 1—2008。

⑥ 导套 2：滑动导向导套 A 25×80×28 GB/T 2861. 3—2008。

2）模柄。根据预先选用设备上模柄孔的尺寸查阅标准 JB/T 7646. 1—2008，选用压入式模柄 B32×80 JB/T 7646. 1—2008。

6. 设备校核

设备校核主要校核平面尺寸和闭合高度。

由标记为"中间导柱下模座 160×160×40 GB/T 23562. 3—2009"可知，下模座平面的最大外形尺寸为 315mm×160mm，长度方向单边小于压力机工作台面尺寸（450-315）mm/2 = 67.5mm，因此满足模具安装和支撑要求。

模具的闭合高度为 32mm+6mm+55mm+60mm+105mm+5mm+20mm+40mm = 323mm，大于压力机的最大闭合高度 225mm，因此，此模具与初选设备不匹配，为了满足闭合高度的需要，这里选择 250kN 的压力机，即选择 JB23-25 开式曲柄压力机。

模柄调整为：压入式模柄 B40×100 JB/T 7646. 1—2008。

9.2 复合模设计实例

9.2.1 落料冲孔复合模设计实例

例 9-4 图 9-27 所示的十字槽支撑板为某仪器设备中的支撑零件，中间的十字槽孔作精密定位用，精度要求高。采用 45 冷轧钢板，厚度为 2mm，抗剪强度为 500MPa，图中未注公差的尺寸极限偏差按 ST 7 级处理。中等批量生产。试完成其冲裁工艺与模具设计。

1. 冲压件工艺性分析

1）冲压件结构分析。此工件只有落料和冲孔两道工序。材料为 45 冷轧钢板，料厚为

2mm，具有良好的冲裁性能。工件结构相对简单，中间有宽度为 $10^{+0.05}_{0}$ mm，长度分别为 40mm、60mm 的十字槽孔，外形为一梯形状，斜角 20°。十字槽孔距边缘距离比较大，四个角倒圆角为 $R10$，由 GB/T 30570—2014《金属冷冲压件 结构要素》、GB/T 30571—2014《金属冷冲压件 通用技术条件》可知，其适宜冲裁。

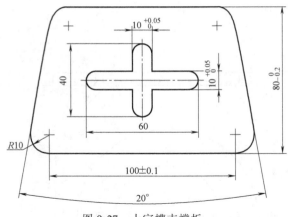

图 9-27 十字槽支撑板

2）冲压件尺寸精度分析及确定。尺寸 100±0.1、$80^{0}_{-0.2}$ 均在 ST3 级以下；$10^{+0.05}_{0}$ 为 ST2 级，其余均为未注公差，由 GB/T 13914—2013 可知，所有精度普通冲裁即可保证。

综上所述，该冲压件冲裁工艺性良好，适合冲裁。

2. 冲压工艺方案的确定

该零件所需基本冲压工序为落料和冲孔，可以采用以下三种工艺方案。

1）方案一：先冲孔，再落料，采用单工序模生产。

2）方案二：落料-冲孔复合冲压，采用复合模生产。

3）方案三：冲孔-落料连续冲压，采用级进模生产。

方案一模具结构简单，但需两道工序、两副模具，成本高而生产效率低，难以满足中批量生产要求。方案二只需一副模具，生产效率高，因落料、冲孔在同一工位同时完成，产品精度高、质量好。因方案三也只需一副模具，生产效率较高，操作方便，但精度不及方案二。通过分析比较，采用方案二为佳。

3. 模具概要设计

（1）模具类型的确定 考虑操作的方便与安全，选用倒装复合模。

（2）模具零件结构形式的确定

1）凹模采用整体式结构。

2）采用手工送料，导料销导料，挡料销控制进距。

3）采用弹性卸料装置卸料，橡胶弹顶挡料装置挡料，刚性推件装置推件。

4）选用中间导柱导套导向的滑动钢板模架。

4. 主要工艺计算

（1）排样设计 该零件形状具有等腰梯形的特点，排样类型可以采用竖排（图 9-28a），也可以采用直排（图 9-28b），还可以采用直对排（图 9-28c），经过分析，选用图 9-28a 所示的竖排排样方案。

由表 4-1 查得搭边值：$a = 2.5$mm，$a_1 = 2.0$mm。

由表 4-2 中的公式计算出条料宽度（无侧压装置）为：

$$B^{0}_{-\Delta} = (D + 2a + c)^{0}_{-\Delta} = (100 + 2 \times 10 + 2 \times 2.5 + 1)^{0}_{-0.8} \text{mm} = 126^{0}_{-0.8} \text{mm}$$

（条料下料剪切宽度偏差 Δ 由表 4-3 查得，c 由表 4-4 查得））

进距为：80mm + 2mm = 82mm。

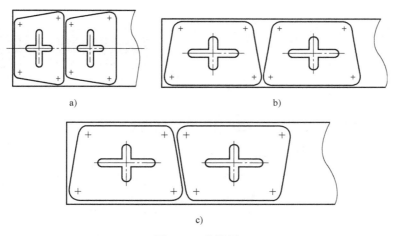

图 9-28 排样图

a）竖排 b）直排 c）直对排

由此得到排样图，如图 9-29 所示。

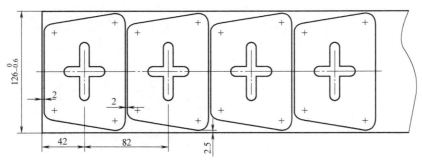

图 9-29 排样图

根据排样图的相关尺寸，选用 1260mm×1650mm 的钢板，纵裁方式裁切条料，可裁的条料数为：1260÷125＝10（条）。每条条料能冲出的产品个数为 $n = (1650 - 2.0) \div 82 = 20.098$（个），即 20 个，余 1650mm－20×82mm－2.0mm＝8mm 料尾，所以每块钢板冲压零件的总数为：$N = 10 \times 20 = 200$（个）。

因此整块钢板的材料利用率为：

$$\eta = \frac{N \times A}{L \times B} \times 100\% = \frac{200 \times 7829.22}{1260 \times 1650} \times 100\% = 75.29\%$$

扩展阅读

7829.22mm^2 为工件面积，可利用 AutoCAD 中的"工具""查询"命令，直接获取产品的外轮廓投影面积为 8686.30mm^2，如图 9-30 所示，同样可以获取中间十字槽的投影面积为 857.08mm^2，实际耗材面积 $A = 8686.30\text{mm}^2 - 857.08\text{mm}^2 = 7829.22\text{mm}^2$。

（2）冲裁工艺力的计算及设备吨位的确定 本产品需要落料、冲孔两道工序，因此冲裁工艺力包括落料力、冲孔力、卸料力和推件力，由表 4-11 中的公式计算如下：

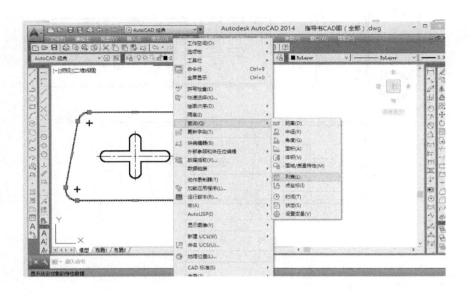

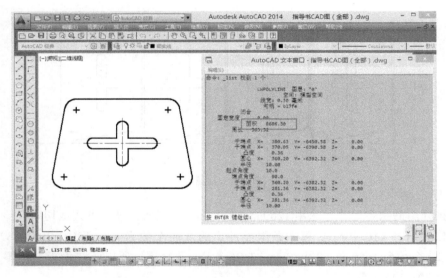

图 9-30　利用 AutoCAD 中的"工具""查询"命令直接查询面积

1）落料力

$$F_{落} = KL_1 t\tau = 1.3 \times 363.52 \times 2 \times 500\text{N} = 472.58\text{kN}$$

2）冲孔力

$$F_{冲} = KL_2 t\tau = 1.3 \times 182.83 \times 2 \times 500\text{N} = 237.68\text{kN}$$

式中，L_1 是十字槽支撑板的外轮廓周长，L_2 是中间十字槽的周长，这两个值同样可以采用图 9-30 的方法直接通过 AutoCAD 中的"工具""查询"命令得到，分别为外轮廓周长363.52mm，中间十字槽的周长 182.83mm。

3）卸料力

$$F_{卸} = K_{卸} \ F_{落} = 0.05 \times 472.58\text{kN} = 23.63\text{kN}$$

式中，$K_卸$由表 4-12 查得为 0.05。

4）推件力（推出冲十字槽孔的废料）

$$F_推 = nK_推 F_冲 = 3×0.055×237.68kN = 39.22kN$$

式中，$K_推$由表 4-12 查得为 0.055，$n = h/t = 6/2 = 3$，这里 h 为凹模刃口高度，由表 5-3 查得，可取 6mm。

于是根据模具结构得到总的冲裁工艺力为：

$$F_总 = F_落 + F_冲 + F_卸 + F_推 = 472.58kN + 237.68kN + 23.63kN + 39.22kN = 773.11kN$$

根据 $F_总$ 的大小，这里选择型号为 JD21-100 开式双柱固定台压力机，其技术规格见表 9-4。

表 9-4　JD21-100 开式双柱固定台压力机技术规格

参数名称	参数值		参数名称	参数值
公称压力/kN	1000		工作台尺寸/mm	前后	600
滑块行程/mm	可调（10~120）			左右	1000
滑块行程次数/（次/min）	75		工作台孔尺寸/mm	前后	300
最大封闭高度/mm	400			左右	420
封闭高度调节量/mm	85		垫板尺寸/mm	厚度	100
滑块中心线至床身距离/mm	325			直径	200
立柱距离/mm	480		模柄孔尺寸/mm	直径	60
滑块底面尺寸/mm	前后	380		深度	80
	左右	500	—	

（3）模具压力中心的计算　模具压力中心可由 AutoCAD 得到，具体计算过程参见 4.1.4 节图 4-5～图 4-12，得到压力中心坐标为 A（0，38.45），如图 9-31 所示。

（4）模具工作零件刃口尺寸的计算　该工件需要落料、冲孔两道工序完成，采用复合冲压，因此这里的工作零件包括凸模、凹模和凸凹模，模具采用分别制造法，外形以凹模为基准，中间十字槽孔以凸模为基准，间隙分别取在凸凹模上。

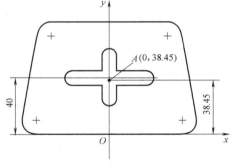

图 9-31　模具压力中心

查表 4-9 和表 4-10，取冲裁间隙为 $c =$（8%~11%）t，即：

$$c_{min} = 0.08mm×2 = 0.16mm，c_{max} = 0.11mm×2 = 0.22mm$$

磨损系数 x 由表 4-8 查得，凸、凹模的制造公差分别按 IT6、IT7 选取，具体公差值由 GB/T 1800.1—2009 查得。未注尺寸公差的尺寸 40、60、$R10$ 的公差由附表 A-6 按 ST7 级查得并分别标注为：$40^{+0.56}_{0}$，$60^{+0.56}_{0}$，$R10^{0}_{-0.28}$。

刃口尺寸按表 4-7 中的公式根据图 9-27 分别进行计算，计算结果见表 9-5。

5. 模具零件的详细设计

（1）工作零件

1）落料凹模。落料凹模采用整体式结构，外形为矩形，材料选用 Cr12，热处理 60~64HRC。凹模外形尺寸首先由经验公式计算出参考尺寸，再查阅 JB/T 7643.1—2008 得到凹模外形的标准尺寸，见表 9-6。

表 9-5　工作零件刃口尺寸计算结果

工件尺寸	磨损系数 x（表 4-8）	模具制造公差（附表 B-7）		凹模刃口尺寸/mm	凸模刃口尺寸/mm	校核不等式
		δ_p(IT6)	δ_d(IT7)			
$80_{-0.2}^{0}$	1	0.019	0.03	$(80-1\times0.2)_{0}^{+\delta_d}=$ $79.8_{0}^{+0.03}$	$(79.8-2\times0.16)_{-0.019}^{0}=$ $79.48_{-0.019}^{0}$	$0.019+0.03<$ $2\times(0.22-0.16)$
$R10_{-0.28}^{0}$	0.5	0.09	0.015	$(10-0.5\times0.28)_{0}^{+\delta_d}=$ $9.86_{0}^{+0.015}$	$(9.86-2\times0.16)_{-0.09}^{0}=$ $9.54_{-0.09}^{0}$	$0.015+0.09<$ $2\times(0.22-0.16)$
100 ± 0.1		0.022	0.035	100 ± 0.018	100 ± 0.011	
$10_{0}^{+0.05}$	1	0.09	0.015	$(10.05+2\times0.16)_{0}^{+\delta_d}=$ $10.37_{0}^{+0.015}$	$(10+1\times0.05)_{-0.09}^{0}=$ $10.05_{-0.09}^{0}$	$0.015+0.09<$ $2\times(0.22-0.16)$
$40_{0}^{+0.56}$	0.5	0.016	0.025	$(40.28+2\times0.16)_{0}^{+\delta_d}=$ $40.60_{0}^{+0.025}$	$(40+0.5\times0.56)_{-0.016}^{0}=$ $40.28_{-0.016}^{0}$	$0.016+0.025<$ $2\times(0.22-0.16)$
$60_{0}^{+0.56}$	0.5	0.019	0.030	$(60.28+2\times0.16)_{0}^{+\delta_d}=$ $60.60_{0}^{+0.030}$	$(60+0.5\times0.56)_{-0.019}^{0}=$ $60.28_{-0.019}^{0}$	$0.019+0.030<$ $2\times(0.22-0.16)$

表 9-6　落料凹模外形设计　　　　　　　　　　　（单位：mm）

凹模外形尺寸	凹模简图	凹模外形尺寸计算值	凹模外形尺寸标准值（JB/T 7643.1—2008）
凹模厚度 H		$H=kb=(0.20\times120)=24$ （查表 5-2 得 $K=0.20$）	
凹模壁厚 C		$C=(1.5\sim2)H=36\sim48$，取 $C=36$	$L\times B\times H=200\times160\times28$
凹模长度 L		$L=100+2\times9.86+2\times36=191.72$	
凹模宽度 B		$B=79.8+2\times36=151.8$	

　　2）冲十字槽孔凸模。冲十字槽孔凸模采用带台阶结构，利用固定板固定，材料选用 Cr12，热处理硬度 58~62HRC。对于倒装式复合模，冲孔凸模的长度由图 9-32 可以直接得出，应等于凸模固定板的厚度（20mm）与凹模的高度（28mm）之和，即 20mm+28mm=48mm。

　　3）凸凹模。

　　① 凸凹模采用直通式结构，外形是落料用凸模，内形是冲孔用凹模，刃口的具体尺寸见表 9-5，材料选用 Cr12MoV，热处理硬度 60~64HRC。

　　② 凸凹模利用固定板固定。凸凹模的高度由图 9-32 可以看出，应该包括固定板的高度（24mm）、卸料板的高度（16mm，参考表 5-8 得到）、板料厚度（2mm）、模具闭合时凸凹模进入凹模的深度（1mm），以及模具闭合时橡胶的高度（40mm-12mm=28mm）之和，即 24mm+16mm+2mm+1mm+28mm=71mm。

（2）定位零件 在卸料板上沿送料方向在条料侧面设置 2 个活动（橡胶弹顶）挡料销进行导料，在卸料板送料的前方同样设置 2 个同样规格的橡胶弹顶挡料销进行挡料，如图 9-32 所示。活动挡料销的规格由 JB/T 7649.9—2008 查出，这里选用：活动挡料销 6×20 JB/T 7649.9—2008。

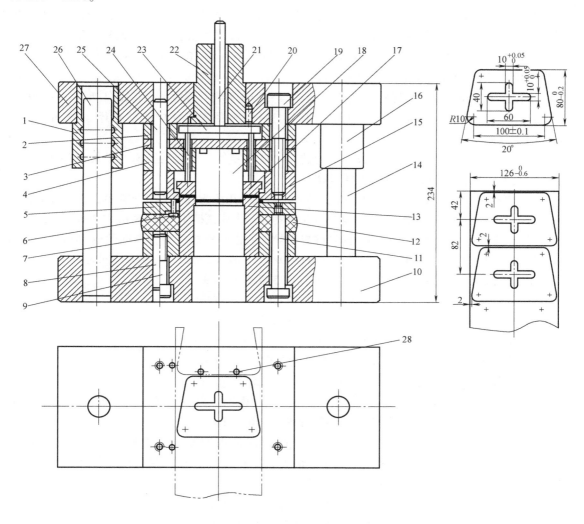

图 9-32 模具总装图

1—导套 1 2—上模空心垫板 3—上模垫板 4—凸模固定板 5—卸料板 6—导料销 7—凸凹模固定板 8、25—销钉
9、19—螺钉 10—下模座 11—卸料螺钉 12—橡皮 13—凸凹模 14—导柱 2 15—凹模 16—导套 2 17—推件块
18—凸模 20—止转销 21—打杆 22—模柄 23—推板 24—推杆 26—导柱 1 27—上模座 28—挡料销

（3）卸料及推件零件的设计

1）卸料零件的设计。这里选用弹性卸料装置，需要设计或选用卸料板、弹性元件和卸料螺钉。

卸料板的外形及平面尺寸与凹模一致，厚度参考表 5-8 选取，这里选用 16mm，材料 45 钢，热处理硬度为 28～32HRC。

卸料螺钉由 JB/T 7650.6—2008 查得，选用 4 个公称直径为 12mm、长度为 70mm 的圆柱头内六角卸料螺钉，标记为：圆柱头内六角卸料螺钉 M12×70 JB/T 7650.6—2008。

卸料橡胶的尺寸是根据 GB/T 20915.1—2007 计算得到的，这里选取：弹性体压缩弹簧 45×40 GB/T 20915.1—2007。

2）推件零件的设计。推件零件是指用于推出卡在落料凹模和冲孔凸模之间的工件设置的零件，采用刚性推件装置，如图 9-32 所示，需要设计推件块，并选用推杆、推板和打杆。具体的可参考 5.1.3 节。这里推杆使用 4 根，具体规格查阅 JB/T 7650.3—2008 并结合模具结构选用：顶杆 6×45 JB/T 7650.3—2008。

推板选用 D 型推板，其规格查阅 JB/T 7650.4—2008 得到：顶板 A 100 JB/T 7650.4—2008。

打杆的直径由模柄中间的孔径决定，通常打杆的直径比模柄中间的孔径小 1mm，长度需根据模具的结构确定。

（4）固定和导向零件的设计或标准的选用　这类零件主要包括模柄、模架（模座）、垫板、固定板、螺钉、销钉、导柱和导套等。

1）模柄。由于模具中设置了刚性推件装置，这里选用压入式 B 型标准模柄，根据初选设备的模柄孔尺寸（表 9-3）查阅 JB/T 7646.1—2008 得：压入式模柄 B 60×115 JB/T 7646.1—2008。

2）模架及导柱、导套。选用中间导柱导套导向的滑动钢板模架，根据凹模周界尺寸查阅 GB/T 23565.3—2009 得：中间导柱模架 200×160×195 GB/T 23565.3—2009，同时可得到：

① 中间导柱上模座 200×160×40　GB/T 23566.3—2009。

② 中间导柱下模座 200×160×50　GB/T 23562.3—2009。

③ 导柱 1：滑动导向导柱 A 28×190 GB/T2861.1—2008。

④ 导套 1：滑动导向导套 A 28×100×38 GB/T2861.3—2008。

⑤ 导柱 2：滑动导向导柱 A 32×190 GB/T2861.1—2008。

⑥ 导套 2：滑动导向导套 A 32×100×38 GB/T2861.3—2008。

3）固定板。本副模具采用了两块固定板，即凸模固定板和凸凹模固定板，如图 9-32 中件号 4 和件号 7。材料均选用 45 钢，热处理硬度 28~32HRC。

固定板的形状及平面尺寸与凹模一致，凸模固定板的厚度通常取凹模厚度的 60%~80%，依据 JB/T 7643.2—2008，凸模固定板厚度选取 20mm。凸凹模的尺寸较大，其固定板的厚度选用 24mm。于是得到两块固定板的标记：

① 凸模固定板：矩形固定板 200×160×20 JB/T 7643.2—2008。

② 凸凹模固定板：矩形固定板 200×160×24 JB/T 7643.2—2008。

4）垫板。本副模具采用两块垫板，即凸模垫板和空心垫板，如图 9-32 中件号 3 和件号 2。

垫板的形状及平面尺寸与凹模一致，凸模垫板的厚度由 JB/T 7643.3—2008 查得，可取 10mm，由此得到凸模垫板的标记：矩形垫板 200×160×10 JB/T 7643.3—2008。材料选用 T10A，热处理硬度 50~54HRC。

空心垫板的厚度需根据模具的结构来初步计算，再根据标准选用。由图 9-32 可以看出，空心垫板的作用是给推板提供空间，因此空心垫板的厚度应包括推板的厚度、推板在冲裁过程中的位移以及必要的间隙，据此可初步计算出空心垫板的厚度为：9mm（推板厚度）+4mm（工作行程）+3mm（间隙）= 16mm，由 JB/T 7643.3—2008 可知，标准垫板中已经没有这个厚度的垫板了，因此空心垫板需自行设计制造。材料选用 45 钢，热处理硬度 43~48HRC。

5）螺钉、销钉。螺钉、销钉的直径可根据凹模的厚度查表 5-11 得到，这里取 M10 内六角螺钉、直径是 10mm 的圆柱销钉，具体尺寸根据模具结构并查 GB/T 70.1—2008、GB/T 119.2—2000 得到。

6）绘图。完成上述设计之后即可绘制模具图了，图 9-32 所示为模具总装图，其他模具零件图如图 9-33～图 9-41 所示。

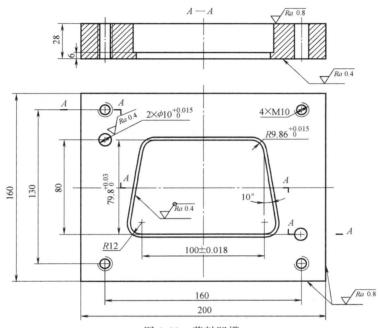

图 9-33 落料凹模

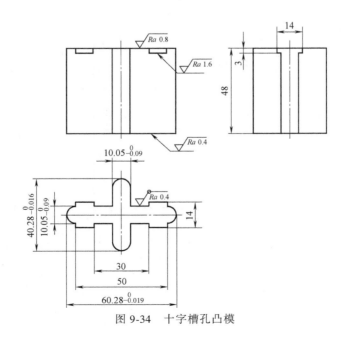

图 9-34 十字槽孔凸模

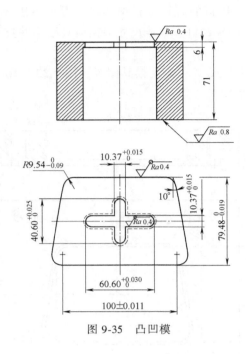

图 9-35　凸凹模

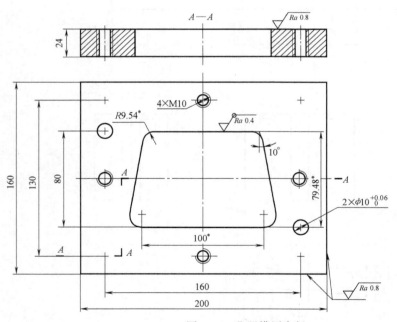

技术要求

图中带*尺寸与凸凹模外形按 H7 / m6 配作。

图 9-36　凸凹模固定板

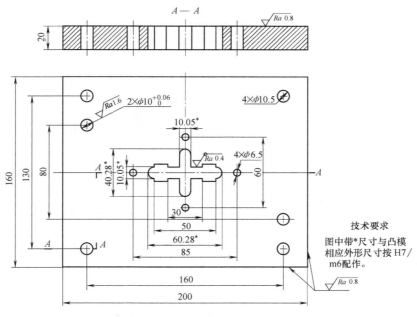

图 9-37　凸模固定板

技术要求

图中带*尺寸与凸模
相应外形尺寸按 H7/
m6配作。

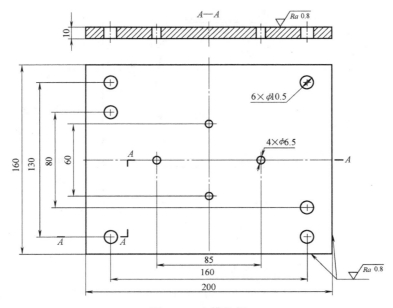

图 9-38　上模垫板

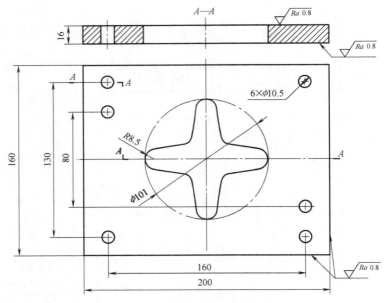

图 9-39　上模空心垫板

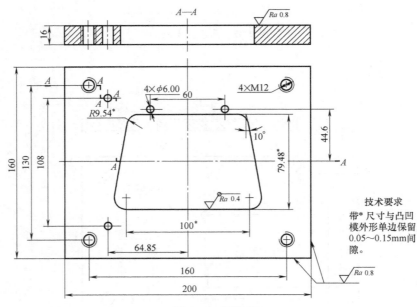

技术要求
带*尺寸与凸凹模外形单边保留0.05～0.15mm间隙。

图 9-40　卸料板

6. 设备校核

设备校核主要校核平面尺寸和闭合高度。

由标记为"中间导柱下模座 200×160×50　GB/T 23562.3—2009"可知，下模座平面的最大外形尺寸为：355mm×160mm，长度方向单边小于压力机工作台面尺寸（1000−355）mm/2＝322.5mm，因此满足模具安装和支撑要求。

模具的闭合高度为：40mm＋16mm＋10mm＋48mm＋71mm＋50mm−1mm＝234mm，小于压

力机的最大闭合高度 400mm，因此所选设备合适。

9.2.2 落料拉深复合模设计实例

例 9-5 如图 9-42 所示，零件材料为 08 钢，料厚 0.8mm，抗拉强度 $R_m = 400$MPa，抗剪强度 $\tau = 300$MPa，生产批量 120 万/年。试完成其冲压工艺与模具设计。

冲压工艺与模具设计内容及步骤如下：

1. 工艺性分析

该零件为一宽凸缘拉深件，凸缘形状不对称，并有两个直径为 $\phi 3$mm 的孔；零件底部有三个孔，其中两个直径为 $\phi 3$mm，中间的孔径为 $\phi 2$mm，并有 12 个分布不均且竖起的爪子；侧面冲有两个侧槽。

材料为 08 钢，具有良好的冲压工艺性能，厚度为 0.8mm，所冲最小孔径 $\phi 2$mm、最小孔边距 1.5mm，均满足冲裁工艺要求。

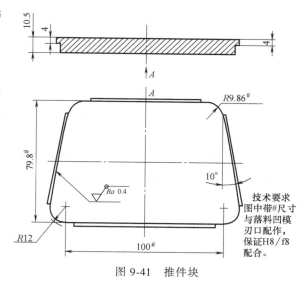

图 9-41 推件块

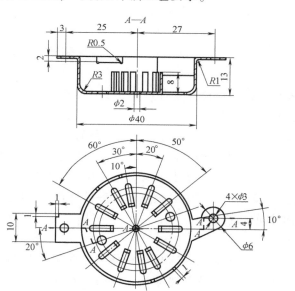

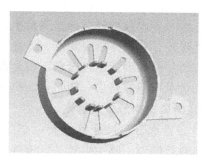

图 9-42 产品图

零件的圆筒形部分底部圆角半径大于 $2t$，无需整形。

拉深件的侧面冲有一对对称的缺口，形状不太复杂，尺寸精度要求一般，可以冲出。

切舌弯曲部分的弯曲半径为 0.5mm，直边高度大于 $2t$，弯曲变形区离孔较远，不会影响到孔，因此可先冲孔再弯曲。

所有尺寸均为未注公差，普通冲压即可满足精度要求。

综合以上几个方面的分析，可以认为：虽然零件形状比较复杂，但冲压工艺性良好，适合冲压。

2. 工艺方案的拟订

冲制该零件需要的基本工序是：落料、拉深、切边、冲孔、冲侧槽、切舌、弯曲。为了确定工艺方案，首先需确定拉深次数。

（1）求出毛坯展开尺寸　因板料厚度小于1mm，故以下计算均以图中标注尺寸直接代入公式。

从产品图可知，修边后凸缘部分直径的最大值为 $2 \times (27+3)\,\text{mm} = 60\,\text{mm}$，则修边后的 $d_\text{f}'/d = 60/40 = 1.5$，查表 4-26，修边余量 $\Delta d_\text{f} = 3.0\,\text{mm}$，即拉深后凸缘部分的直径为 $d_\text{f} = 60\,\text{mm} + 3\,\text{mm} + 3\,\text{mm} = 66\,\text{mm}$。

由表 4-24 中公式计算得毛坯展开尺寸：

$$D = \sqrt{d_\text{f}^2 - 1.72d(r_\text{p}+r_\text{d}) - 0.56(r_\text{p}^2 - r_\text{d}^2) + 4dh}$$
$$= \sqrt{66^2 - 1.72 \times 40 \times (3+1) - 0.56 \times (3^2 - 1^2) + 4 \times 40 \times 13}\,\text{mm}$$
$$= 78\,\text{mm}$$

（2）计算拉深次数　判断能否一次拉成。计算 $t/D = 0.8/78 \times 100\% = 1.03\%$，$h/d = 13/40 = 0.325$，$m_\text{总} = 40/78 = 0.513$。

根据 $d_\text{f}/d = 66/40 = 1.65$，由表 4-29 查得 $[m_1] = 0.46$，表 4-30 查得 $[h_1/d_1] = 0.42 \sim 0.53$ 可知，$m_\text{总} > [m_1]$，$h/d < [h_1/d_1]$，则该零件只需一次即可拉成。

（3）工艺方案的拟订　根据上面的工艺分析可拟订如下方案：

1）方案一：采用单工序模，落料→拉深→切边→冲孔→冲侧槽→冲侧槽→切舌→弯曲，需要 8 道工序才能完成。

2）方案二：采用复合模与单工序模组合，落料拉深复合→冲孔切边复合→单工序冲侧槽（2次）→最后切舌弯曲复合，需要 5 道工序完成。

3）方案三：采用级进模，一副模具上完成所有冲压工件，完成产品的成形。

方案一生产效率低，不能满足生产批量的要求，同时由于零件在冲压过程中多次定位容易产生误差，使零件精度降低。方案三模具结构复杂，尤其是冲侧槽工位，需采用斜楔机构才能实现，模具设计制造困难。因此选用方案二，采用复合模与单工序模组合，不仅能满足生产批量对效率的要求，同时也能简化模具的结构。

3. 模具结构形式的确定

（1）首次落料拉深复合模　本副模具采用正装结构，导料板导料，固定挡料销挡料；刚性卸料板卸料，刚性推件装置推件；由压边装置兼做顶件装置在拉深结束后顶件；中间滑动导柱导套导向。

（2）冲孔修边复合模　为便于冲孔废料的排除，采用倒装结构。将拉深后的半成品口部朝下，利用其内形扣在凸凹模上进行定位；采用废料切断刀卸料，刚性推件装置推件，中间滑动导柱导套导向。

（3）冲侧槽模具　两个侧槽分两次采用单工序模冲出，采用悬臂式凹模，将半成品水平放置，利用底部一直径为 3mm 的圆孔和半成品内形定位。

（4）切舌折弯模　这副模具将切舌和折弯复合完成，将拉深、切边、冲孔后的半成品口部朝下，利用底部一直径为3mm的圆孔和其内形扣在切舌折弯凹模上进行定位，利用弹性卸料装置卸料，顶件装置顶件，中间滑动导柱导套导向。

由于篇幅有限，本实例以首次落料拉深复合模的设计为例。

4. 主要的工艺计算

（1）排样设计　由于展开的毛坯是直径为78mm的圆板，这里选用有废料的单排排样，查表4-1得搭边值 $a = 1.5$mm，侧搭边值 $a_1 = 1.5$mm，则进距为：78mm + 1.5mm = 79.5mm，所需要的料宽为：78mm + 1.5mm + 1.5mm + 0.5mm = 81.5mm。设计的排样图如图9-43所示。

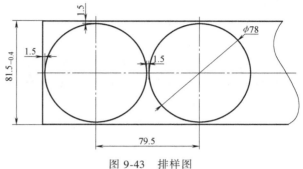

图9-43　排样图

料宽、进距确定好后，即可选择板料规格。选用板料规格的原则是板料的长度或宽度尽量能地被条料宽度或长度整除，或整除后留的剩料最少，按此原则选用的板料规格为（具体计算过程略）1600mm×2450mm，为操作方便，采用横裁的裁板方案，则一块板材总共能裁出宽度为81.5mm的条料数是2450÷81.5 = 30.25（条），即30条约余6mm（2450mm − 81.5mm×30）宽的废料；每条条料能冲出的工件数是（1600 − 1.5）÷79.5 = 20.11（个），即20个余8.5mm（1600mm − 79.5mm×20 − 1.5mm = 8.5mm）料尾，从而计算出总的材料利用率为 $\eta_{总} = \dfrac{NA}{LB} \times$

$$100\% = \frac{20 \times 30 \times 3.14 \times 39^2}{1590 \times 2450} \times 100\% = 73.6\%$$

（2）工艺力的计算（以首次落料拉深为例）　判断是否需要压边圈，因为 $t/D = 0.8/78 \times 100\% = 1.03\%$，则由表4-34查得需要采用压边圈，因此这里计算的工艺力包括：落料力、拉深力和压边力，下面分别计算。

由表4-11中的公式计算落料力：

$$F_{落} = kLt\tau = 1.3 \times 3.14 \times 78 \times 0.8 \times 300\text{N} = 76.42\text{kN}$$

由表4-33中的公式计算：

拉深力：$P_{拉} = K_p L_s t R_m = 0.8 \times 3.14 \times 39.2 \times 0.8 \times 400\text{N} = 31.51\text{kN}$

压边力：$Q = 0.25 P_{拉} = 0.25 \times 31.51\text{kN} = 7.88\text{kN}$

（3）设备的选择　因是落料拉深复合冲压，则总的冲压力为：

$$\sum F = F_{落} + P_{拉} + Q = 76.42\text{kN} + 31.51\text{kN} + 7.88\text{kN} = 115.81\text{kN}$$

由表4-33中的公式得出压力机的公称压力范围：

$F_{设} \geqslant \sum F/(0.7 \sim 0.8) = 115.81/(0.7 \sim 0.8) = 165.4 \sim 144.76$kN，查 GB/T 14347—2009，选择开式曲柄压力机 JB23-16，得到压力机的部分参数如下：

公称压力：160kN。

最大闭合高度：180mm，闭合高度调节量：45mm。

工作台板尺寸：500mm×335mm。

工作台孔尺寸：直径180mm。

模柄孔尺寸：直径40mm。

（4）工序件尺寸的计算　由于只需一次拉深，第一道工序后的工序件尺寸如图9-44所示。

（5）模具刃口尺寸的计算　当采用复合冲压的方法冲压时，需分别计算落料凹模、拉深凸模以及落料拉深凸凹模刃口尺寸，这里采用分别制造法加工模具。

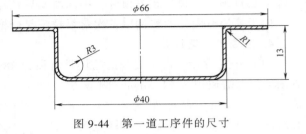

图9-44　第一道工序件的尺寸

1）落料凸、凹模刃口尺寸。落料外形尺寸78mm按未注尺寸公差处理，查GB/T 15055—2007，取其偏差为±0.3mm，将落料尺寸转化为$78.3_{-0.6}^{0}$mm。

查表4-9和表4-10，可取Ⅲ类间隙，得$c=(7\%\sim10\%)t$，即：

$c_{min}=0.056$mm，$c_{max}=0.08$mm，

查表4-8得磨损系数$x=0.5$。

因是落料，以凹模为基准，则由表4-7中的公式计算得到落料模刃口尺寸：

$$D_d=(D-x\Delta)_0^{+\delta_d}=(78.3-0.5\times0.6)_0^{+0.03}\text{mm}=78.0_0^{+0.03}\text{mm}$$

$$D_p=(D_d-2c_{min})_{-\delta_p}^{0}=(78.0-2\times0.056)_{-0.02}^{0}\text{mm}=77.89_{-0.02}^{0}\text{mm}$$

2）拉深模刃口尺寸。这里取拉深模具单边间隙为$c=1.1t=1.1\times0.8$mm$=0.88$mm。

拉深外形尺寸40mm的公差值查GB/T 15055—2007，取其偏差为±0.5，将拉深件外形直径转化为$40.5_{-1.0}^{0}$mm，因尺寸标注在外形，则以凹模为基准，由表4-31中的公式计算出拉深模的刃口尺寸：

$$D_d=(D_{max}-0.75\Delta)_0^{+\delta_d}=(40.5-0.75\times1.0)_0^{+0.025}\text{mm}=39.75_0^{+0.025}\text{mm}$$

$$D_p=(D_d-2C)_{-\delta_p}^{0}=(39.75-2\times0.88)_{-0.016}^{0}\text{mm}=37.99_{-0.016}^{0}\text{mm}$$

上述δ_p、δ_d分别按IT6、IT7级精度查阅GB/T 1800.1—2009选取。

5. 编写工艺规程卡

工艺设计完成后，即可编制该零件的冲压工艺规程卡，见表9-7。

表9-7　冲压工艺规程卡

（单位名称）	冲压工艺卡	产品型号		零件图号		共　页
		产品名称		零件名称		第　页
材料	材料技术要求	毛坯尺寸		每毛坯可制件数	毛坯重	辅料
08		80×1000				
序号	工序名称	工序内容	加工简图		设备	模具	工时
1	落料拉深	落料：料宽81mm并拉深成形			JB23-16	落料拉深复合模	

（续）

序号	工序名称	工序内容	加工简图	设备	模具	工时
2	切边冲孔	切边： 冲4个ϕ3mm 及ϕ2mm孔	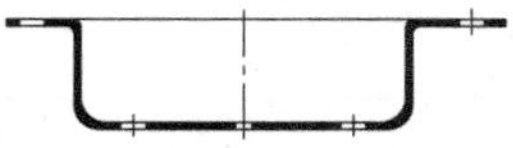	JB23-40	切边冲孔 复合模	
3	冲侧孔Ⅰ	冲侧孔	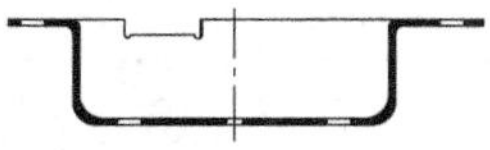	JB23-63	冲侧孔模	
4	冲侧孔Ⅱ	冲侧孔	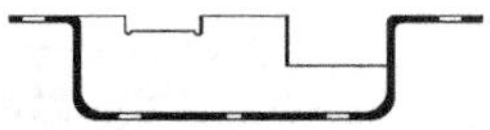	JB23-63	冲侧孔模	
5	切舌折弯	切舌折弯		JB23-40	切舌折弯模	

6. 模具设计

（1）总装图设计　模具总装图如图9-45所示。

（2）模具零件的详细设计及标准选用

1）落料凹模。由于毛坯形状为圆形，因此将凹模的外形也设计为圆形。这里凹模的高度不能用公式直接计算，而必须根据模具结构进行设计，由图9-45可知，落料凹模的高度H应包含拉深件的高度h、压边圈的高度H_1、拉深结束时压边圈与凸模固定板之间的安全距离H_2，还应留出一定的修模量H_3。

压边圈高度与落料凹模刃口高度有关，落料凹模刃口高度由表5-3查出，可取为6mm，压边圈的高度可设计为：6mm+5mm+0.5mm=11.5mm。因此凹模高度为：

$H=h+H_1+H_2+H_3=13\text{mm}+11.5\text{mm}+10\text{mm}=34.5\text{mm}$，这里取凹模高度为35mm。由表5-11可知固定螺钉直径可取M10。

凹模壁厚也不能根据公式计算，由于凹模采用螺钉销钉固定，因此在凹模上打螺孔销孔时，必须保证孔与孔之间的距离、孔与凹模外边缘之间的距离以及孔与刃口之间的距离不能小于允许的最小值，采用M10的螺钉紧固时，凹模壁厚最小可取30mm。

经过上述计算，得到凹模的外形直径为：78.0mm+30mm+30mm=138.0mm，根据计算出来的凹模直径和高度，查JB/T 7643.4—2008，选取与此尺寸最接近的标准尺寸作为凹模的直径和高度，这里选用ϕ160mm×36mm凹模板。

凹模零件图如图9-46所示，材料9Mn2V，热处理58~62HRC，图中未注表面粗糙度值$Ra6.3\mu\text{m}$。

2）拉深凸模。拉深凸模的形状及尺寸如图9-47所示，材料选用Cr12，热处理硬度为56~60HRC，未注表面粗糙度值$Ra6.3\mu\text{m}$。

凸模的高度由图9-45可看出，为了实现先落料后拉深，拉深凸模的上平面应比落料凹模的上表面低一个料厚，由此可得到拉深凸模的高度为：36mm（落料凹模厚度）+20mm（固定板厚度）-0.8mm=55.2mm，取拉深凸模高度为55.2mm。

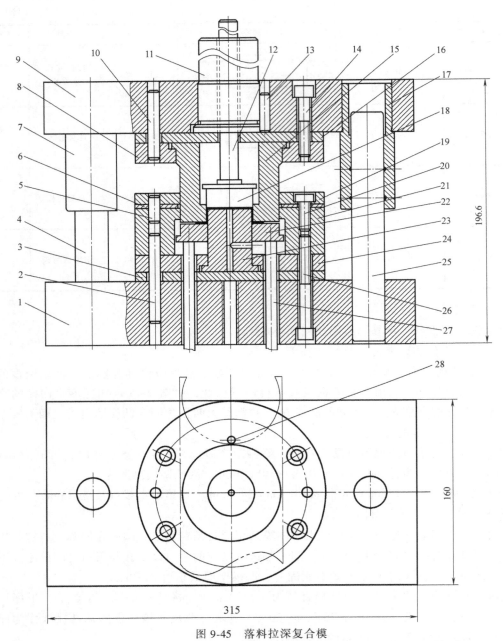

图 9-45 落料拉深复合模

1—下模座 2、5、10—销钉 3—拉深凸模垫板 4—导柱1 6—导料板 7—导套1 8—凸凹模固定板
9—上模座 11—模柄 12—打杆 13—止转销 14、20、26—螺钉 15—凸凹模 16—凸凹模垫板
17—导套2 18—推件块 19—卸料板 21—凹模 22—压边圈 23—拉深凸模
24—拉深凸模固定板 25—导柱2 27—顶杆 28—挡料销

3）凸凹模。凸凹模零件图如图 9-48 所示。材料选用 Cr12，热处理硬度 58~62HRC，未注表面粗糙度值 $Ra6.3\mu m$。

由图 9-45 可知，凸凹模的高度应包括凸凹模固定板的厚度（20mm）、卸料板的厚度（14mm）、导料板的厚度（3mm）、拉深件的高度（13mm−0.8mm）以及拉深结束后凸凹模

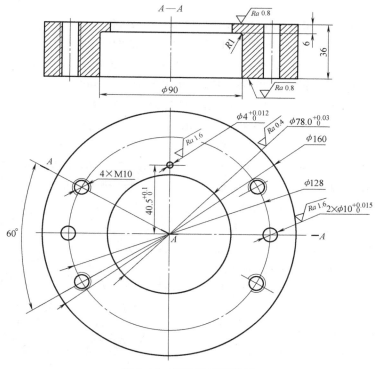

图 9-46 落料凹模零件图

固定板与刚性卸料板之间的安全距离和预留的凸凹模修模量（通常取 10~20mm，这里取 15mm），于是得到凸凹模的高度为：20mm＋14mm＋3mm＋13mm－0.8mm＋15mm＝64.2mm，取 凸凹模高度为65mm，如图9-48所示。

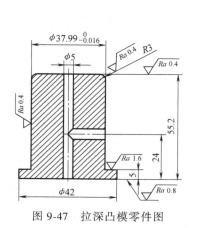

图 9-47 拉深凸模零件图

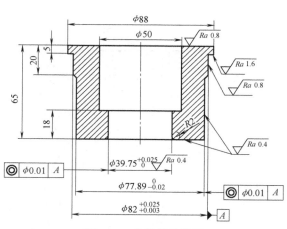

图 9-48 凸凹模零件图

4）其他零件设计与标准的选用。凹模设计完成后，即可选择模架、固定板和垫板等零件。

① 模架。选用滑动导向的中间导柱钢板模架，由落料凹模周界尺寸查阅 GB/T 23565.3— 2009 得到：

中间导柱模架 160×160×165 GB/T 23565.3—2009。

同时得到：

　　a. 中间导柱上模座 160×160×32　GB/T 23566.3—2009。

　　b. 中间导柱下模座 160×160×40　GB/T 23562.3—2009。

　　c. 导柱1：滑动导向导柱 A 22×160　GB/T 2861.1—2008。

　　d. 导套1：滑动导向导套 A 22×80×28　GB/T 2861.3—2008。

　　e. 导柱2：滑动导向导柱 A 25×160　GB/T 2861.1—2008。

　　f. 导套2：滑动导向导套 A 25×80×28　GB/T 2861.3—2008。

　　② 凸凹模固定板。圆形固定板　160×20　JB/T 7643.5—2008。材料选用 45 钢，热处理 28～32HRC，未注表面粗糙度值 $Ra6.3\mu m$，具体结构及尺寸如图 9-49 所示。

　　③ 拉深凸模固定板。圆形固定板 160×20　JB/T 7643.5—2008。材料选用 45 钢，未注表面粗糙度值 $Ra6.3\mu m$，具体结构与尺寸如图 9-50 所示。尺寸 $\phi37.99^*$ 与拉深凹模外形保证 H7/m6 配作。

　　④ 凸凹模垫板、拉深凸模垫板。圆形垫板 160×8　JB/T 7643.6—2008。材料选用 45 钢，热处理硬度 43～48HRC，未注表面粗糙度值 $Ra6.3\mu m$，具体结构及尺寸如图 9-51、图 9-52 所示。

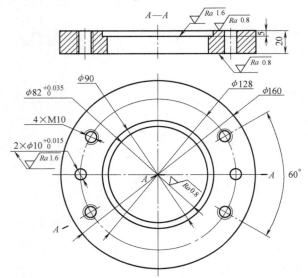

图 9-49　凸凹模固定板零件图

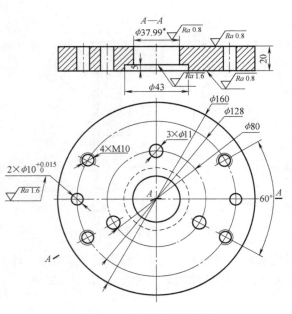

图 9-50　拉深凸模固定板

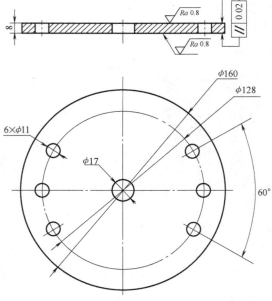

图 9-51　凸凹模垫板

⑤ 卸料板。材料 45 钢，热处理 28~32HRC，未注表面粗糙度值 $Ra6.3\mu m$，其结构及尺寸如图 9-53 所示。

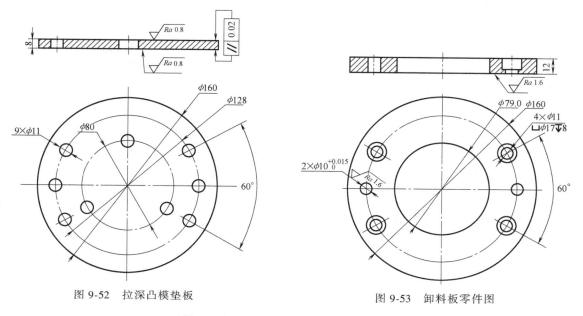

图 9-52 拉深凸模垫板

图 9-53 卸料板零件图

⑥ 导料板。材料 45 钢，热处理 28~32HRC，未注表面粗糙度值 $Ra6.3\mu m$，其结构及尺寸如图 9-54 所示。

⑦ 推件块。材料 T10A，热处理 54~58HRC，未注表面粗糙度值 $Ra6.3\mu m$，尺寸 $\phi39.75^*$ 与拉深凹模按 H8/f8 配作。其结构及尺寸如图 9-55 所示。

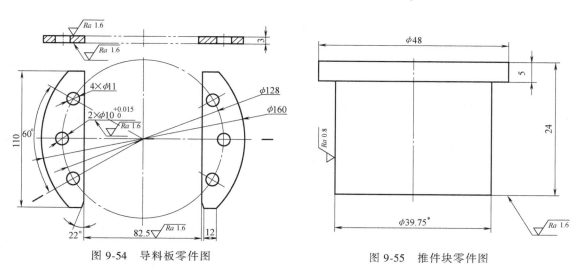

图 9-54 导料板零件图

图 9-55 推件块零件图

⑧ 压边圈。材料为 T10A，热处理 54~58HRC，未注表面粗糙度值 $Ra6.3\mu m$，其结构及尺寸如图 9-56 所示，其中直径为 37.99^* mm 的尺寸与拉深凸模的外径采用 H8/f8 配做。

7. 设备校核

主要校核平面尺寸和闭合高度。

由标记为"中间导柱下模座 160×160×40　GB/T 23562.3—2009"可知，下模座平面的最大外形尺寸为：315mm×160mm，长度方向单边小于压力机工作台面尺寸（500−315）mm/2=92.5mm，因此满足模具安装和支撑要求。

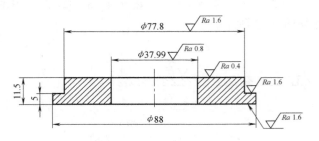

图 9-56　压边圈零件图

模具的闭合高度为：32mm+8mm+65mm−（13mm−1.6mm）+55.2mm+8mm+40mm=196.8mm，大于压力机的最大闭合高度 180mm，因此此模具与初选设备不匹配，应重新选择设备，这里选用 JB 23-250。

9.3　级进模设计实例

例 9-6　接线片工件图如图 9-57 所示，材料 Q235 钢，抗剪强度 320MPa，所有尺寸公差取 ST7 级，生产批量为大批量，材料厚度 1.2mm，试完成其工艺和模具设计。

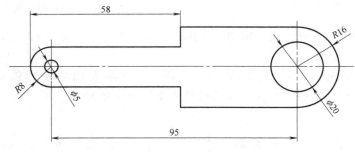

图 9-57　接线片工件图

1. 冲压件工艺性分析

该冲压件材料为 Q235 钢，具有良好的冲压性能，适合冲裁。

其结构相对简单，最小孔径为 5mm，孔与孔之间的距离为 95mm，孔与边缘之间的最小距离为 8−2.5=5.5mm，所有尺寸均满足冲压工艺要求，适合冲裁。

所有尺寸公差取 ST7 级，满足普通冲裁的经济精度要求。

综上所述，该制件的冲压工艺性良好，适合冲压加工。

2. 冲压工艺方案的确定

由图 9-57 可知，生产该制件的冲压工序为落料和冲孔。根据上述工艺分析的结果，可以采用下述几种方案：

1）方案一：先落料后冲孔，采用单工序模生产。

2）方案二：落料冲孔复合冲压，采用复合模生产。

3）方案三：冲孔、落料级进冲压，采用级进模生产。

方案一模具结构简单，但生产效率低，不能满足大量生产对效率的要求；方案二工件的精度及生产效率都较高，但不易实现自动化，操作不便；方案三生产效率高，操作方便，易于实现自动化，工件精度也能满足要求。因此选用方案三。

3．模具结构形式确定

（1）模具类型的选择　根据上述方案，此处选用级进模。

（2）凹模结构形式　采用整体式凹模。

（3）定位方式的选择　利用导料板导料，侧刃定距。

（4）卸料、出件方式的选择　采用弹性卸料和下出件方式。

（5）导向方式的选择　选用滑动导柱、导套。

（6）模架　选用四角导柱滑动钢板模架。

4．主要设计计算

（1）排样设计　由于该工件为冲裁件，且外形和孔形结构都比较简单，因此可直接进行工序排样设计。

根据工件结构不同，选用有废料的单直排，由表 4-1 查得搭边值为 2mm，侧搭边值为 2.5mm，则条料宽度计算为：

$$B_{-\Delta} = 95\text{mm} + 16\text{mm} + 8\text{mm} + 0.75 \times 2.5\text{mm} + 2.5\text{mm} + 1.5\text{mm} = 124.9_{-0.6}\text{mm}$$

单侧刃定距时，条料宽度的计算公式为：$B_{-\Delta}^{0} = (L + a' + a + b)_{-\Delta}^{0}$，这里 $L = 95\text{mm} + 16\text{mm} + 8\text{mm} = 119\text{mm}$，$a' = 0.75a$，$a$ 是侧搭边值；b 与材料和料厚有关，查表 4-5 得 1.5mm；Δ 为条料下料剪切宽度极限偏差，查表 4-3 得 ±0.3mm。

进距确定为：

$$L = 16\text{mm} + 16\text{mm} + 2\text{mm} = 34\text{mm}$$

此工件只需落料和冲孔两道工序。排样时，第 1 工位利用侧刃冲去等于进距的料边，对条料进行定位；第 2 工位冲两个孔，第 3 工位空位，第 4 工位落料，这里空位的目的是增大冲 $\phi 20$mm 孔凹模和落外形凹模之间的壁厚，以保证凹模强度。

设计的排样图如图 9-58 所示。

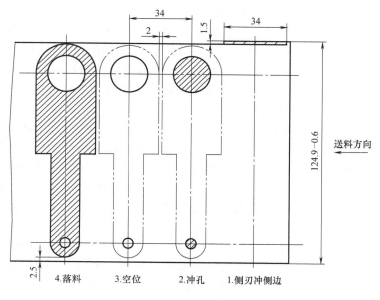

图 9-58　排样图

（2）冲压力的计算　冲压过程中需要的冲压工艺力有：冲一个 $\phi 5\text{mm}$ 孔及一个 $\phi 20\text{mm}$ 孔需要的冲孔力，侧刃冲料边需要的力，落外形需要的落料力、卸料力及推件力。

由表 4-11 中的公式计算冲裁力：

$$F = KLt\tau = 1.3 \times 320 \times 1.2 \times [3.14 \times (5+20+8+16)+95 \times 2+2 \times 8+34+1.5]\text{N}$$
$$= 1.3 \times 320 \times 1.2 \times 395.36\text{N} = 197363.7\text{N} = 197.3\text{kN}$$

式中，L 是 2 个孔的总周长、侧刃的冲切长度与外形轮廓长度之和。

由表 4-11 中的公式计算卸料力和推件力：

$$F_{卸} = K_{卸}\,F = 0.045 \times 197.3\text{kN} = 8.9\text{kN}$$
$$F_{推} = nK_{推}\,F = 6 \times 0.055 \times 197.3\text{kN} = 65.1\text{kN}$$

式中，$K_{卸}$、$K_{推}$ 由表 4-12 查得，$n = h/t = 8/1.2 = 6.7$，取 $n = 6$，h 是凹模刃口高度，由表 5-3 查得，t 是板料厚度。

由于是选用弹性卸料和下出件方式，因此总的冲压力为：

$$F_{总} = F + F_{推} + F_{卸} = 197.3\text{kN} + 8.9\text{kN} + 65.1\text{kN} = 271.3\text{kN}$$

可选择公称压力为 450kN 的开式曲柄压力机 JB23-45，查 GB/T 14347—2009 得其主要技术参数为：①公称压力 450kN；②最大闭合高度 270mm，闭合高度调节量 60mm；③工作台垫板尺寸 810mm×440mm；④工作台孔尺寸 310mm×220mm；⑤模柄孔直径 50mm。

（3）压力中心的确定　压力中心即冲裁合力的作用点，计算压力中心的目的是当模具安装到设备上时，保证模具的压力中心与模柄的中心线和滑块的中心线重合。压力中心可按下述步骤进行：

1）按比例绘制各凸模冲击的轮廓形状，侧刃需按照切去的料边绘制，如图 9-59 中的轮廓 1、2、3、4。

2）建立坐标系 XOY。

3）按照表 4-14 介绍的多凸模冲压时压力中心的计算方法，首先分别求出每一形状的压力中心位置。这里的各圆形轮廓的压力中心位置在其圆心，根据图中的几何关系，得到它们在坐标系 xoy 中的坐标分别为（68，95）和（68，0）。

对于侧刃冲去的料边（凸模 1），可首先建立如图 9-59 所示的 $x_1 o_1 y_1$ 坐标系，得到其压力中心的坐标为（0.72，0.03），再转换到 xoy 坐标系中为（102.72，112.91）。

对于外形，首先分别建立 $x_2 o_2 y$ 和 xoy 坐标系，求出 $R16$ 和 $R8$ 的重心坐标（0，10.19）和（0，5.09），再按照表 4-14 介绍的单凸模冲裁复杂零件压力中心的求解方法求出外形在 xoy 坐标系中的压力中心坐标（0，65.3）。

4）按照求多凸模压力中心的求解方法得到模具压力中心的位置为（16.67，72.52）。

（4）工作零件刃口尺寸计算　因工作零件的形状相对较简单，适宜采用线切割机床分别加工落料凸模、凹模、凸模固定板以及卸料板。由于零件无任何质量要求，模具间隙选用表 4-10 中的Ⅲ类间隙，即单边间隙 $c = (7\% \sim 10\%)t$（t 为料厚），则 $c_{\min} = 0.084\text{mm}$，$c_{\max} = 0.12\text{mm}$。刃口尺寸按表 4-7 中公式计算，结果见表 9-8。注意：侧刃凸凹模刃口尺寸计算时，取侧刃凸模化基准。

5. 模具总体设计

（1）凹模设计　凹模采用整体式结构，由排样图的尺寸可知，模具的有效工作范围为 136mm×124.25mm，考虑凹模固定时需要加工螺钉、销钉孔，并尽量做到压力中心与模块中心的偏移量在允许范围内（不超过凹模各边长的 1/6），这里选用标准凹模板：矩形凹模板

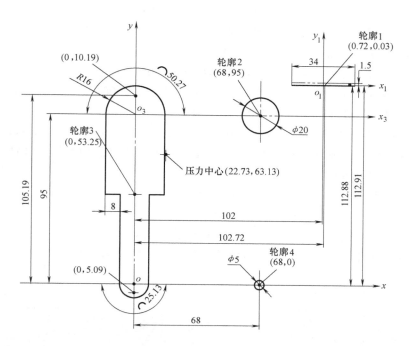

图 9-59 压力中心计算

表 9-8 凸、凹模刃口尺寸　　　　　　　　（单位：mm）

凸、凹模	加工尺寸 （附表 A-6 查得公差值）	磨损系数 （表 4-8）	凸模 （查附表 B-7， δ_p 取 IT7 级）	凹模 （查附表 B-7， δ_d 取 IT7 级）	不等式校核 $\delta_p + \delta_d \leqslant 2(c_{max} - c_{min})$
侧刃凸、凹模刃口 长度	$34^{+0.56}_{0}$	0.75	$34.42^{0}_{-0.025}$	$34.59^{+0.025}_{0}$	符合要求
冲孔凸、凹模	$\phi 5^{+0.28}_{0}$	0.5	$5.14^{0}_{-0.012}$	$5.31^{+0.012}_{0}$	符合要求
	$\phi 20^{+0.40}_{0}$	0.5	$20.2^{0}_{-0.021}$	$20.37^{+0.021}_{0}$	符合要求
外形凸、凹模	$R8^{0}_{-0.28}$	0.5	$7.69^{0}_{-0.015}$	$7.86^{+0.015}_{0}$	符合要求
	$R16^{0}_{-0.40}$	0.5	$15.63^{0}_{-0.018}$	$15.8^{+0.018}_{0}$	符合要求
	58 ± 0.28		58 ± 0.015	58 ± 0.015	
	95 ± 0.35		95 ± 0.018	95 ± 0.018	

250×200×25　JB/T 7643.1—2008。

（2）其他零件设计　凹模设计完成后，即可以选择模架、固定板、垫板、导柱导套、螺钉、销钉等。首先由凹模周界查 GB/T 23565.4—2009 得到模架标准，即：四角导柱模架 250×200×195-Ⅰ　GB/T 23565.4—2009。由模架标准同时可得到上、下模座和导柱、导套的标准代号及规格，它们分别是：

1）四角导柱上模座 250×200×40 GB/T 23566.4—2009。

2）四角导柱下模座 250×200×50 GB/T 23562.4—2009。

3）滑动导向导柱 A　32×190　GB/T 2861.1—2008。

4）滑动导向导套 A　32×100×38　GB/T 2861.3—2008。

同样根据凹模的周界尺寸查相应的标准，可以得到

1）凸模固定板：矩形固定板 250×200×20　JB/T 7643.2—2008。

2）垫板：矩形垫板 250×200×8　JB/T 7643.3—2008。

3）导料板：导料板 250×40×8　JB/T7 648.5—2008。

4）螺钉：内六角圆柱头螺钉　M8×50　GB/T 70.1—2008。

5）销钉：销　GB/T 119.2—2000　M8×50。

查表 5-8 得卸料板的厚度为 18mm，则卸料板尺寸：250mm×200mm×18mm。

由卸料板的尺寸及模具结构，查 JB/T 7650.6—2008 得到卸料螺钉：圆柱头内六角卸料螺钉 M10×50 JB/T 7650.6—2008。

根据进距的大小查 JB/T 7648.1—2008 得到：

侧刃：侧刃 IA 34.2×12×56　JB/T 7648.1—2008。

侧刃挡块：A 型侧刃挡块 20×8　JB/T 7468.2—2008。

当上述零件全部设计完成即可绘制模具总装图了，如图 9-60 所示。

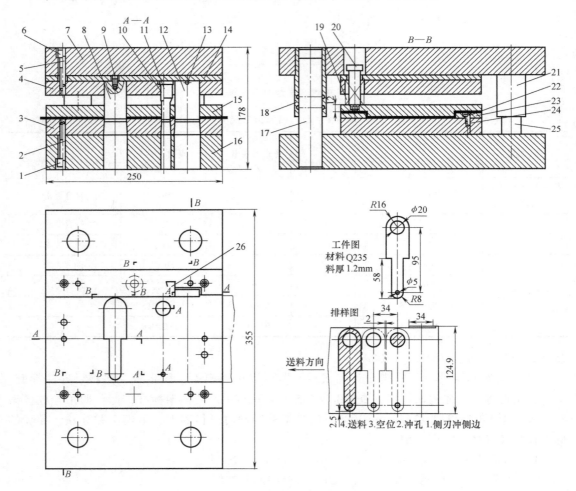

图 9-60　连接板模具总装图

1、6、9、22—螺钉　2、5、13、24—销钉　3—凹模　4—固定板　7—上模座　8—落料凸模　10、11—冲孔凸模　12—侧刃
14—垫板　15—卸料板　16—下模座　17、25—导柱　18、21—导套　19—弹簧　20—卸料螺钉　23—导料板　26—侧刃挡块

6. 模具主要零件设计

（1）落料凸模 落料凸模的结构形式及尺寸如图 9-61 所示，材料选用 Cr12，热处理 58~60HRC，未注表面粗糙度值 $Ra6.3\mu m$。

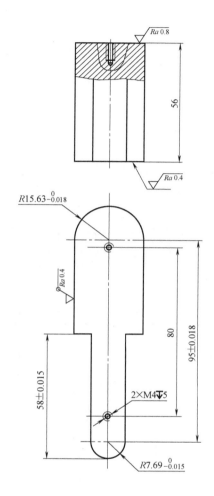

图 9-61　落料凸模

（2）冲孔凸模 由于冲孔凸模为圆形，采用台阶式，其结构及尺寸如图 9-62 所示，材料选用 Cr12，热处理 58~60HRC，未注表面粗糙度值为 $Ra6.3\mu m$。

（3）凹模 其结构与尺寸如图 9-63 所示，材料选用 Cr12，热处理 60~62HRC，未注表面粗糙度值 $Ra6.3\mu m$。

（4）垫板 其结构与尺寸如图 9-64 所示，材料选用 45 钢，热处理 43~48HRC，未注表面粗糙度值 $Ra6.3\mu m$。

（5）固定板 其结构与尺寸如图 9-65 所示，材料选用 45 钢，硬度 28~32HRC，未注表面粗糙度值 $Ra6.3\mu m$。

（6）卸料板 其结构与尺寸如图 9-66 所示，材料选用 45 钢，硬度 28~32HRC，未注表面粗糙度值 $Ra6.3\mu m$。

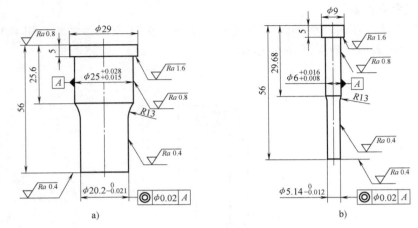

图 9-62　冲孔凸模

a）冲 $\phi 20$mm 孔凸模　b）冲 $\phi 5$mm 孔凸模

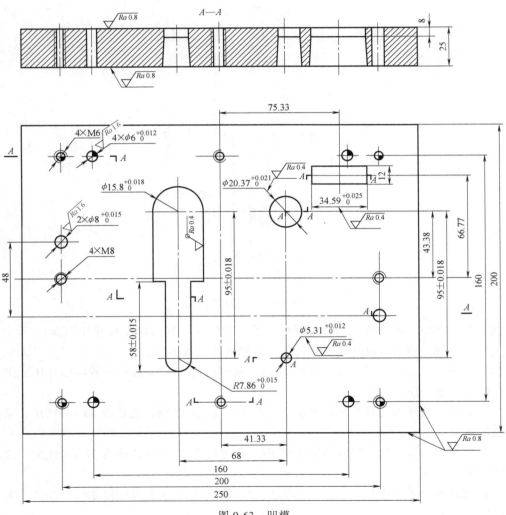

图 9-63　凹模

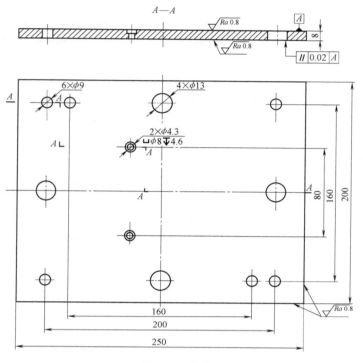

图 9-64 垫板

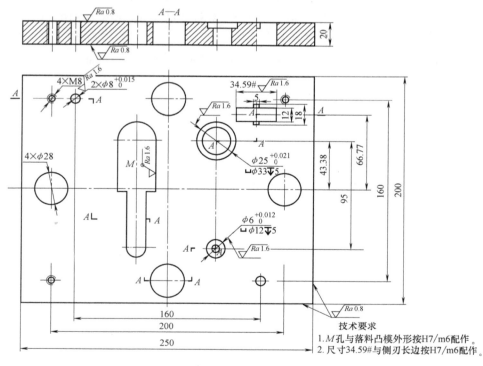

技术要求

1. M孔与落料凸模外形按H7/m6配作。
2. 尺寸34.59#与侧刃长边按H7/m6配作。

图 9-65 固定板

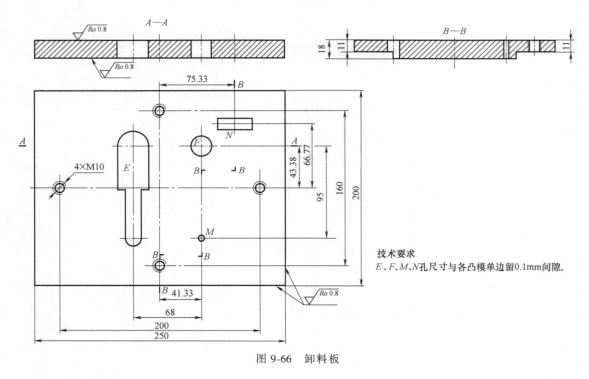

图 9-66　卸料板

7. 设备校核

由标记为"四角导柱下模座 250×200×50 GB/T 23562.4—2009"可知下模座的最大外形尺寸为：250mm×355mm，宽度分向单边小于压力机工作台面尺寸（810−355）mm/2 = 227.5mm，因此满足模具安装与支撑要求。

模具的闭合高度为：40mm+8mm+56mm+25mm−1mm+50mm = 178mm，小于压力机的闭合高度，故选用的压力机合适。

附录

附录 A 冲压常用标准及其应用

本章列出了冲压课程设计中常用的部分标准（附表 A-1），并对标准的选用方法进行了解析，其他未列出的标准内容请查阅有关手册。

附表 A-1 部分冲压常用标准名称及代号

标准名称	标准代号
冲模术语	GB/T 8845—2017
冲压件尺寸公差	GB/T 13914—2013
冲压件角度公差	GB/T 13915—2013
金属冷冲压件结构要素	GB/T 30570—2014
冲模圆柱头直杆圆凸模	JB/T 5825—2008
冲模圆柱头缩杆圆凸模	JB/T 5826—2008
冲模模板	JB/T 7643.1~7643.6—2008
冲模挡料和弹顶装置	JB/T 7649.1~7649.10—2008
冲模侧刃和导料装置	JB/T 7648.1~7648.8—2008
冲模导正销	JB/T 7647.1—2008 JB/T 7647.2—2008
冲模卸料装置	JB/T 7650.1~7650.8—2008
冲模模柄	JB/T 7646.1~7646.4—2008
冲模导向装置	GB/T 2861.1—2008 GB/T 2861.3—2008
冲模滑动导向钢板模架	GB/T 23565.1~23565.4—2009
冲模滑动导向钢板上模座	GB/T 23566.1~23566.4—2009
冲模滚动导向钢板模架	GB/T 23563.1~23563.4—2009
冲模滚动导向钢板上模座	GB/T 23564.1~23564.4—2009
冲模钢板下模座	GB/T 23562.1~23562.4—2009

附录 A.1 冲模术语

GB/T 8845—2017《模具 术语》规定了冲压模、塑料模、压铸模、锻模等各类模具的通用术语及各类模具的常用术语，本节内容主要摘录与冲压工艺与模具课程设计有关的内容。

1. 冲模通用术语

冲模通用术语见附表 A-2。

附表 A-2　冲模通用术语（GB/T 8845—2017）

术语	定义
冲模 stamping die, stamping tool	使金属、非金属板料或型材在压力作用下分离、成形或接合为制品、制件的模具。包括：冲裁模、拉深模、弯曲模、级进模、精冲模、整修模等
模具寿命 die life, mould life	模具正常使用直至完全失效所能成形（成型）的制品、制件数量的总和

2. 冲模类型

冲模类型术语见附表 A-3。

附表 A-3　冲模类型术语（GB/T 8845—2017）

术语	定义
冲裁模　blanking die	沿封闭或敞开的轮廓线使板料产生分离的模具
落料模　punching die	分离出带封闭外轮廓制品、制件的冲裁模，包括落料凸模和落料凹模
冲孔模　perforating dit	用于分离出带封闭内轮廓制品、制件的冲裁模
修边模　trimming die	用于切去制品制件边缘多余材料的冲裁模
切断模　cutting-off die	使板料沿不封闭轮廓分离的冲裁模
成形模　forming die	使板料（坯件）塑性变形以成形制品、制件的冲模
弯曲模　bending die	使坯件或制件弯曲成一定角度和形状的冲模
拉深模　drawing die	使坯件拉压成空心体制品、制件，或进一步改变空心体制件形状和尺寸的冲模
反拉深模　reverse drawing die	使空心体制件内壁外翻的拉深模
胀形模　bulging die	使空心坯件产生拉伸塑性变形以获得中间凸鼓形制品、制件的成形模
翻边模　flanging die	使制件的边缘翻起呈竖立或一定角度直边的成形模
翻孔模　plunging die	使制件的孔边缘翻起呈竖立或一定角度直边的成形模
缩口模　necking die	使空心或管状制件端部径向尺寸缩小的成形模
扩口模　flaring die	使空心或管状制件端部径向尺寸扩大的成形模
整形模　sizing die	校正制件，使其形状、尺寸和精度达到要求的模具
复合模　compound die	压力机的一次行程中，同时完成两道或两道以上冲压工序的单工位冲模
正装复合模 obverse compound die	凸凹模装在上模，落料凹模和冲孔凸模装在下模的复合模
倒装复合模 inverse compound die	凸凹模装在下模，落料凹模和冲孔凸模装在上模的复合模
级进模　progressive die	在压力机的一次行程中，使条料连续定距送进，在送料方向排列的两个或两个以上工位同时完成多工序冲压的冲模
单工序模　single die	在压力机的一次行程中，只完成一道冲压工序的冲模

3. 冲模零部件术语

冲模零部件术语见附表 A-4。

附表 A-4　冲模零部件术语（GB/T 8845—2017）

术语（英文）	定义
模架　die set	由导向装置与模座或座板、模板等零部件构成的组合体
后侧导柱模架　die set with two rear pillars	导向件安装于上、下模座后侧的模架
对角导柱模架　die set with two diagonal pillars	导向件安装于上、下模座对角点上的模架
中间导柱模架　die set with two center pillars	导向件安装于上、下模座左右对称点上的模架
四导柱模架　die set with four pillars	导向件安装于上、下模座四个角点上的模架
滑动导向模架　slide guide die set	上、下模采用滑动导向件导向的模架
滚动导向模架　ball guide die set	上、下模采用滚动导向件导向的模架
模座　die holder	主要用于安装、固定与支撑冲模、锻模、挤压模等模具零部件的模架零件,包括上模座、下模座、凸模座、凹模座等
上模　upper half of die	安装在成形（成型）设备上工作台面的模具部分
下模　lower half of die	安装在成形（成型）设备下工作台面的模具部分
工作零件　working component	直接成形（成型）制品、制件形状和尺寸的零件
凸模　punch	成形过程中,形成制品、制件内表面形状和尺寸的工作零件
凹模　concave die	成形制品、制件外表面形状和尺寸的工作零件
圆凹模　round die	圆柱形的凹模
凸凹模　main punch	同时具有凸模和凹模作用的工作零件
定距侧刃　pitch punch	在板料侧边冲切出缺口,以确定级进模送料步距的工作零件
定位元件　locating element	确定工序件或模具零件在模具中正确位置的零件或组件
定位销　locating pin	确定板料或制件正确位置的圆柱形零件
定位板　locating plate	确定板料或制件正确位置的板状零件
固定板　retainer plate	用于固定工作零件、推出与复位零件和导向件的板状零件。包括凸模固定板、凹模固定板、型芯固定板、推杆固定板等
挡料销　stop pin	确定板料送进距离的零件
始用挡料销　finger stop pin	确定板料进给起始位置的零件
导正销　pilot punch	与导正孔配合,确定制件正确位置和消除送料误差的圆柱形零件
导料板　stock guide plate	确定板料送进方向的板状零件
限位块　limit block	限制行程或位置的块状零件
自动送料装置　automatic feeder	将板料或带料连续定距送进的装置
导向零件　guide component	保证运动导向和确定上、下模工作时相对位置的零件
导柱　guide pillar	与导套（或导向孔）滑动或滚动配合,保证模具运动导向、合模导向和相对位置精度的圆柱形零件
导套　guide bush	与导柱配合,保证模具运动导向、合模导向和相对位置精度的圆套形零件
滚动导柱　ball-bearing guide pillar	通过钢球保持圈与滚动导套配合,保证运动导向和确定上、下模相对位置的圆柱形零件

（续）

术语（英文）	定义
滚动导套　ball-bearing guide bush	与滚动导柱配合,保证运动导向和确定上、下模相对位置的圆套形零件
钢球保持圈　cage	保持钢球有序排列,实现滚动导柱与导套滚动配合的圆套形组件
止动件　retainer	将钢球保持圈限制在导柱或导套内的限位零件
导板　guide plate	用于合模导向的板状零件
滑块　slider	在斜楔作用下,沿变换后的运动方向作往复滑动的零件
压料零件　clamping component	压住板料的零件
承料板 stock-supporting plate	对进入模具之前的板料起支承作用的板状零件
压料板　pressure plate	把板料压贴在凸模或凹模上的板状零件
压边圈　blank holder	拉深或成形模中,为调节材料流动阻力,防止起皱而压紧板料边缘的零件
齿圈压板　vee-ring plate	精冲模中,为形成很强的三向压应力状态,防止板料自冲切层滑动和冲裁表面出现撕裂现象而采用的齿形强力压圈零件
卸料零件　stripping component	卸下或推出制品、制件与废料的零件
推件板　slide feed plate	将制件推入下一工位的板状零件
卸料板　stripper plate	把制品、制件或废料从模具卸下的板状零件
固定卸料板　fixed stripper plate	在冲模上固定不动,可兼具凸模导向作用的卸料板
弹性卸料板　elastic stripper plate	借助弹性零件起压料、卸料作用,可兼具保护凸模和凸模导向作用的卸料板
卸料螺钉　stripper bolt	连接卸料板并调节卸料板卸料行程的杆状零件
推杆（顶杆）　ejector pin	用于推出制品、制件、余料或凝料的杆状零件
推件块（顶件块）　ejector block	用于从凹模中推出制品、制件或废料的块状零件
推板　ejector base plate	传递成形（成型）设备推出力的板状零件
连接推杆　ejector rod coupling	连接推板与推件块并传递推出力的杆状零件
打杆　knock-out pin	穿过模柄孔,把压力机滑块上打杆横梁的力传给推板的杆状零件
弹顶器　cushion	向压边圈或推件块传递推出力的装置
废料切刀　scrap cutter	冲压过程中切断废料的零件
凸模保护套　punch-protecting bushing	用于提高细长凸模整体刚度的衬套零件
垫板　bolster plate	承受和分散成形压力的板状零件
模柄　die shank	使模具与压力机的中心线重合,并把上模固定在压力机滑块上的连接零件
浮动模柄　self-centering die shank	可自动定心的模柄
斜楔机构　cam driver	通过驱动块和滑块的配合使用,变垂直运动为水平或倾斜运动的机构,通常简称斜楔
送料安全检测机构　feed safety detection mechanism	对自动送料机构未能正确送料的情况下进行检测并退出模具工作区而适时停机的装置
带料误送检测装置　strip delivery detection device	对高速自动冲压过程中的带料不能正确到位的情况下进行检测并适时停机的装置

（续）

术语（英文）	定义
下死点检测装置　bottom dead center detection device	对高速自动冲压过程中的模具不能正确到达下死点的情况下进行检测并适时停机的装置
防跳屑装置　scrap-bouncing prevention device	为防止冲压生产时产生跳屑，在模具上设置的辅助装置
安全防护板　safety shield	安装在模具上起安全防护作用的薄板件

4. 冲模设计要素

冲模设计要素见附表 A-5。

附表 A-5　冲模设计要素（GB/T 8845—2017）

术语（英文）	定义
模具间隙　die clearance	凸模与凹模之间缝隙的间距
模具闭合高度　die shut height	模具处于工作位置下死点或闭合状态下的模具总高度
压力机最大闭合高度 maximum press shut height	压力机滑块在下死点位置时，滑块下表面至压力机工作台上表面间的距离
闭合高度调节量　adjustable distance of shut height	调整成形设备闭合高度与模具闭合高度相适应的调节范围
压力中心　presuure center	冲压合力的作用点
冲模中心　center of stamping die	冲模的几何中心
冲压方向　pressing direction	冲压力作用方向
送料方向　feed direction	成形材料送进模具的方向
排样　blank layout	制件或坯料在板料上的排列与设置
搭边　web	排样时，制件与制件之间或制件与板料边缘之间的工艺余料
送料步距　feed pitch	级进模中，板料或制件在送料方向每送进一步的移动距离
切边余量　trimming allowance	拉深或成形后制件边缘需切除的多余材料的宽度
毛刺　burr fin	在制件冲裁截面边缘产生的竖立尖状凸起物
塌角　roll fillet	在制件冲裁截面边缘产生的微圆角
光亮带　smooth cut zone	制件冲裁截面的光亮部分
冲裁力　blanking force	冲裁所需的压力
弯曲力　bending force	弯曲所需的压力
拉深力　drawing force	拉深所需的压力
卸料力　stripping force	从凸模或凸凹模上将制品、制件或废料卸下来所需的力
推件力（顶件力）　ejecting force	从凹模内将制品、制件或废料推出所需的力

（续）

术语（英文）	定义
压料力 presure plate force	压料板作用于板料的力
压边力 blank holder force	压边圈作用于板料边缘的力
工序件 blank	前道工序完成需后续工序进一步成形的坯件
中性层 neutral layer	弯曲变形区内切向应变为零的金属层
中性层系数 neutral layer coefficient	弯曲变形时中性层相对于内层偏移的比例
弯曲角 bending angle	制件被弯曲加工的角度，即弯曲后制品、制件直边夹角的补角
弯曲线 bending line	板料产生弯曲变形时相应的直线或曲线
回弹 spring back	弯曲和成形加工中，制品、制件在去除载荷并离开模具后产生的弹性回复现象
弯曲半径 bending radius	弯曲制品、制件内侧的曲率半径
相对弯曲半径 relative bending radius	弯曲制品、制件的弯曲半径与板料厚度之比
最小弯曲半径 minimum bending radius	弯曲时板料最外层纤维濒于拉裂时的弯曲半径
展开长度 unbent length	弯曲制件直线部分与弯曲部分中性层长度之和
拉深系数 drawing coefficient	拉深制品、制件的直径与其坯件直径之比
拉深比 drawing ratio	拉深系数的倒数
拉深次数 drawing number	受极限拉深系数的限制，制品、制件拉深成形所需的次数
缩口系数 necking coefficient	缩口制品、制件的管口缩径后与缩径前直径之比
扩口系数 flaring coefficient	扩口制品、制件管口扩径后的最大直径与扩口前直径之比
胀形系数 bulge coefficient	筒形制品、制件胀形后的最大直径与胀形前直径之比
胀形高度 bulge height	板料局部胀形的高度
翻孔系数 hole flanging coefficient	翻孔制品、制件翻孔前、后孔径之比
最小冲孔直径 minimum perforating diameter	一定厚度和材质的板料所能冲压加工的最小孔直径

附录 A.2　冲压件尺寸公差

GB/T 13914—2013《冲压件尺寸公差》规定了金属冲压件的尺寸公差等级、代号、公差数值及偏差数值，适用于金属板材平冲压件和成形冲压件。平冲压件是指经平面冲裁工序加工而成的冲压件，成形冲压件是指经弯曲、拉深及其他成形方法加工而成的冲压件。

1. 平冲压件尺寸公差等级、代号及公差数值

平冲压件尺寸公差分 11 个等级，用符号 ST 表示平冲压件尺寸公差，公差等级代号用阿拉伯数字表示，从 ST1 到 ST11 逐级降低，附表 A-6 列出了平冲压件的公差等级及公差值。平冲压件尺寸公差也适用于成形冲压件上经冲裁工序加工而成的尺寸。附表 A-7 为平冲压件尺寸公差等级的选用。

附表 A-6　平冲压件的公差等级及公差值（GB/T 13914—2013）　　（单位：mm）

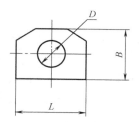

基本尺寸 B、D、L		板材厚度		公差等级										
大于	至	大于	至	ST1	ST2	ST3	ST4	ST5	ST6	ST7	ST8	ST9	ST10	ST11
—	1	—	0.5	0.008	0.010	0.015	0.020	0.030	0.040	0.060	0.080	0.120	0.160	—
		0.5	1	0.010	0.015	0.020	0.030	0.040	0.060	0.080	0.120	0.160	0.240	—
		1	1.5	0.015	0.020	0.030	0.040	0.060	0.080	0.120	0.160	0.240	0.340	—
1	3	—	0.5	0.012	0.018	0.026	0.036	0.050	0.070	0.100	0.140	0.200	0.280	0.400
		0.5	1	0.018	0.026	0.036	0.050	0.070	0.100	0.140	0.200	0.280	0.400	0.560
		1	3	0.026	0.036	0.050	0.070	0.100	0.140	0.200	0.280	0.400	0.560	0.780
		3	4	0.034	0.050	0.070	0.090	0.130	0.180	0.260	0.360	0.500	0.700	0.980
3	10	—	0.5	0.018	0.026	0.036	0.050	0.070	0.100	0.140	0.200	0.280	0.400	0.560
		0.5	1	0.026	0.036	0.050	0.070	0.100	0.140	0.200	0.280	0.400	0.560	0.780
		1	3	0.036	0.050	0.070	0.100	0.140	0.200	0.280	0.400	0.560	0.780	1.10
		3	6	0.046	0.060	0.090	0.130	0.180	0.260	0.360	0.480	0.680	0.980	1.400
		6		0.060	0.080	0.110	0.160	0.220	0.300	0.420	0.600	0.840	1.200	1.600
10	25	—	0.5	0.026	0.036	0.050	0.070	0.100	0.140	0.200	0.280	0.400	0.560	0.780
		0.5	1	0.036	0.050	0.070	0.100	0.140	0.200	0.280	0.400	0.560	0.780	1.100
		1	3	0.050	0.070	0.100	0.140	0.200	0.280	0.400	0.560	0.780	1.100	1.500
		3	6	0.060	0.090	0.130	0.180	0.260	0.360	0.500	0.700	1.000	1.400	2.000
		6		0.080	0.120	0.160	0.220	0.320	0.440	0.600	0.880	1.200	1.600	2.400
25	63	—	0.5	0.036	0.050	0.070	0.100	0.140	0.200	0.280	0.400	0.560	0.780	1.100
		0.5	1	0.050	0.070	0.100	0.140	0.200	0.280	0.400	0.560	0.780	1.100	1.500
		1	3	0.070	0.100	0.140	0.200	0.280	0.400	0.560	0.780	1.100	1.500	2.100
		3	6	0.090	0.120	0.180	0.260	0.360	0.500	0.700	0.980	1.400	2.000	2.800
		6		0.110	0.160	0.220	0.300	0.440	0.600	0.860	1.200	1.600	2.200	3.000
63	160	—	0.5	0.040	0.060	0.090	0.120	0.180	0.260	0.360	0.500	0.700	0.980	1.400
		0.5	1	0.060	0.090	0.120	0.180	0.260	0.360	0.500	0.700	0.980	1.400	2.000
		1	3	0.090	0.120	0.180	0.260	0.360	0.500	0.700	0.980	1.400	2.000	2.800
		3	6	0.120	0.160	0.240	0.320	0.460	0.640	0.900	1.300	1.800	2.500	3.600
		6		0.140	0.200	0.280	0.400	0.560	0.780	1.100	1.500	2.100	2.900	4.200

平冲压件简图

（续）

基本尺寸 B、D、L		板材厚度		公差等级										
大于	至	大于	至	ST1	ST2	ST3	ST4	ST5	ST6	ST7	ST8	ST9	ST10	ST11
160	400	—	0.5	0.060	0.090	0.120	0.180	0.260	0.360	0.500	0.700	0.980	1.400	2.000
		0.5	1	0.090	0.120	0.180	0.260	0.360	0.500	0.700	1.000	1.400	2.000	2.800
		1	3	0.120	0.180	0.260	0.360	0.500	0.700	1.000	1.400	2.000	2.800	4.000
		3	6	0.160	0.240	0.320	0.460	0.640	0.900	1.300	1.800	2.600	3.600	4.800
		6		0.200	0.280	0.400	0.560	0.780	1.100	1.500	2.100	2.900	4.200	5.800
400	1000	—	0.5	0.090	0.120	0.180	0.240	0.340	0.480	0.660	0.940	1.300	1.800	2.600
		0.5	1	—	0.180	0.240	0.340	0.480	0.660	0.940	1.300	1.800	2.600	3.600
		1	3	—	0.240	0.340	0.480	0.660	0.940	1.300	1.800	2.600	3.600	5.000
		3	6	—	0.320	0.450	0.620	0.880	1.200	1.600	2.400	3.400	4.600	6.600
		6		—	0.340	0.480	0.700	1.000	1.400	2.000	2.800	4.000	5.600	7.800
1000	6300	—	0.5	—	—	0.260	0.360	0.500	0.700	0.980	1.400	2.000	2.800	4.000
		0.5	1	—	—	0.360	0.500	0.700	0.980	1.400	2.000	2.800	4.000	5.600
		1	3	—	—	0.500	0.700	0.980	1.400	2.000	2.800	4.000	5.600	7.800
		3	6	—	—	—	0.900	1.200	1.600	2.200	3.200	4.400	6.200	8.000
		6		—	—	—	1.000	1.400	1.900	2.600	3.600	5.200	7.200	10.000

附表 A-7　平冲压件尺寸公差等级的选用（GB/T 13914—2013）

加工方法	尺寸类型	公差等级										
		ST1	ST2	ST3	ST4	ST5	ST6	ST7	ST8	ST9	ST10	ST11
精密冲裁	外形											
	内形											
	孔中心距											
	孔边距											
普通平面冲裁	外形											
	内形											
	孔中心距											
	孔边距											
成形冲压冲裁	外形											
	内形											
	孔中心距											
	孔边距											

2. 成形冲压件尺寸公差等级、代号及公差数值

成形冲压件尺寸公差分 10 个等级，用符号 FT 表示成形冲压件尺寸公差，公差等级代号用阿拉伯数字表示，从 FT1 到 FT10 逐级降低，附表 A-8 列出了成形冲压件的公差等级及公差值。附表 A-9 为成形冲压件尺寸公差等级的选用。

附表 A-8　成形冲压件的公差等级及公差值（GB/T 13914—2013）　（单位：mm）

成形冲压件简图

基本尺寸		板材厚度		公差等级									
大于	至	大于	至	FT1	FT2	FT3	FT4	FT5	FT6	FT7	FT8	FT9	FT10
—	1	—	0.5	0.010	0.016	0.026	0.040	0.060	0.100	0.160	0.260	0.400	0.600
		0.5	1	0.014	0.022	0.034	0.050	0.090	0.140	0.220	0.340	0.500	0.900
		1	1.5	0.020	0.030	0.050	0.080	0.120	0.200	0.320	0.500	0.900	1.400
1	3	—	0.5	0.016	0.026	0.040	0.070	0.110	0.180	0.280	0.440	0.700	1.000
		0.5	1	0.022	0.036	0.060	0.090	0.140	0.240	0.380	0.600	0.900	1.400
		1	3	0.032	0.050	0.080	0.120	0.200	0.340	0.540	0.860	1.200	2.000
		3	4	0.040	0.070	0.110	0.180	0.280	0.440	0.700	1.100	1.800	2.800
3	10	—	0.5	0.022	0.036	0.060	0.090	0.140	0.240	0.380	0.600	0.960	1.400
		0.5	1	0.032	0.050	0.080	0.120	0.200	0.340	0.540	0.860	1.400	2.200
		1	3	0.050	0.070	0.110	0.180	0.300	0.480	0.760	1.200	2.000	3.200
		3	6	0.060	0.090	0.140	0.240	0.380	0.600	1.000	1.600	2.600	4.000
		6		0.070	0.110	0.180	0.280	0.440	0.700	1.100	1.800	2.800	4.400
10	25	—	0.5	0.030	0.050	0.080	0.120	0.200	0.320	0.500	0.300	1.200	2.000
		0.5	1	0.040	0.070	0.110	0.180	0.280	0.460	0.720	1.100	1.800	2.800
		1	3	0.060	0.100	0.160	0.260	0.400	0.640	1.000	1.600	2.600	4.000
		3	6	0.080	0.120	0.200	0.320	0.500	0.800	1.200	2.000	3.200	5.000
		6		0.100	0.140	0.240	0.400	0.620	1.000	1.600	2.600	4.000	6.400
25	63	—	0.5	0.040	0.060	0.100	0.160	0.260	0.400	0.640	1.000	1.600	2.600
		0.5	1	0.060	0.090	0.140	0.220	0.360	0.580	0.900	1.400	2.200	3.600
		1	3	0.080	0.120	0.200	0.320	0.500	0.800	1.200	2.000	3.200	5.000
		3	6	0.100	0.160	0.260	0.400	0.660	1.000	1.600	2.600	4.000	6.400
		6		0.110	0.180	0.280	0.460	0.760	1.200	2.000	3.200	5.000	8.000

（续）

基本尺寸		板材厚度		公差等级									
大于	至	大于	至	FT1	FT2	FT3	FT4	FT5	FT6	FT7	FT8	FT9	FT10
63	160	—	0.5	0.050	0.080	0.140	0.220	0.360	0.560	0.900	1.400	2.200	3.600
		0.5	1	0.070	0.120	0.190	0.300	0.480	0.780	1.200	2.000	3.200	5.000
		1	3	0.100	0.160	0.260	0.420	0.680	1.100	1.300	2.800	4.400	7.000
		3	6	0.140	0.220	0.340	0.540	0.880	1.400	2.200	3.400	5.600	9.000
		6		0.150	0.240	0.380	0.620	1.000	1.600	2.600	4.000	6.600	10.00
160	400	—	0.5	—	0.100	0.160	0.260	0.420	0.700	1.100	1.800	2.800	4.400
		0.5	1	—	0.140	0.240	0.380	0.620	1.000	1.600	2.600	4.000	6.400
		1	3	—	0.220	0.340	0.540	0.880	1.400	2.200	3.400	5.600	9.000
		3	6	—	0.280	0.440	0.700	1.100	1.800	2.800	4.400	7.000	11.000
		6		—	0.340	0.540	0.880	1.400	2.200	3.400	5.600	9.000	14.000
400	1000	—	0.5	—	—	0.240	0.380	0.620	1.000	1.600	2.600	4.000	6.600
		0.5	1	—	—	0.340	0.540	0.880	1.400	2.200	3.400	5.600	9.000
		1	3	—	—	0.440	0.700	1.100	1.800	2.800	4.400	7.000	11.000
		3	6	—	—	0.560	0.900	1.400	2.200	3.400	5.600	9.000	14.000
		6		—	—	0.620	1.000	1.600	2.600	4.000	6.400	10.000	16.000

附表 A-9　成形冲压件尺寸公差等级的选用（GB/T 13914—2013）

加工方法	尺寸类型	公差等级									
		FT1	FT2	FT3	FT4	FT5	FT6	FT7	FT8	FT9	FT10
拉深	直径										
	高度										
非凸缘拉深	直径										
	高度										
弯曲	长度										
其他成形方法	直径										
	高度										
	长度										

3. 冲压件尺寸偏差的选用

1）孔（内形）尺寸的偏差数值取附表 A-6、附表 A-8 中给出的公差数值，冠以"+"号作为上偏差，下偏差为 0。

2）轴（外形）尺寸的偏差数值取附表 A-6、附表 A-8 中给出的公差数值，冠以"−"号作为下偏差，上偏差为 0。

3）孔中心距、孔边距、弯曲、拉深及其他成形冲压件的长度、高度及未注尺寸公差的偏差数值，取附表 A-6、附表 A-8 中给出的公差数值的一半，并冠以"±"号分别作为上、下偏差。

扩展阅读

GB/T 13914—2013《冲压件尺寸公差》应用解析

1）由附表 A-7 可知，普通冲裁工艺得到的外形、内孔、孔心距的精度等级最高是 ST2 级，孔边距的最高精度等级只能达到 ST4 级。如冲制如附图 A-1 所示的三角形垫片，料厚 1.5mm。由附表 A-6 可知，若设计时标注成附图 A-1a 所示，则该垫片通过普通冲裁即可保证其质量，但如果人为标注成附图 A-1b 所示的，虽然除尺寸 22 外，其他各处的尺寸公差等级均在 ST2 以下，均可通过普通冲裁得到保证，但由于尺寸 22 的公差等级已经超过 ST2 级，因此该垫片不能采用普通冲裁，而必须采用精密冲裁，使垫片成本增加。因此设计冲压件时，在满足使用要求的前提下，尽可能使冲压件的尺寸公差不超过附表 A-6 和附表 A-7 的规定，以保证普通冲压即可得到合格件，从而达到降低成本的目的。

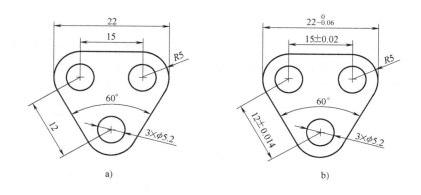

附图 A-1　三角形垫片

2）采用本标准规定的未注尺寸公差，应在相应的图样、技术文件中用本标准号和公差等级符号表示。例如选用本标准 ST6 级公差等级时，表示为：GB/T 13914-ST6；选用本标准 FT6 级公差等级时，表示为：GB/T 13914-FT6。

附录 A.3　冲压件角度公差

GB/T 13915—2013《冲压件角度公差》规定了金属冲压件的角度公差等级代号、公差数值及偏差数值，适用于冲压件冲裁角度和弯曲角度。

1. 冲压件冲裁角度公差

冲压件冲裁角度公差分 6 个等级，用符号 AT 表示冲压件冲裁角度公差，公差等级代号用阿拉伯数字表示，从 AT1 到 AT6 逐级降低，附表 A-10 列出了冲压件冲裁角度的公差等级及公差值。冲压件冲裁角度公差应选择较短的边作为主参数，短边尺寸 L 选用参见附表 A-10 中简图。冲压件冲裁角度公差等级的选用见附表 A-11。

附表 A-10　冲压件冲裁角度公差等级及公差值（GB/T 13915—2013）

简图							

公差等级	短边尺寸 L/mm						
	≤10	>10~25	>25~63	>63~160	>160~400	>400~1000	>1000
AT1	0°40′	0°30′	0°20′	0°12′	0°5′	0°4′	—
AT2	1°	0°40′	0°30′	0°20′	0°12′	0°6′	0°4′
AT3	1°20′	1°	0°40′	0°30′	0°20′	0°12′	0°6′
AT4	2°	1°20′	1°	0°40′	0°30′	0°20′	0°12′
AT5	3°	2°	1°20′	1°	0°40′	0°30′	0°20′
AT6	4°	3°	2°	1°20′	1°	0°40′	0°30′

附表 A-11　冲压件冲裁角度公差等级的选用（GB/T 13915—2013）

材料厚度 t/mm	公差等级					
	AT1	AT2	AT3	AT4	AT5	AT6
≤2						
>2~4						
>4						

2. 冲压件弯曲角度公差

冲压件弯曲角度公差分 6 个等级，用符号 BT 表示冲压件弯曲角度公差，公差等级代号用阿拉伯数字表示，从 BT1 到 BT5 逐级降低，附表 A-12 列出了冲压件弯曲角度的公差等级（BT1~BT5）及公差值。冲压件弯曲角度公差应选择较短的边作为主参数，短边尺寸 L 选用见附表 A-12 中的简图。冲压件弯曲角度公差等级的选用见附表 A-13。

附表 A-12　冲压件弯曲角度公差等级及公差值（GB/T 13915—2013）

简图	α L						

公差等级	短边尺寸 L/mm						
	≤10	>10~25	>25~63	>63~160	>160~400	>400~1000	>1000
BT1	1°	0°40′	0°30′	0°16′	0°12′	0°10′	0°8′
BT2	1°30′	1°	0°40′	0°20′	0°16′	0°12′	0°10′
BT3	2°30′	2°	1°30′	1°15′	1°	0°45′	0°30′
BT4	4°	3°	2°	1°30′	1°15′	1°	0°45′
BT5	6°	4°	3°	2°30′	2°	1°30′	1°

附表 A-13　冲压件弯曲角度公差等级的选用

材料厚度 t/mm	公差等级				
	BT1	BT2	BT3	BT4	BT5
≤2					
>2~4					
>4					

3．冲压件角度偏差的选用

1）依据使用需要选用单向或双向偏差。

2）未注公差的角度偏差数值，取附表 A-10、附表 A-12 中给出公差值的一半，冠以"±"号分别作为上下偏差。

附录 A.4　金属冷冲压件结构要素

GB/T 30570—2014《金属冷冲压件　结构要素》规定了金属冷冲裁、弯曲、拉深和翻孔件的结构要素及常用工艺限制数据，适用于一般结构的冷冲压件，不适用于特殊结构冷冲压件和精密冲裁件。

1．金属冷冲压件结构要素的一般原则

1）冲压件设计应合理，形状尽量简单、规则和对称，以节省原材料，减少制造工序，提高模具寿命，降低工件成本。

2）形状复杂的冲压件可考虑分成数个简单的冲压件再用连接的方法制成。

3）结构尺寸限制是根据工件质量和经济效益确定的。

2．冲裁件的结构要素

（1）圆角半径　采用模具一次冲制完成的冲裁件，其外形和内孔应避免尖锐的清角，

宜有适当的圆角。一般圆角半径 R 应大于或等于板厚 t 的 0.5 倍，即 $R \geqslant 0.5t$（附图 A-2）。

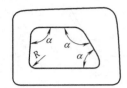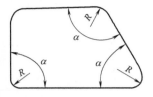

附图 A-2　冲裁件圆角半径

（2）冲孔尺寸　优先选用圆形冲孔。冲孔的最小尺寸与孔的形状、材料力学性能和材料厚度有关，冲孔的最小直径 d 或边宽 a 见附表 A-14。

附表 A-14　冲孔的最小尺寸

材料				
钢 （$R_m > 690\text{MPa}$）	$d \geqslant 1.5t$	$a \geqslant 1.35t$	$a \geqslant 1.2t$	$a \geqslant 1.1t$
钢 （$490\text{MPa} < R_m \leqslant 690\text{MPa}$）	$d \geqslant 1.3t$	$a \geqslant 1.2t$	$a \geqslant 1.0t$	$a \geqslant 0.9t$
钢 （$R_m \leqslant 490\text{MPa}$）	$d \geqslant 1.0t$	$a \geqslant 0.9t$	$a \geqslant 0.8t$	$a \geqslant 0.7t$
黄铜、铜	$d \geqslant 0.9t$	$a \geqslant 0.8t$	$a \geqslant 0.7t$	$a \geqslant 0.6t$
铝、锌	$d \geqslant 0.8t$	$a \geqslant 0.7t$	$a \geqslant 0.6t$	$a \geqslant 0.5t$

（3）凸出或凹入尺寸　冲裁件上应避免窄长的悬臂和凸槽（附图 A-3）。一般凸出和凹入部分的宽度 B 应大于或等于板厚 t 的 1.5 倍，即 $B \geqslant 1.5t$。对高碳钢、合金钢等较硬材料的允许值应增加 30% ~ 50%，对黄铜、铝等软材料应减少 20% ~ 25%。

（4）孔边距和孔间距　孔边距 A 应大于或等于板厚 t 的 1.5 倍，即 $A \geqslant 1.5t$（附图 A-4）；孔间距 B 应大于或等于板厚 t 的 1.5 倍，即 $B \geqslant 1.5t$（附图 A-4）。

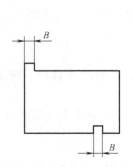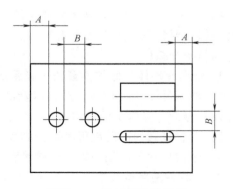

附图 A-3　凸出或凹入的尺寸　　　　　附图 A-4　孔边距和孔间距

如采用分工序冲孔或采用跳步模冲制，其值可适当减小。

3. 弯曲件的结构要素

弯曲件在弯曲变形区处截面会产生变化，弯曲半径与板厚之比越小，截面形状变化就越大。弯曲件的弯曲线最好垂直于轧制方向。弯曲毛坯的光亮带最好作为弯曲件的外沿，以减少外层的拉裂。弯曲成形时会产生回弹，弯曲半径与板厚之比越大，回弹就越大。

（1）弯曲半径

1）弯曲半径的标注。弯曲件的弯曲半径 r 标注在内半径上，如附图 A-5 所示。

2）弯曲件的弯曲半径应选择适当，不宜过大或过小。常用材料的最小弯曲半径按 JB/T 5109—2001 选用。

（2）弯曲件直边高度　为了保证工件的弯曲质量，弯曲直角时，弯曲件直边高度 h 应大于弯曲半径 r 加上板厚 t 的 2 倍（附图 A-5），即 $h>r+2t$。

（3）弯曲件孔边距　弯曲件上孔的边缘离弯曲变形区应有一定距离，以免孔的形状因弯曲而变形。最小孔边距 $L=r+2t$，如附图 A-6 所示。

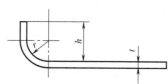

附图 A-5　弯曲件直边高度

附图 A-6　弯曲件孔边距

（4）弯曲件的弯曲线位置　弯曲件的弯曲线不应位于尺寸突变的位置，离突变处的距离 l 应大于弯曲半径 r，即 $l>r$（附图 A-7a）；如果必须位于突变处，应采用切槽或冲工艺孔的方式，将变形区与不变形区分开（附图 A-7b）。

（5）工艺切口　直角弯曲件或厚板小圆角弯曲件，为防止弯曲区宽度变化，推荐预先冲制切口（附图 A-8）。

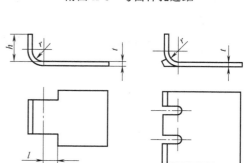

a)　　　　　b)

附图 A-7　弯曲件的弯曲线位置

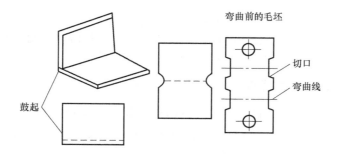

附图 A-8　工艺切口

4. 拉深件的结构要素

拉深件的形状力求简单、对称。

拉深件各处受力不同，使拉深后厚度发生变化，一般底部厚度不变。底部与壁间圆角处变薄，口部和凸缘处变厚。

拉深件侧壁宜允许有工艺斜度，但应保证一端在公差范围内。

多次拉深的零件，其内外壁或凸缘表面处允许有拉深过程中产生的印痕。

无凸缘拉深时，端部允许形成凸耳。

（1）拉深件底部圆角半径　底部圆角半径 r_1 应选择适当，一般为板厚 t 的 3~5 倍（附图 A-9）。

（2）拉深件凸缘圆角半径　凸缘圆角半径 r_2 应选择适当，一般为板厚 t 的 5~8 倍。（附图 A-9）。

（3）矩形拉深件的壁部圆角半径　矩形件拉深时，四角部变形程度大，角的底部容易出现裂纹。所以圆角半径应选择适当不宜太小。一般壁部圆角半径 r_3 应大于或等于板厚 t 的 6 倍（附图 A-10）。为便于一次拉深成形，要求圆角半径 r_3 大于工件高度 h 的 15%。

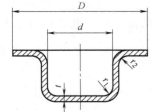

附图 A-9　拉深件凸缘圆角半径

5. 翻孔件的结构要素

翻孔件的翻孔系数应不小于所用材料的极限翻孔系数。

螺纹孔的翻边只适用于 M6 以下（包括 M6）的螺孔。

螺纹预翻孔的高度 $h=(2~2.5)t$。

螺纹预翻孔的外径 $d_1=d+1.3t$（附图 A-11）。

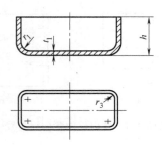

附图 A-10　矩形拉深件的壁部圆角半径

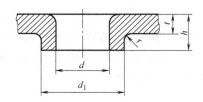

附图 A-11　翻孔件结构要素

附录 A.5　冲模圆柱头直杆圆凸模

JB/T 5825—2008《冲模　圆柱头直杆圆凸模》规定了直径范围为 1~36mm 的圆柱头直杆圆凸模的尺寸规格，并给出了材料指南和硬度要求。

圆柱头直杆圆凸模的尺寸规格见附表 A-15。

附表 A-15　圆柱头直杆圆凸模的尺寸规格（JB/T 5825—2008）及选用方法

（单位：mm）

结构形式

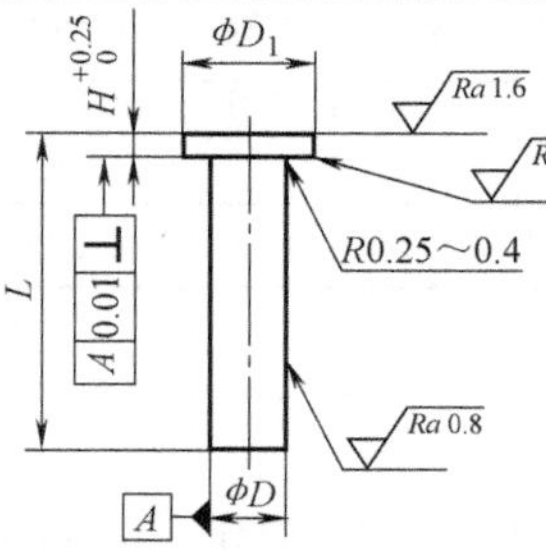

（图示标注）ϕD_1　$H_{\ 0}^{+0.25}$　$Ra\,1.6$　$R0.25\sim0.4$　L　$A\,0.01$　$Ra\,0.8$　A　ϕD　$Ra\,1.6$

1.未注表面粗糙度值 Ra 6.3μm。
2.符合JB/T 7653的规定。

尺寸/mm

D m5	H	$D_{1\,-0.25}^{\ \ 0}$	$L_{0}^{+1.0}$	D m5	H	$D_{1\,-0.25}^{\ \ 0}$	$L_{0}^{+1.0}$
1.0	3.0	3.0	45,50,56,63,71,80,90,100	5.0	5.0	8.0	45,50,56,63,71,80,90,100
1.05				5.3	3.0	9.0	
1.1				6.0			
1.2				6.3	5.0	11.0	
1.25				6.7			
1.3				7.1			
1.4				7.5			
1.5				8.0	5.0	13.0	
1.6				8.5			
1.7	3.0	4.0		9.0			
1.8				9.5			
1.9				10.0			
2.0				10.5	5.0	16.0	
2.1	3.0	5.0		11.0			
2.2				12.0			
2.4				12.5			
2.5				13.0			
2.6				14.0	5.0	19.0	
2.8				15.0			
3.0				16.0			
3.2	3.0	6.0		20.0	5.0	24.0	
3.4				25.0		29.0	
3.6				32.0		36.0	
3.8				36.0		40.0	
4.0							
4.2	3.0	7.0					
4.5							
4.8							

选用方法	由表 4-7 中的公式计算得到凸模刃口的计算尺寸 $d_{计}$，由凸模长度计算方法得到凸模长度的计算尺寸 $L_{计}$，根据 $d_{计}$ 和 $L_{计}$ 查阅本表，选择与 $d_{计}$ 和 $L_{计}$ 相同或相近的 D 和 L，则得到标准凸模的规格尺寸及标记示例
选用举例	已知 $d_{计} = 3.52\text{mm}$，$L_{计} = 57\text{mm}$，选取 $D = 3.6\text{mm}$ 的标准凸模，由此得到 $H = 3\text{mm}$、$D_1 = 6\text{mm}$、$L = 63\text{mm}$ 的标准凸模
标记示例	$D = 3.6\text{mm}$、$L = 63\text{mm}$ 的标准圆凸模标记为：圆凸模 3.6×63 JB/T 5825—2008

附录 A.6 冲模圆柱头缩杆圆凸模

JB/T 5826—2008《冲模 圆柱头缩杆圆凸模》规定了杆部直径为 5~36mm 的圆柱头缩杆圆凸模的尺寸规格，并给出了材料指南和硬度要求。

圆柱头缩杆圆凸模的尺寸规格见附表 A-16。

附表 A-16 圆柱头缩杆圆凸模的尺寸规格（JB/T 5826—2008）及选用方法

1. 未注表面粗糙度值 $Ra\,6.3\mu\text{m}$。
2. 符合 JB/T 7653 的规定。

结构形式					
	D m5	d		D_1	L
		下限	上限		
尺寸/mm	5	1	4.9	8	45,50,56,63,71,80,90,100
	6	1.6	5.9	9	
	8	2.5	7.9	11	
	10	4	9.9	13	
	13	5	12.9	16	
	16	8	15.9	19	
	20	12	19.9	24	
	25	16.5	24.9	29	
	32	20	31.9	36	
	36	25	35.9	40	

注：刃口长度 l 由制造者自行选定。

选用方法	由表 4-7 中的公式计算得到凸模刃口的计算尺寸 $d_{计}$，由凸模长度计算方法得到凸模长度的计算尺寸 $L_{计}$，根据 $d_{计}$ 和 $L_{计}$ 查本表选择与 $d_{计}$ 和 $L_{计}$ 相同或相近的 d 和 L，则得到标准凸模的规格尺寸及标记示例
选用举例	已知 $d_{计} = 6.56\text{mm}$，$L_{计} = 54\text{mm}$，查本表选取 $D = 8\text{mm}$、$D_1 = 11\text{mm}$、$L = 56\text{mm}$ 的标准凸模
标记示例	$D = 8\text{mm}$、$d = 6.56\text{mm}$、$L = 56\text{mm}$ 的标准凸模标记为：圆柱头缩杆圆凸模 8×6.56×56 JB/T 5826—2008

附录 A.7　冲模模板

冲模模板 JB/T 7643 包括六个部分，即：①JB/T 7643.1—2008《冲模模板　第 1 部分：矩形凹模板》；② JB/T 7643.2—2008《冲模模板　第 2 部分：矩形固定板》；③ JB/T 7643.3—2008《冲模模板　第 3 部分：矩形垫板》；④JB/T 7643.4—2008《冲模模板　第 4 部分：圆形凹模板》；⑤JB/T 7643.5—2008《冲模模板　第 5 部分：圆形固定板》；⑥JB/T 7643.6—2008《冲模模板　第 6 部分：圆形垫板》。下面加以简要介绍。

1. 矩形凹模板

JB/T 7643.1—2008《冲模模板　第 1 部分：矩形凹模板》对矩形凹模板的结构、尺寸规格、要求及标记进行了规定，并给出了材料的选用指南，适用于冲压件形状接近矩形的整体式矩形凹模，可直接用螺钉、销钉紧固。

矩形凹模板的结构、尺寸及选用方法见附表 A-17。

附表 A-17　矩形凹模板结构、尺寸（JB/T 7643.1—2008）及选用方法

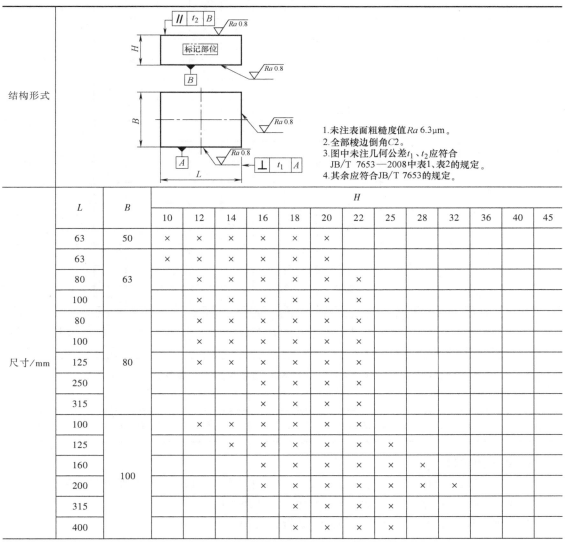

| 结构形式 | 1.未注表面粗糙度值 Ra 6.3μm。
2.全部棱边倒角 $C2$。
3.图中未注几何公差 t_1、t_2 应符合 JB/T 7653—2008中表1、表2的规定。
4.其余应符合JB/T 7653的规定。 |

尺寸/mm														
L	B	H												
		10	12	14	16	18	20	22	25	28	32	36	40	45
63	50	×	×	×	×	×	×							
63	63		×	×	×	×	×							
80				×	×	×	×	×						
100				×	×	×	×	×						
80	80			×	×	×	×	×						
100				×	×	×	×	×						
125			×	×	×	×	×							
250					×	×	×	×						
315					×	×	×	×						
100	100		×	×	×	×	×							
125				×	×	×	×	×	×					
160					×	×	×	×	×	×				
200					×	×	×	×	×	×	×			
315						×	×	×	×					
400						×	×	×	×					

（续）

L	B	H												
		10	12	14	16	18	20	22	25	28	32	36	40	45
125	125			×	×	×	×	×						
160					×	×	×	×	×	×				
200					×	×	×	×	×					
250				×	×	×	×	×	×	×	×			
355						×	×	×	×					
500						×	×	×	×					
160	160					×	×	×	×	×	×			
200					×	×	×	×	×	×	×			
250						×	×	×	×	×	×	×		
500						×	×	×	×					
200	200					×	×	×	×	×	×	×		
250						×	×	×	×	×	×	×		
315								×	×	×	×	×	×	
630								×	×	×	×	×		
250	250							×	×	×	×	×	×	
315								×	×	×	×	×	×	
400							×	×	×	×	×	×	×	
315	315								×	×	×	×	×	
400									×	×	×	×	×	×
500									×	×	×	×	×	×
630									×	×	×	×	×	×
400	400						×	×	×	×	×	×	×	
500								×	×	×	×	×	×	×
630									×	×	×	×	×	×

（尺寸/mm 列标于左侧）

选用方法　对于冲裁模,由表 5-1 中公式计算得到凹模的 $L_计$、$B_计$、$H_计$,对于弯曲、拉深模,可分别按 5.2、5.3 节方法确定凹模的 $L_计$、$B_计$、$H_计$,查本表,选择与 $L_计$、$B_计$ 和 $H_计$ 相同或相近的 L、B 和 H,则得到标准矩形凹模板的规格尺寸及标记示例。

选用举例　已知 $L_计=134.5\mathrm{mm}$,$B_计=88.5\mathrm{mm}$,$H_计=17.6\mathrm{mm}$,查本表,则得凹模外形的标准尺寸为:$L=160\mathrm{mm}$,$B=100\mathrm{mm}$,$H=18\mathrm{mm}$

标记示例　$L=160\mathrm{mm}$,$B=100\mathrm{mm}$,$H=18\mathrm{mm}$ 的矩形凹模标记为:矩形凹模板　$160\times100\times18$　JB/T　7643.1—2008

2. 矩形固定板

JB/T 7643.2—2008《冲模模板　第 2 部分:矩形固定板》对矩形固定板的结构、尺寸规格、要求及标记进行了规定,并给出了材料的选用指南。

矩形固定板的结构、尺寸及选用方法见附表 A-18。

附表 A-18　矩形固定板结构、尺寸（JB/T 7643.2—2008）及选用方法

<table>
<tr><td rowspan="2">结构形式</td><td colspan="11">

1. 未注表面粗糙度值 Ra 6.3μm。
2. 全部棱边倒角 C2。
3. 图中未注几何公差 t_1、t_2 应符合 JB/T 7653—2008中表1、表2的规定。
4. 其余应符合 JB/T 7653 的规定。
</td></tr>
</table>

尺寸 /mm

L	B	H 10	12	16	20	24	28	32	36	40	45
63	50	×	×	×	×	×	×				
63	63	×	×	×	×	×	×				
80	63		×	×	×	×	×	×			
100	63		×	×	×	×	×	×			
80	80	×	×	×	×	×	×	×	×		
100	80	×	×	×	×	×	×	×	×		
125	80		×	×	×	×	×	×			
250	80			×	×	×	×	×			
315	80			×	×	×	×	×			
100	100		×	×	×	×	×	×	×	×	
125	100		×	×	×	×	×	×	×	×	
160	100			×	×	×	×	×	×	×	
200	100			×	×	×	×	×	×	×	
315	100			×	×	×	×	×	×	×	
400	100				×	×	×	×	×	×	
125	125		×	×	×	×	×	×	×	×	
160	125			×	×	×	×	×	×	×	
200	125			×	×	×	×	×	×	×	×
250	125			×	×	×	×	×	×	×	×
355	125			×	×	×	×	×	×	×	
500	125			×	×	×	×	×	×	×	
160	160			×	×	×	×	×	×	×	×
200	160			×	×	×	×	×	×	×	×
250	160				×	×	×	×	×	×	×
500	160				×	×	×	×	×		

（续）

尺寸/mm	L	B	H									
			10	12	16	20	24	28	32	36	40	45
	200	200			×	×	×	×	×	×		
	250					×	×	×	×	×	×	×
	315					×	×	×	×	×		
	630						×	×	×	×	×	
	250	250			×	×	×	×	×	×		
	315				×	×	×	×	×	×	×	×
	400					×	×	×	×	×	×	
	315	315				×	×	×	×	×	×	
	400						×	×	×	×	×	
	500							×	×	×	×	×	×
	630							×	×	×	×	×
	400	400					×	×	×	×		
	500							×	×	×	×	
	630								×	×	×	×

选用方法	矩形固定板的长度和宽度与矩形凹模的长、宽完全相同，厚度取凹模厚度的（0.6～0.8）倍。得到标准矩形固定板的规格尺寸及标记示例
选用举例	已知凹模的长 $L=160\text{mm}$，$B=100\text{mm}$，$H=20\text{mm}$，则固定板的厚度为（12～16）mm，查本表，得到矩形固定板外形的标准尺寸为：$L=160\text{mm}$，$B=100\text{mm}$，$H=16\text{mm}$
标记示例	$L=160\text{mm}$，$B=100\text{mm}$，$H=16\text{mm}$ 的矩形固定板标记为：矩形固定板　160×100×16　JB/T 7643.2—2008

3. 矩形垫板

JB/T 7643.3—2008《冲模模板　第3部分：矩形垫板》对矩形垫板的结构、尺寸规格、要求及标记进行了规定，并给出了材料的选用指南。

矩形垫板的结构、尺寸及选用方法见附表 A-19。

附表 A-19　矩形垫板结构、尺寸（JB/T 7643.3—2008）及选用方法

结构形式	

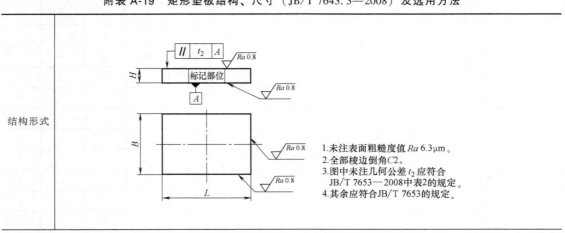

1. 未注表面粗糙度值 Ra 6.3μm。
2. 全部棱边倒角 C2。
3. 图中未注几何公差 t_2 应符合 JB/T 7653—2008 中表2的规定。
4. 其余应符合 JB/T 7653 的规定。

	L	B	H							L	B	H					
			6	8	10	12	16	20			6	8	10	12	16	20
尺寸 /mm	63	50	×						160	125	×	×				
	63	63	×						200		×	×				
	80		×						250		×	×				
	100		×						355			×	×	×		
	80	80	×						500			×	×	×		
	100		×						160	160		×	×			
	125		×						200			×	×			
	250			×	×				250			×	×	×		
	315			×	×				500				×	×	×	
	100	100	×						200	200		×	×			
	125		×	×					250			×	×			
	160		×	×					315			×	×			
	200		×	×					630				×	×	×	
	315			×	×	×			250	250			×	×		
	400			×	×	×			315				×	×		
	125	125	×	×					400				×	×	×	

选用方法	矩形垫板的长度和宽度与矩形凹模的长、宽完全相同，厚度可取 6mm、8mm、10mm 或 12mm，由此得到标准矩形垫板的规格尺寸及标记示例
选用举例	已知凹模的长 $L=160mm$，$B=100mm$，查本表，则得矩形垫板外形的标准尺寸为：$L=160mm$，$B=100mm$，厚度取 $H=6mm$ 或者 $8mm$
标记示例	$L=160mm$，$B=100mm$，$H=6mm$ 的矩形垫板标记为：矩形垫板　160×100×8　JB/T 7643.3—2008

4. 圆形凹模板

JB/T 7643.4—2008《冲模模板　第 4 部分：圆形凹模板》对圆形凹模板的结构、尺寸规格、要求及标记进行了规定，并给出了材料的选用指南，适用于冲压件形状接近圆形的整体式圆形凹模，可直接用螺钉、销钉紧固。

圆形凹模板的结构、尺寸及选用方法见附表 A-20。

附表 A-20　圆形凹模板结构、尺寸（JB/T 7643.4—2008）及选用方法

结构形式	
	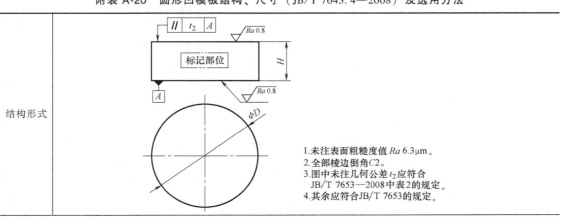 1.未注表面粗糙度值 Ra 6.3μm。 2.全部棱边倒角C2。 3.图中未注几何公差 t_2 应符合 JB/T 7653—2008中表2的规定。 4.其余应符合JB/T 7653的规定。

（续）

D	H												
	10	12	14	16	18	20	22	25	28	32	36	40	45
63	×	×	×	×	×	×							
80		×	×	×	×	×	×						
100		×	×	×	×	×	×						
125			×	×	×	×	×	×					
160				×	×	×	×	×	×	×			
200					×	×	×	×	×	×	×		
250							×	×	×	×	×	×	
315						×	×	×	×	×	×	×	×

尺寸 /mm（左列 D 项标注）

选用方法	对于冲裁模，计算得到凹模的 $D_{计}$、$H_{计}$，对于拉深模，可参照 5.3 节方法确定凹模的 $D_{计}$、$H_{计}$，根据 $D_{计}$ 和 $H_{计}$ 查本表，选择与 $D_{计}$ 和 $H_{计}$ 相同或相近的 D 和 H，则得到标准圆形凹模板的规格尺寸及标记示例
选用举例	已知 $D_{计}=138.5mm$，$H_{计}=19.6mm$，查本表，则得凹模外形的标准尺寸为：$D=160mm$，$H=20mm$
标记示例	$D=160mm$，$H=20mm$ 的圆形凹模标记为：圆形凹模板　160×20　JB/T 7643.4—2008

5. 圆形固定板

　　JB/T 7643.5—2008《冲模模板　第5部分：圆形固定板》对圆形固定板的结构、尺寸规格、要求及标记进行了规定，并给出了材料的选用指南。

　　圆形固定板的结构、尺寸及选用方法见附表 A-21。

附表 A-21　圆形固定板结构、尺寸（JB/T 7643.5—2008）及选用方法

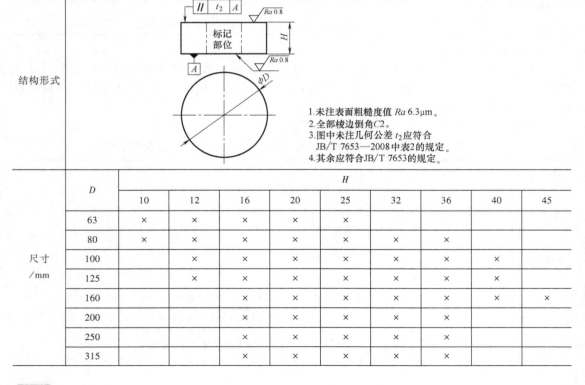

| 结构形式 | （图示）
1.未注表面粗糙度值 Ra 6.3μm。
2.全部棱边倒角C2。
3.图中未注几何公差 t_2 应符合 JB/T 7653—2008中表2的规定。
4.其余应符合JB/T 7653的规定。 |

D	H								
	10	12	16	20	25	32	36	40	45
63	×	×	×	×	×				
80	×	×	×	×	×	×	×		
100		×	×	×	×	×	×	×	
125		×	×	×	×	×	×	×	
160			×	×	×	×	×	×	×
200				×	×	×	×	×	
250			×	×	×	×	×		
315			×	×	×	×	×		

尺寸 /mm（左列 D 项标注）

（续）

选用方法	圆形固定板的直径与圆形凹模的直径完全相同，厚度取凹模厚度的(0.6~0.8)倍，由此得到标准圆形固定板的规格尺寸及标记示例
选用举例	已知圆形凹模的直径 $D=160$ mm，$H=20$ mm，则固定板厚度约为(12~16)mm，查本表，则得圆形固定板外形的标准尺寸为：$D=160$ mm，$H=16$ mm
标记示例	$D=160$ mm，$H=16$ mm 的圆形固定板标记为：圆形固定板 160×16 JB/T 7643.5—2008

6. 圆形垫板

JB/T 7643.6—2008《冲模模板 第6部分：圆形垫板》对圆形垫板的结构、尺寸规格、要求及标记进行了规定，并给出了材料的选用指南。

圆形垫板的结构、尺寸及选用方法见附表 A-22。

附表 A-22 圆形垫板结构、尺寸（JB/T 7643.6—2008）及选用方法

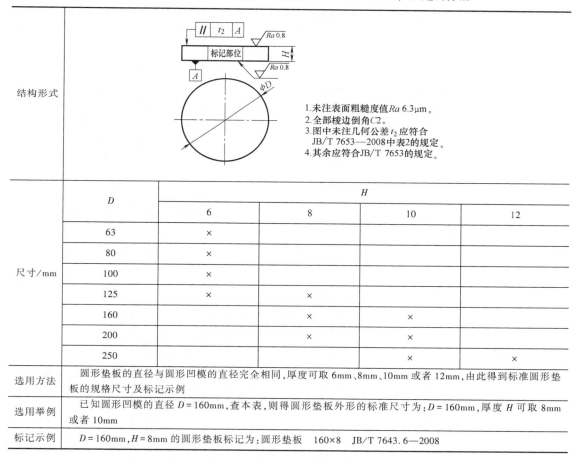

尺寸/mm	D	H			
		6	8	10	12
	63	×			
	80	×			
	100	×			
	125	×	×		
	160		×	×	
	200		×	×	
	250			×	×

选用方法	圆形垫板的直径与圆形凹模的直径完全相同，厚度可取 6mm、8mm、10mm 或者 12mm，由此得到标准圆形垫板的规格尺寸及标记示例
选用举例	已知圆形凹模的直径 $D=160$ mm，查本表，则得圆形垫板外形的标准尺寸为：$D=160$ mm，厚度 H 可取 8mm 或者 10mm
标记示例	$D=160$ mm，$H=8$ mm 的圆形垫板标记为：圆形垫板 160×8 JB/T 7643.6—2008

附录 A.8 冲模挡料和弹顶装置

冲模挡料和弹顶装置 JB/T 7649 包括 10 个部分，即：JB/T 7649.1—2008《冲模挡料和弹顶装置 第 1 部分：始用挡料装置》；JB/T 7649.2—2008《冲模挡料和弹顶装置 第 2 部

分：弹簧芯柱》；JB/T 7649.3—2008《冲模挡料和弹顶装置　第 3 部分：弹簧侧压装置》；JB/T 7649.4—2008《冲模挡料和弹顶装置　第 4 部分：侧压簧片》；JB/T 7649.5—2008《冲模挡料和弹顶装置　第 5 部分：弹簧弹顶挡料装置》；JB/T 7649.6—2008《冲模挡料和弹顶装置　第 6 部分：扭簧弹顶挡料装置》；JB/T 7649.7—2008《冲模挡料和弹顶装置　第 7 部分：回带式挡料装置》；JB/T 7649.8—2008《冲模挡料和弹顶装置　第 8 部分：钢球弹顶装置》；JB/T 7649.9—2008《冲模挡料和弹顶装置　第 9 部分：活动挡料销》；JB/T 7649.10—2008《冲模挡料和弹顶装置　第 10 部分：固定挡料销》。

本节主要介绍第 1、2、5、9、10 共 5 个部分，其余部分请参见其他相关手册。

1. 始用挡料装置

JB/T 7649.1—2008《冲模挡料和弹顶装置　第 1 部分：始用挡料装置》对始用挡料装置的结构、尺寸规格、要求及标记进行了规定，始用挡料装置由始用挡料块、弹簧芯柱和弹簧三个部分组成，详见附表 A-23、附表 A-24。

附表 A-23　始用挡料装置的结构、尺寸（JB/T 7649.1—2008）及选用方法

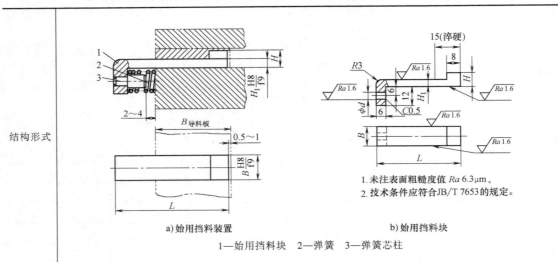

a) 始用挡料装置　　　　　　　b) 始用挡料块

1—始用挡料块　2—弹簧　3—弹簧芯柱

基本尺寸		始用挡料块	弹簧 GB/T 2089	弹簧芯柱 JB/T 7649.2	基本尺寸		始用挡料块	弹簧 GB/T 2089	弹簧芯柱 JB/T 7649.2
L	H				L	H			
36	4	35×4	0.5×6×20	4×16	71	8	71×8	0.8×8×20	6×16
40		40×4			50	10	50×10		
45		45×4			56		56×10		
36	6	36×6	0.8×8×20	6×16	63		63×10		
40		40×6			71		71×10		
45		45×6			80		80×10		
50		50×6			50	12	50×12	1.0×10×20	8×18
56		56×6			56		56×12		
63		63×6			63		63×12		
71		71×6			71		71×12		
45	8	45×8			80		80×12		
50		50×8			90		90×12		
56		56×8			80	16	80×16		
63		63×8			90		90×16		

（续）

	L	B f9	H c12	H_1 f9	d H7
挡料块 尺寸/mm	36		4	2	3
	40				
	45				
	36	6	6	3	
	40				
	45				
	50				
	56				
	63				
	71				
	45	8	8	4	4
	50				
	56				
	63				
	71				
	50	10	10	5	
	56				
	63				
	71				
	80				
	50	12	12	6	6
	56				
	63				
	71				
	80				
	90				
	80	16	16	8	
	90				

选用方法

1）根据板料厚度 t 查本表，选用始用挡料块的厚度 H，使 $H=(2.5\sim4)t$，但应比导料板厚度略小

2）根据挡料块的厚度 H 继续查本表，得到始用挡料块上安装的弹簧芯柱的规格，根据此规格查 JB/T 7649.2—2008，据此得到弹簧芯柱的头部尺寸（$H-h$）

3）根据导料板的宽度、弹簧芯柱头部尺寸等按本表中图的装配尺寸计算得到始用挡料块的长度 L，即：$L=B_{导料板}-(0.5\sim1)+(2\sim4)+H-h+6$

4）根据 L、H 查本表，得到标准始用挡料装置的规格尺寸及标记示例

（续）

选用举例	已知某级进模采用始用挡料装置,条料的厚度尺寸为 2mm,导料板的宽度为 25mm,则始用挡料装置的选用方法为: 1）根据条料的厚度尺寸 2mm,查本表得到始用挡料块厚度 $H = 5 \sim 8mm$,取 6mm 2）查本表得安装的弹簧芯座的规格为 6×16 3）查附表 A-24 得弹簧芯柱的头部尺寸为:$16-6 = 10mm$ 4）根据本表图可计算出始用挡料块的长度 L,即 $L = 25mm-1mm+3mm+10mm+6mm = 43mm$ 5）查本标准得到始挡料装置的标准尺寸,可取 $L = 45mm$
标记示例	$L = 45mm$、$H = 6mm$ 的始用挡料装置标记如下:始用挡料装置 45×6 JB/T 7649.1—2008

附表 A-24 弹簧芯柱的结构、尺寸（JB/T 7649.2—2008）

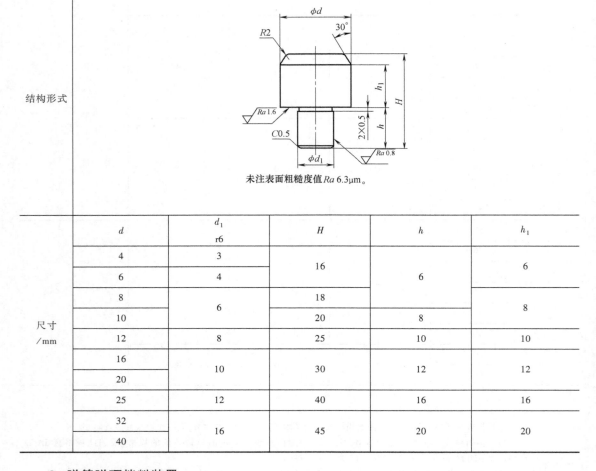

未注表面粗糙度值 Ra 6.3μm。

	d	d_1 r6	H	h	h_1
	4	3	16	6	6
	6	4			
	8	6	18		8
尺寸 /mm	10		20	8	
	12	8	25	10	10
	16	10	30	12	12
	20				
	25	12	40	16	16
	32	16	45	20	20
	40				

2. 弹簧弹顶挡料装置

JB/T 7649.5—2008《冲模挡料和弹顶装置 第 5 部分：弹簧弹顶挡料装置》对弹簧弹顶挡料装置的结构、尺寸规格、要求及标记进行了规定，弹簧弹顶挡料装置包括挡料销和弹簧，详见附表 A-25。

附表 A-25　弹簧弹顶挡料装置的结构、尺寸（JB/T 7649.5—2008）及选用方法

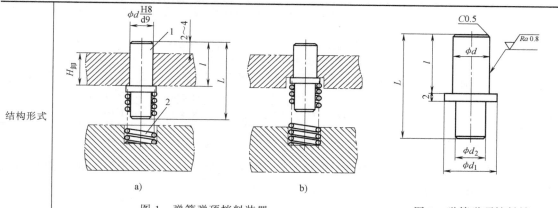

图 1　弹簧弹顶挡料装置　　　　　图 2　弹簧弹顶挡料销

1—弹簧弹顶挡料销　2—弹簧

结构形式

弹簧弹顶挡料装置尺寸/mm

基本尺寸		弹簧弹顶挡料销	弹簧 GB/T 2089	基本尺寸		弹簧弹顶挡料销	弹簧 GB/T 2089
d	L			d	L		
4	18	4×18	0.5×6×20	10	30	10×30	1.6×12×30
	20	4×20			32	10×32	
6	20	6×20	0.8×8×20	12	34	12×34	1.6×16×40
	22	6×22			36	12×36	
	24	6×24	0.8×8×30		40	12×40	
	26	6×26		16	36	16×36	2×20×40
8	24	8×24	1×10×30		40	16×40	
	26	8×26			50	16×50	
	28	8×28		20	50	20×50	2×20×50
	30	8×30			55	20×55	
10	26	10×26	1.6×12×30		60	20×60	
	28	10×28					

弹簧弹顶挡料销尺寸/mm

d d9	d₁	d₂	l	L	d d9	d₁	d₂	l	L
4	6	3.5	10	18	10	12	8	18	30
			12	20				20	32
6	8	5.5	10	20	12	14	10	22	34
			12	22				24	36
			14	24				28	40
			16	26	16	18	14	24	36
8	10	7	12	24				28	40
			14	26				35	50
			16	28	20	23	15	35	50
			18	30				40	55
10	12	8	14	26				45	60
			16	28					

（续）

选用方法	1）根据模具结构及弹性卸料板的厚度 $H_{卸}=l-(2\sim4)\,\text{mm}$ 查阅本表，得到挡料销的尺寸 l，进而得到挡料销的长度 L 2）由 L 并考虑搭边值 a_1（尽量保证 d_1 与凸凹模不发生干涉），选择挡料销的直径 d 3）根据 L、d 查本表，得到弹簧弹顶挡料装置的规格尺寸及标记示例
选用举例	已知卸料板厚度 14mm，搭边值 2mm，采用本表图 1a 结构，则 $l=14\,\text{mm}+(2\sim4)\,\text{mm}=16\,\text{mm}\sim18\,\text{mm}$，取 $l=16\,\text{mm}$，查本表中的"弹簧弹顶挡料销尺寸"，选取 $d=6\,\text{mm}$，$l=16\,\text{mm}$，$L=26\,\text{mm}$（或 $d=8\,\text{mm}$，$l=16\,\text{mm}$，$L=28\,\text{mm}$ 等）
标记示例	$d=6\,\text{mm}$、$L=26\,\text{mm}$ 的弹簧弹顶挡料装置标记如下：弹簧弹顶挡料装置 6×26　JB/T 7649.5—2008

3. 活动挡料销

JB/T 7649.9—2008《冲模挡料和弹顶装置　第 9 部分：活动挡料销》对活动挡料销的结构、尺寸规定、要求及标记进行了规定，详见附表 A-26。

附表 A-26　活动挡料销的结构、尺寸（JB/T 7649.9—2008）及选用方法

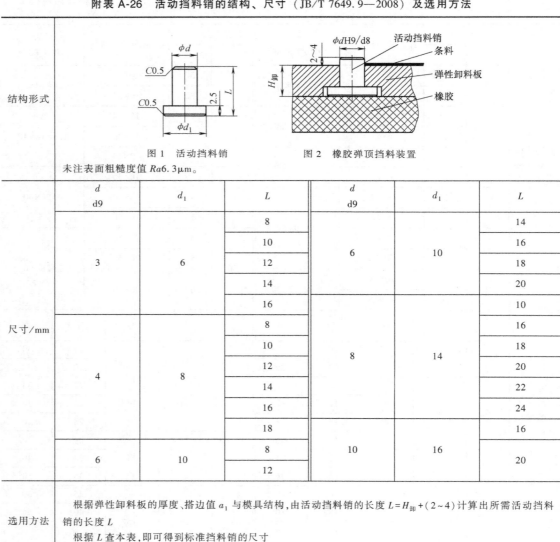

图 1　活动挡料销　　图 2　橡胶弹顶挡料装置

未注表面粗糙度值 $Ra6.3\,\mu\text{m}$。

	d d9	d_1	L	d d9	d_1	L
尺寸/mm	3	6	8	6	10	14
			10			16
			12			18
			14			20
			16	8	14	10
	4	8	8			16
			10			18
			12			20
			14			22
			16			24
			18	10	16	16
	6	10	8			20
			12			

选用方法	根据弹性卸料板的厚度、搭边值 a_1 与模具结构，由活动挡料销的长度 $L=H_{卸}+(2\sim4)$ 计算出所需活动挡料销的长度 L 根据 L 查本表，即可得到标准挡料销的尺寸

（续）

选用举例	已知卸料板厚度 12mm，$a_1 = 2$mm，采用本表图 2 的模具结构，则可计算出所需活动挡料销长度 $L = 12$mm + $(2 \sim 4)$mm，这里取 $L = 15$mm，据此查本表可选取 $d = 3$mm，$L = 16$mm 的活动挡料销
标记示例	$d = 3$mm、$L = 16$mm 的活动挡料销标记如下：活动挡料销　3×16　JB/T 7649.9—2008

4．固定挡料销

JB/T 7649.10—2008《冲模挡料和弹顶装置　第 10 部分：固定挡料销》对固定挡料销的结构、尺寸规格、要求及标记进行了规定，固定挡料销有 A 型和 B 型两种，详见附表 A-27。

附表 A-27　固定挡料销的结构、尺寸（JB/T 7649.10—2008）及选用方法

结构形式	A 型　　　　　　　　　　　　B 型 未注表面粗糙度值 Ra 6.3μm。			
尺寸 /mm	d h11	d_1 m6	h	L
	6	3	3	8
	8	4	2	10
	10		3	13
	16	8	3	13
	20	10	4	16
	25	12		20
选用方法	1）选定固定挡料销类型，如选用 A 型 2）根据板料厚度 t 查阅本表，选取固定挡料销头部高度 h，使 $t < 1$mm，$h = 2$mm；$t = 1 \sim 3$mm，$h = 3$mm；$t > 3$mm，$h = 4$mm，再结合搭边值的大小同时得到挡料销的其他尺寸，如长度 L、头部直径 d 等 3）根据 L、d 继续查阅本表，得到固定挡料销的规格尺寸及标记示例			
选用举例	已知板料厚度 2mm，搭边值 2.5mm，查阅本表，可选头部高度为 3mm 的固定挡料销，考虑搭边值较大，可使挡料销孔离模具刃口较远，这里可选头部直径为 6mm，长度为 8mm 的固定挡料销			
标记示例	$d = 3$mm 的 A 型固定挡料销标记如下：固定挡料销　A　3　JB/T7649.10—2008			

附录 A.9　冲模侧刃和导料装置

冲模侧刃和导料装置 JB/T 7648 包括 8 个部分，即：①JB/T 7648.1—2008《冲模侧刃和导料装置　第 1 部分：侧刃》；②JB/T 7648.2—2008《冲模侧刃和导料装置　第 2 部分：A 型侧刃挡块》；③JB/T 7648.3—2008《冲模侧刃和导料装置　第 3 部分：B 型侧刃挡块》；④JB/T 7648.4—2008《冲模侧刃和导料装置　第 4 部分：C 型侧刃挡块》；⑤JB/T 7648.5—2008《冲模侧刃和导料装置　第 5 部分：导料板》；⑥JB/T 7648.6—2008《冲模侧刃和导料装置　第 6 部分：承料板》；⑦JB/T 7648.7—2008《冲模侧刃和导料装置　第 7 部分：A 型抬料销》；⑧JB/T 7648.8—2008《冲模侧刃和导料装置　第 8 部分：B 型抬料销》。

本节主要介绍第 1、2、3、5 共四个部分，其余部分请参见其他相关手册。

1. 侧刃

JB/T 7648.1—2008《冲模侧刃和导料装置　第 1 部分：侧刃》对侧刃的结构、尺寸规格、要求及标记进行了规定，侧刃有 Ⅰ 型和 Ⅱ 型两种，详见附表 A-28。

附表 A-28　侧刃的结构、尺寸（JB/T 7648.1—2008）及选用方法

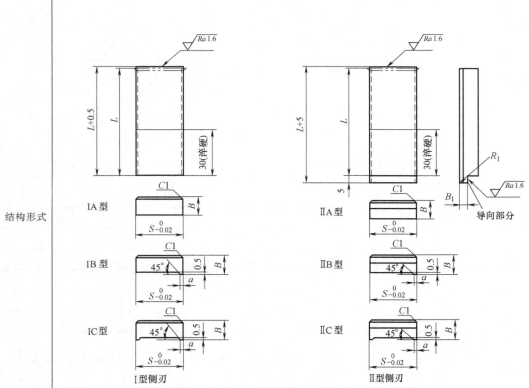

注：刃口部分表面粗糙度值 Ra 0.8μm；未注表面粗糙度值 Ra 6.3μm。

（续）

S	B	B₁	a	L 45	50	56	63	71	80
5.2	4	2	1.2	×	×				
6.2			1.2	×	×				
7.2				×	×				
8.2			1.5	×	×				
9.2				×	×				
10.2				×	×				
7.2	6	3	1.2	×	×				
8.2				×	×				
9.2			1.5	×	×				
10.2				×	×				
10.2	8	4	2		×	×			
11.2					×	×			
12.2					×	×			
13.2					×	×			
14.2					×	×			
15.2					×	×			
15.2	10	5	2		×	×	×	×	
16.2					×	×	×	×	
17.2					×	×	×	×	
18.2					×	×	×	×	
19.2					×	×	×	×	
20.2					×	×	×	×	
21.2					×	×	×	×	
22.2					×	×	×	×	
23.2					×	×	×	×	
24.2	10	5	2		×	×	×	×	
25.2					×	×	×	×	
26.2					×	×	×	×	
27.2					×	×	×	×	
28.2					×	×	×	×	
29.2					×	×	×	×	
30.2					×	×	×	×	
30.2	12	6	2.5			×	×	×	×
32.2						×	×	×	×
34.2						×	×	×	×
36.2						×	×	×	×
38.2						×	×	×	×
40.2						×	×	×	×

尺寸/mm

注:S 尺寸按使用要求修正。

（续）

选用方法	1）选用侧刃类型,如选用ⅠB型 2）根据送料步距查阅本表,选择侧刃的步距尺寸 S 3）根据侧刃的步距尺寸 S 和模具结构,查本表得到其他尺寸
选用举例	已知某级进模的送料步距为 22mm,则ⅠB型侧刃选用方法如下: 1）侧刃的步距尺寸 S 原则上等于送料步距,查本标准得到侧刃的步距尺寸 $S=22.2$mm 2）根据侧刃的步距尺寸 $S=22.2$mm,查本标准得到侧刃的宽度 $B=10$mm。根据模具的具体结构,选取侧刃高度 L(侧刃高度 L 的确定方法参见表5-4),如选取 50mm
标记示例	$S=22.2$mm、$B=10$mm、$L=50$mm 的ⅠB型侧刃标记如下:侧刃　ⅠB　22.2×10×50　JB/T 7648.1—2008

2. A型侧刃挡块

JB/T 7648.2—2008《冲模侧刃和导料装置　第2部分：A型侧刃挡块》对A型侧刃挡块的结构、尺寸规格、要求及标记进行了规定,详见附表A-29。

附表A-29　A型侧刃挡块的结构、尺寸（JB/T 7648.2—2008）及选用方法

结构形式	注:未注表面粗糙度值 Ra 6.3μm。

尺寸/mm	L	B	H
	16	10	4
			6
	20	12	4
			6
			8
	25	16	12
			16
	注:外形尺寸与导料板配合的公差按 H7/m6。		

选用方法	1）根据导料板的厚度 H 查阅本表,选取与导料板厚度相同的侧刃挡块,进而得到侧刃挡块的其他尺寸,如长度 L,但需要注意的是挡块的长度 L 应小于导料板的宽度 2）由 L 和 H,查阅本表,得到侧刃挡块的规格尺寸及标记示例
选用举例	已知某级进模使用的导料板厚度为 6mm,导料板的宽度为 20mm,查阅本表,则可选取厚度为 6mm、长度为 16mm 的侧刃挡块
标记示例	$L=16$mm、$H=6$mm 的A型侧刃挡块标记如下:A型侧刃挡块 16×6　JB/T 7648.2—2008

3. B 型侧刃挡块

JB/T 7648.3—2008《冲模侧刃和导料装置 第 3 部分：B 型侧刃挡块》对 B 型侧刃挡块的结构、尺寸规格、要求及标记进行了规定，详见附表 A-30。

附表 A-30 B 型侧刃挡块的结构、尺寸（JB/T 7648.3—2008）及选用方法

结构形式	 注：未注表面粗糙度值 $Ra\,6.3\mu m$。

尺寸	L	H	h h9	a	l
	16	4	2	4	10
		6	3	5	
	25	8	4		
	32	10	5	6	12
		12	6		
	40	16	8	7	15

选用方法	1）根据导料板的厚度查阅本表,选取与导料板厚度相同的侧刃挡块,进而得到侧刃挡块的其他尺寸,如长度 L,但需要注意的是挡块的长度 L 应小于导料板的宽度 2）由 L 和 H,查阅本表,得到侧刃挡块的规格尺寸及标记示例
选用举例	已知某级进模使用的导料板厚度为 8mm,导料板的宽度为 20mm,查阅本表,则可选取厚度 $H=8$mm、长度 $L=16$mm 的侧刃挡块
标记示例	$L=16$mm、$H=8$mm 的 B 型侧刃挡块标记如下：B 型侧刃挡块 16×8　JB/T7648.3—2008

4. 导料板

JB/T 7648.5—2008《冲模侧刃和导料装置 第 5 部分：导料板》对导料板的结构、尺寸规格、要求及标记进行了规定，详见附表 A-31。

附表 A-31　导料板的结构、尺寸（JB/T 7648.5—2008）及选用方法

结构形式

注：未注表面粗糙度值 $Ra\,6.3\,\mu m$，b 为设计修正量。

尺寸/mm

L	B	4	6	8	10	12	16	18
50	16	×	×					
50	20	×	×					
63	16	×	×					
63	20	×	×					
71	16	×	×					
71	20	×	×					
80	20	×	×					
80	25		×	×				
80	32		×	×				
80	36		×	×				
100	20	×	×					
100	25		×	×				
100	32		×	×				
100	36		×	×				
100	40		×	×	×			
100	45			×	×	×		
125	20	×	×					
125	25		×	×				
125	32		×	×				
125	36		×	×				
125	40		×	×	×			
125	45			×	×	×		
125	50			×	×	×		
160	20	×	×					
160	25		×	×				
160	32		×	×				
160	36		×	×				
160	40		×	×	×			
160	45			×	×	×		
160	50			×	×	×		
200	25		×	×				

L	B	4	6	8	10	12	16	18
200	32	×	×	×				
200	36	×	×	×				
200	40	×	×	×				
200	45			×	×	×		
200	50			×	×	×		
200	56				×	×	×	
200	63				×	×	×	
250	25		×	×				
250	32			×	×			
250	36			×	×			
250	40			×	×			
250	45			×	×	×		
250	50			×	×	×		
250	56				×	×	×	
250	63				×	×	×	
250	71					×	×	×
315	25		×	×				
315	32			×	×			
315	36			×	×			
315	40			×	×	×		
315	45			×	×	×		
315	50			×	×	×		
315	56				×	×	×	
315	63					×	×	
400	40			×	×	×		
400	45			×	×	×		
400	50			×	×	×		
400	56				×	×	×	
400	63				×	×	×	
400	71					×	×	×

（续）

选用方法	1）根据送料方向、凹模的外形尺寸、条料宽度确定导料板的平面尺寸。在送料方向，可取导料板与凹模的尺寸相同，垂直于送料方向导料板的计算尺寸为：$(B_{凹模}-B_{料宽}-2c)/2$。这里 c 是条料与导料板之间的单边间隙，可查表 4-4 2）根据料厚 t 查阅本表，选用导料板厚度 H，使 $H=(2.5\sim4)t$，在有固定挡料销挡料的模具中要使 H 高于固定挡料销头部尺寸与料厚之和 3）根据 L、B、H 查阅本标准，得到导料板的规格尺寸及标记示例
选用举例	已知凹模外形长度 100mm、宽度 80mm、条料的宽度 25mm、厚度 2mm，采用固定挡料销，挡料销头部高度 4mm，由前往后送料。则导料板的具体选用方法为： 1）根据凹模的宽度 80mm 查本表选取导料板的长度 $L=80$mm 2）根据凹模的长度 100mm、条料的宽度 25mm，考虑导料板与最宽条料之间的间隙 0.8mm，则导料板的计算宽度为 $(100-25-2\times0.8)$mm$\div2=36.7$mm，查本表选取导料板的宽度 $B=36$mm 3）根据板料的厚度 2mm，固定挡料销头部高度 4mm，可以查本表选取导料板的高度 $H=8$mm
标记示例	$L=80$mm、$B=36$mm、$H=8$mm 的导料板标记如下：导料板 80×36×8　JB/T 7648.5—2008

附录 A.10　冲模导正销

冲模导正销 JB/T 7647 包括 4 个部分，即：①JB/T 7647.1—2008《冲模导正销　第 1 部分：A 型导正销》；②JB/T 7647.2—2008《冲模导正销　第 2 部分：B 型导正销》；③JB/T 7647.3—2008《冲模导正销　第 2 部分：C 型导正销》；④JB/T 7647.4—2008《冲模导正销　第 2 部分：D 型导正销》。

本节主要介绍第 2 部分，B 型导正销，其余部分请参见其他相关手册。

JB/T 7647.2—2008《冲模导正销　第 2 部分：B 型导正销》对 B 型导正销的结构、尺寸规格、要求及标记进行了规定，详见附表 A-32。

附表 A-32　B 型导正销的结构、尺寸（JB/T 7647.2—2008）**及选用方法**

结构形式	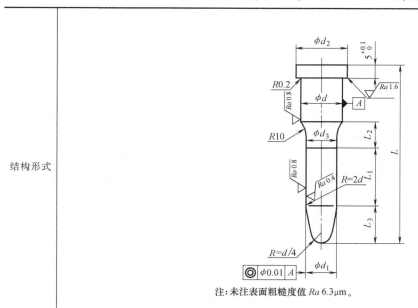 注：未注表面粗糙度值 $Ra\ 6.3\mu m$。

（续）

d h6	d_1 h6	d_2	L					
			56	63	71	80	90	100
5	0.99~4.9	8	×	×	×	×	×	
6	1.9~5.9	9	×	×	×	×	×	×
8	2.4~7.9	11	×	×	×	×	×	×
10	3.9~9.9	13	×	×	×	×	×	×
13	4.9~12.9	16	×	×	×	×	×	×
16	7.9~15.9	19	×	×	×	×	×	×
20	11.9~19.9	24	×	×	×	×	×	×
25	15.0~24.9	29	×	×	×	×	×	×
32	19.9~31.9	36	×	×	×	×	×	×

注：L_1、L_2、L_3、d_3 尺寸和头部形状由设计时决定。

尺寸/mm（行标题，位于表格左侧）

选用方法	根据预冲导正销孔的直径查阅本表，即可得到导正销的径向尺寸，导正销的长度尺寸需根据模具结构确定，具体确定方法可参考凸模长度的确定方法，但要保证模具的工作顺序是上模下行，导正销首先插进导正销孔对条料进行定位，再开始冲压
选用举例	已知预冲的导正销孔的孔径为 2mm，查阅本表可选择 $d=5$mm 或 $d=6$mm 的导正销。根据模具结构可确定导正销的长度，假设为 63mm，由此得到导正销的标记
标记示例	$d=5$mm、$d_1=2$mm、$L=63$mm 的 B 型导正销标记如下：B 型导正销 5×2×63 JB/T 7647.2—2008

附录 A.11   冲模卸料装置

冲模卸料装置 JB/T 7650 包括 8 个部分，即：①JB/T 7650.1—2008《冲模卸料装置　第 1 部分：带肩推杆》；②JB/T 7650.2—2008《冲模卸料装置　第 2 部分：带螺纹推杆》；③JB/T 7650.3—2008《冲模卸料装置　第 3 部分：顶杆》；④JB/T 7650.4—2008《冲模卸料装置　第 4 部分：顶板》；⑤JB/T 7650.5—2008《冲模卸料装置　第 5 部分：圆柱头卸料螺钉》；⑥JB/T 7650.6—2008《冲模卸料装置　第 6 部分：圆柱头内六角卸料螺钉》；⑦JB/T 7650.7—2008《冲模卸料装置　第 7 部分：定距套件》；⑧JB/T 7650.8—2008《冲模卸料装置　第 8 部分：调节垫圈》。

本讲主要介绍第 1、2、3、4、6、7 共 6 个部分，其余请参见其他相关手册。

1. 带肩推杆

JB/T 7650.1—2008《冲模卸料装置　第 1 部分：带肩推杆》对带肩推杆的结构、尺寸规格、要求及标记进行了规定，带肩推杆有 A 型和 B 型两种，详见附表 A-33。

附表 A-33　带肩推杆的结构、尺寸（JB/T 7650.1—2008）及选用方法

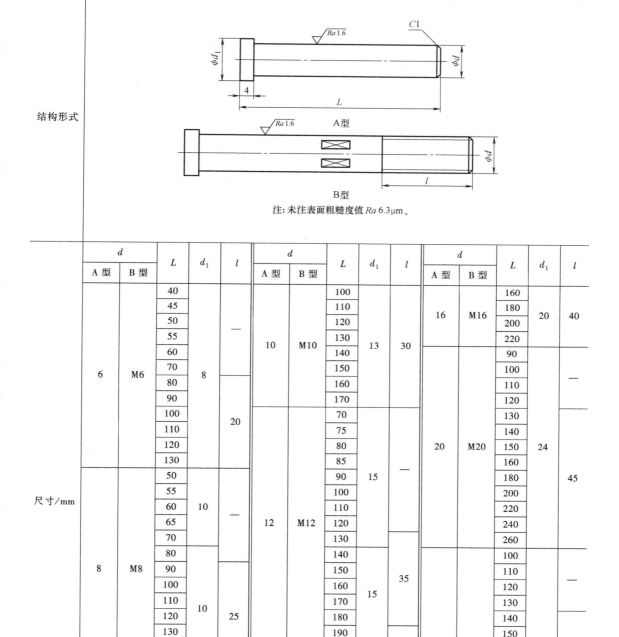

结构形式

A型

B型

注：未注表面粗糙度值 Ra 6.3μm。

尺寸/mm

d A型	d B型	L	d_1	l
6	M6	40	8	—
		45		
		50		
		55		
		60		
		70		
		80		
		90		
		100		20
		110		
		120		
		130		
8	M8	50	10	—
		55		
		60		
		65		
		70		
		80	10	25
		90		
		100		
		110		
		120		
		130		
		140		
		150		
10	M10	60	13	—
		65		
		70		
		75		
		80		
		90		

d A型	d B型	L	d_1	l
10	M10	100	13	30
		110		
		120		
		130		
		140		
		150		
		160		
		170		
12	M12	70	15	—
		75		
		80		
		85		
		90		
		100		
		110		
		120		
		130		
		140	15	35
		150		
		160		
		170		
		180		
		190		
16	M16	80	20	40
		90		
		100		
		110		
		120		
		130		
		140		
		150		

d A型	d B型	L	d_1	l
16	M16	160	20	40
		180		
		200		
		220		
20	M20	90	24	—
		100		
		110		
		120		
		130		
		140		
		150		
		160		
		180		45
		200		
		220		
		240		
		260		
25	M25	100	30	—
		110		
		120		
		130		
		140		
		150		
		160		
		180		
		200		50
		220		
		240		
		260		
		280		

（续）

选用方法	带肩推杆一般需要多根(如 2 根、3 根、4 根等)，且分布均匀、长短一致。带肩推杆的数量及尺寸需根据推件板或推件块的形状和模具结构选定
标记示例	$d=8$mm、$L=90$mm 的 A 型带肩推杆标记如下：带肩推杆 A 8×90　JB/T 7650.1—2008

2. 带螺纹推杆

JB/T 7650.2—2008《冲模卸料装置　第 2 部分：带螺纹推杆》对带螺纹推杆的结构、尺寸规格、要求及标记进行了规定，详见附表 A-34。

附表 A-34　带螺纹推杆的结构、尺寸（JB/T 7650.2—2008）及选用方法

结构形式	注：未注表面粗糙度值 Ra 6.3μm。									

尺寸/mm	d	d_1	L	l	l_1	d_2	b	S	C	$C1$	$r_1 \leqslant$
	M8	M6	110	30	8	4.5	2.0	6	1.2	1	0.5
			120								
			130								
			140								
			150								
	M10	M8	130	40	10	6.2		8	1.5	1.2	
			140								
			150								
			160								
			180								
	M12	M10	130	50	12	7.8		10			
			140								
			150								
			160								
			180								
	M14	M12	140	60	14	9.5	2.5	12	2	1.5	1
			150								
			160								
			180								
			200								
			220								

（续）

	d	d_1	L	l	l_1	d_2	b	S	C	$C1$	$r_1 \leqslant$
尺寸/mm	M16	M14	160	70	16	11.5	2.5	14	2	1.5	
			180								
			200								1.2
			220								
	M20	M16	180	80	18	13	3	16	2.5	2	
			200								
			220								
			240								
			260								
选用方法	与带肩推杆一样，带螺纹推杆一般需多根（如2根、3根、4根等），且分布均匀、长短一致，并与推件板或推件块采用螺纹连接。带螺纹推杆的数量及尺寸需根据推件板或推件块的形状和模具结构选定										
标记示例	$d=M10mm$、$L=130mm$ 的带螺纹推杆标记如下：带螺纹推杆 M10×130　JB/T 7650.2—2008										

3. 顶杆

JB/T 7650.3—2008《冲模卸料装置　第3部分：顶杆》对顶杆的结构、尺寸规格、要求及标记进行了规定，详见附表 A-35。

附表 A-35　顶杆的结构、尺寸（JB/T 7650.3—2008）及选用方法

结构形式	
	注：未注表面粗糙度值 Ra 6.3μm。

尺寸/mm	d	基本尺寸	4	6	8	10	12	16	20
		极限偏差	−0.070 −0.145		−0.080 −0.170		−0.150 −0.260		−0.160 −0.290
	L	15	×						
		20	×	×					
		25	×	×	×				
		30	×	×	×	×			
		35		×	×	×	×		
		40		×	×	×	×		
		45		×	×	×	×		
		50			×	×	×	×	
		55			×	×	×	×	
		60			×	×	×	×	×
		65				×	×	×	×

（续）

		基本尺寸	4	6	8	10	12	16	20
尺寸/mm	d	极限偏差	−0.070 −0.145		−0.080 −0.170		−0.150 −0.260		−0.160 −0.290
	L	70				×	×	×	×
		75				×	×	×	×
		80					×	×	×
		85					×	×	×
		90					×	×	×
		95					×	×	×
		100					×	×	×
		105						×	×
		110						×	×
		115						×	×
		120						×	×
		125						×	×
		130						×	×
		140							×
		150							×
		160							×

注：当 $d \leqslant 10$mm 时，极限偏差为 c11；当 $d > 10$mm 时，极限偏差为 b11。

选用方法	顶杆一般需要多根（如 2 根、3 根、4 根等），且分布均匀、长短一致。顶杆的数量及尺寸需根据顶件块的形状和模具结构选定
标记示例	$d = 8$mm、$L = 40$mm 的顶杆标记如下：顶杆 8×40　JB/T 7650.3—2008

4. 顶板

JB/T 7650.4—2008《冲模卸料装置　第 4 部分：顶板》对顶板的结构、尺寸规格、要求及标记进行了规定，顶板有 A、B、C、D 四种类型，详见附表 A-36。

附表 A-36　顶板的结构、尺寸（JB/T 7650.4—2008）及选用方法

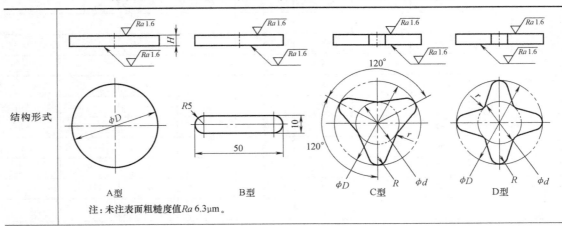

A 型　　　B 型　　　C 型　　　D 型

注：未注表面粗糙度值 Ra 6.3μm。

（续）

尺寸/mm	D	d	R	r	H	b
	20	—	—	—		
	25	15			4	
	32	16	4	3		8
	35	18			5	
	40	20			6	
	50	25	5	4		10
	63					
	71	30	6	5	7	12
	80					
	90	32			9	
	100	35	8	6		16
	125	42	9	7	12	18
	160	55	11	8	16	22
	200	70	12	9	18	24

选用方法	1）选定顶板形状 2）顶板的平面尺寸应能满足所有推杆布置的尺寸需要，其形状不需要与冲压件完全相同，只要能提供足够的平面尺寸，因此顶板需根据模具的具体结构来定 注：这里的顶板为 GB/T 8845—2017 中的推板，作用是传递成形设备传出的力
选用举例	若某冲裁模采用刚性推件装置，选用三根推杆，推件块的外径为 42mm，则查阅本表，可选取直径 $D=40$mm、厚度 $H=6$mm 的 A 型或 C 型顶板 若模具中使用 2 根推杆，则应选用 B 型推板，同理，若模具使用了 4 根推杆，则应选择 A 型或 D 型推板
标记示例	$D=40$mm 的 A 型顶板标记如下：顶板 A 40 JB/T 7650.4—2008

5. 圆柱头内六角卸料螺钉

JB/T 7650.6—2008《冲模卸料装置　第 6 部分：圆柱头内六角卸料螺钉》对圆柱头内六角卸料螺钉的结构、尺寸规格、要求及标记进行了规定，详见附表 A-37。

附表 A-37　圆柱头内六角卸料螺钉的结构、尺寸（JB/T 7650.6—2008）及选用方法

结构形式	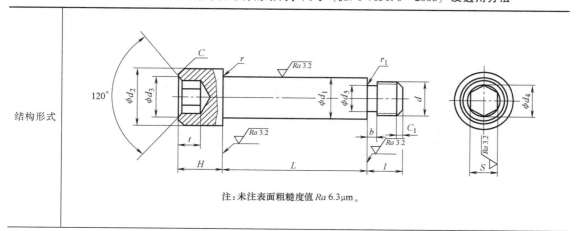

注：未注表面粗糙度值 Ra 6.3μm。

（续）

		M6	M8	M10	M12	M16	M20
	d_1	8	10	12	16	20	24
	l	7	8	10	14	20	26
	d_2	12.5	15	18	24	30	36
	H	8	10	12	16	20	24
	t	4	5	6	8	10	12
	S	5	6	8	10	14	17
	d_3	7.5	9.8	12	14.5	17	20.5
	d_4	5.7	6.9	9.2	11.4	16	19.4
	$r \leqslant$	0.4	0.4	0.6	0.6	0.8	1
	$r_1 \leqslant$	0.5	0.5	1	1	1.2	1.5
	d_3	4.5	6.2	7.8	9.5	13	16.5
	C	1	1.2	1.5	1.8	2	2.5
	C_1	0.3	0.5	0.5	0.5	1	1
	b	2	2	3	4	4	4
尺寸/mm	35	×					
	40	×	×				
	45	×	×	×			
	50	×	×	×			
	55	×	×	×			
	60	×	×	×			
	65	×	×	×	×		
	70	×	×	×	×		
L	80		×	×	×		×
	90			×	×	×	×
	100			×	×	×	×
	110					×	×
	120					×	×
	130					×	×
	140					×	×
	150					×	×
	160						×
	180						×
	200						×

选用方法	1) 根据卸料板的厚度, 查阅本表, 选取螺纹部分的长度 l 略小于卸料板厚度的圆柱头内六角卸料螺钉, 由此得到其他尺寸 2) 根据模具结构确定圆柱头内六角卸料螺钉的长度 L
选用举例	已知某卸料板的厚度 12mm, 查阅本表, 则: 1) 选择 $l=10$mm, $d=$M10mm 的圆柱头内六角卸料螺钉 2) 根据模具具体结构确定圆柱头内六角卸料螺钉的长度 L, 如选取 70mm 由此得到标记示例
标记示例	$d=$M10mm、$L=70$mm 的圆柱头内六角卸料螺钉标记如下:圆柱头内六角卸料螺钉 M10×70　JB/T 7650.6—2008

6. 定距套件

JB/T 7650.7—2008《冲模卸料装置 第7部分：定距套件》对定距套件的结构、尺寸规格、要求及标记进行了规定，定距套件由套管、螺钉和垫圈三个零件组成，详见附表 A-38。

附表 A-38　定距套件的结构、尺寸（JB/T 7650.7—2008）及选用方法

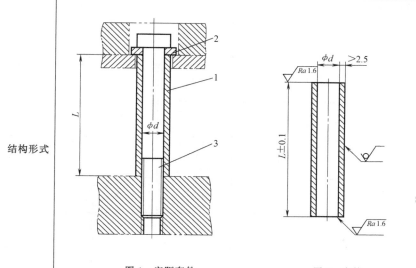
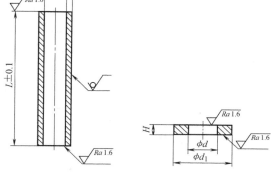

图 1　定距套件
1—套管　2—垫圈　3—螺钉

图 2　套管

图 3　垫圈

注：图 2、图 3 中未注表面粗糙度值 $Ra6.3\mu m$

	d	L	套管	垫圈	螺钉
定距套件尺寸/mm	8	50	8×50	8	M8×70
		63	8×63		M8×80
		71	8×71		M8×90
	10	50	10×50	10	M10×70
		63	10×63		M10×80
		71	10×71		M10×90
		80	10×80		M10×100
	12	63	12×63	12	M12×90
		71	12×71		M12×100
		80	12×80		M12×100
	16	63	16×63	16	M16×90
		71	16×71		M16×100
		80	16×80		M16×110
		90	16×90		M16×120
	20	71	20×71	20	M20×110
		80	20×80		M20×120
		90	20×90		M20×130

（续）

	d H10	8	10	12	16	20
套管尺寸 /mm	L 50	×	×			
	63	×	×	×	×	
	71	×	×	×	×	×
	80		×		×	×
	90				×	×
垫圈尺寸 /mm	d H10	8	10	12	16	20
	d_1	18	22	24	28	36
	H	4				5
选用方法	1）由模具结构得到定距套件中套管的长度 L，并根据卸料板的平面尺寸选定套管的直径 2）根据套管直径得到螺钉的尺寸和垫圈的尺寸					
选用举例	如根据模具结构需要选用长度为 63mm 的套管，由卸料板的平面尺寸选定套管的直径为 10mm，则查阅本表得到： 1）套管：$d=10mm$，$L=63mm$ 2）螺钉：$d=10mm$，L 选用 80mm 3）垫圈：$d=10mm$，$H=4mm$					
标记示例	$d=10mm$、$L=63mm$ 的定距套件标记如下：定距套件 10×63　JB/T 7650.7—2008					

附录 A.12　冲模模柄

冲模模柄 JB/T 7646 包括 6 个部分：即：①JB/T 7646.1—2008《冲模模柄　第 1 部分：压入式模柄》；②JB/T 7646.2—2008《冲模模柄　第 2 部分：旋入式模柄》；③JB/T 7646.3—2008《冲模模柄　第 3 部分：凸缘模柄》；④JB/T 7646.4—2008《冲模模柄　第 4 部分：槽形模柄》；⑤JB/T 7646.5—2008《冲模模柄　第 5 部分：浮动模柄》；⑥JB/T 7646.6—2008《冲模模柄　第 6 部分：推入式活动模柄》。

这里主要介绍前四种冲模模柄的标准及选用方法。

1. 压入式模柄

JB/T 7646.1—2008《冲模模柄　第 1 部分：压入式模柄》对压入式模柄的结构、尺寸规格、要求及标记进行了规定，详见附表 A-39。

附表 A-39　压入式模柄的结构、尺寸（JB/T 7646.1—2008）及选用举例

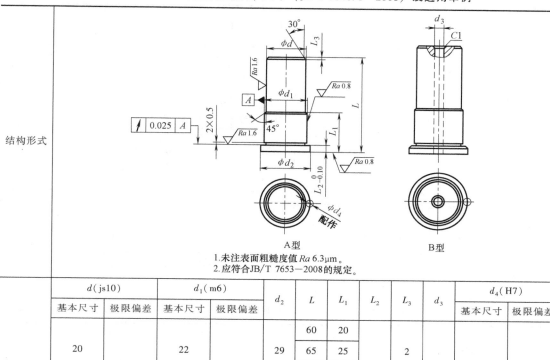

A型　　　　　B型

1. 未注表面粗糙度值 Ra 6.3μm。
2. 应符合JB/T 7653—2008的规定。

结构形式											

d（js10）		d_1（m6）		d_2	L	L_1	L_2	L_3	d_3	d_4（H7）	
基本尺寸	极限偏差	基本尺寸	极限偏差							基本尺寸	极限偏差
20	±0.042	22	+0.021 +0.008	29	60	20	4	2	7	6	+0.012 0
					65	25					
					70	30					
25		26		33	65	20		2.5			
					70	25					
					75	30					
					80	35					
32	±0.050	34	+0.025 +0.009	42	80	25	5	3	11		
					85	30					
					90	35					
					95	40					
40		42		50	100	30	6	4			
					105	35					
					110	40					
					115	45					
					120	50					
50		52	+0.030 +0.011	61	105	35	8	5	15	8	+0.015 0
					110	40					
					115	45					
					120	50					
					125	55					
					130	60					

尺寸/mm

（续）

d（js10）		d_1（m6）		d_2	L	L_1	L_2	L_3	d_3	d_4（H7）	
基本尺寸	极限偏差	基本尺寸	极限偏差							基本尺寸	极限偏差
					115	40					
					120	45					
					125	50					
60	±0.060	62	+0.030 +0.011	71	130	55	8	5	15	8	+0.015 0
					135	60					
					140	65					
					145	70					

尺寸/mm 标注于左侧。

选用方法	1）选择模柄结构形式，如选择压入式 A 型模柄 2）根据压力机模柄孔的直径选择模柄的基本尺寸 d 3）根据所选压力机模柄孔的深度和本副模具所选上模座的厚度选择模柄的长度 L 和 L_1
选用举例	已知所选压力机模柄孔的直径为 $\phi40mm$、深度 120mm，上模座厚度 32mm，查本表可选用基本尺寸 $d=40mm$、$L=100mm$、$L_1=30mm$ 的标准模柄
标记示例	直径 $d=40mm$、长度 $L=100mm$ 的 A 型压入式模柄标记为：压入式模柄　A　40×100　JB/T 7646.1—2008

2. 旋入式模柄

JB/T 7646.2—2008《冲模模柄　第 2 部分　旋入式模柄》对旋入式模柄的结构、尺寸规格、要求及标记进行了规定，详见附表 A-40。

附表 A-40　旋入式模柄的结构、尺寸（JB/T 7646.2—2008）及选用举例

结构形式

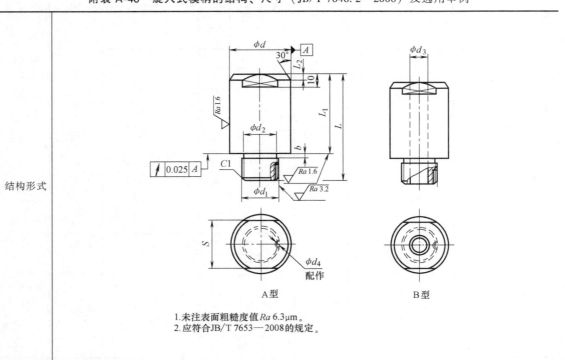

A 型　　　　　　　　　B 型

1. 未注表面粗糙度值 Ra 6.3μm。
2. 应符合 JB/T 7653—2008 的规定。

（续）

d js10	d_1	L	L_1	L_2	S	d_2	d_3	d_4	b	C
20	M16×1.5	58	40	2	17	14.5	11	M6	2.5	1
25	M16×1.5	68	45	2.5	21	14.5			2.5	1
32	M20×1.5	79	56	3	27	18.0				
40	M24×1.5	91	68	4	36	21.5			3.5	1.5
50	M30×1.5	91	68	5	41	27.5	15	M8	4.5	2
60	M36×1.5	100	73	5	50	33.5			4.5	2

（尺寸/mm 位于表格左侧）

选用方法	1）选择模柄结构形式，如选择旋入式 A 型模柄 2）根据所选压力机模柄孔的直径选择模柄的基本尺寸 d
选用举例	已知所选压力机的模柄孔直径为 $\phi40mm$，查本表，可选用基本尺寸 $d=40mm$ 的标准旋入式模柄
标记示例	直径 $d=40mm$ 的 A 型旋入式模柄标记为：旋入式模柄 A 40 JB/T 7646.2—2008

3. 凸缘模柄

JB/T 7646.3—2008《冲模模柄 第3部分：凸缘模柄》对凸缘模柄的结构、尺寸规格、要求及标记进行了规定，详见附表 A-41。

附表 A-41 凸缘模柄的结构、尺寸（JB/T 7646.3—2008）及选用举例

结构形式

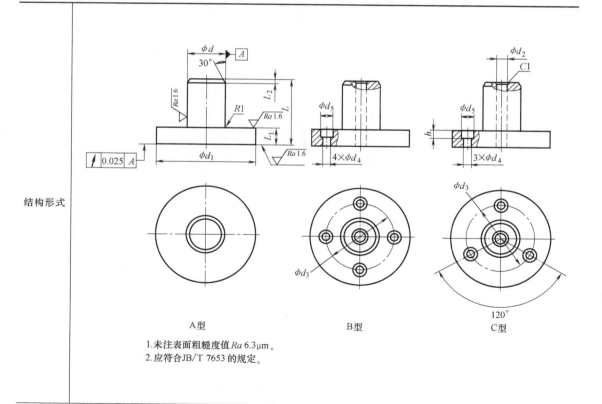

A型 B型 C型

1. 未注表面粗糙度值 Ra 6.3μm。
2. 应符合 JB/T 7653 的规定。

（续）

d js10	d_1	L	L_1	L_2	d_2	d_3	d_4	d_5	h
20	67	58	18	2	11	44	9	14	9
25	82	63	18	2.5	11	54	9	14	9
32	97	79		3	11	65	9	14	9
40	122	91		4	11	81	9	14	9
50	132	91	23	4		91	11	17	11
60	142	96		5	15	101	13	20	13
70	152	100		5	15	110	13	20	13

（尺寸 /mm 为左侧合并单元格标签）

选用方法	1）选择模柄结构形式，如选择凸缘 A 型模柄 2）根据所选压力机模柄孔的直径选择模柄的基本尺寸 d
选用举例	已知所选压力机模柄孔的直径为 $\phi40mm$，则查本表，可选用基本尺寸 $d=40mm$ 的标准凸缘模柄
标记示例	直径 $d=40mm$ 的 A 型凸缘模柄标记为：凸缘模柄　A　40　JB/T 7646.3—2008

4. 槽形模柄

JB/T 7646.4—2008《冲模模柄　第4部分　槽形模柄》对槽式模柄的结构、尺寸规格、要求及标记进行了规定，详见附表 A-42。

附表 A-42　槽形模柄的结构、尺寸（JB/T 7646.4—2008）及选用举例

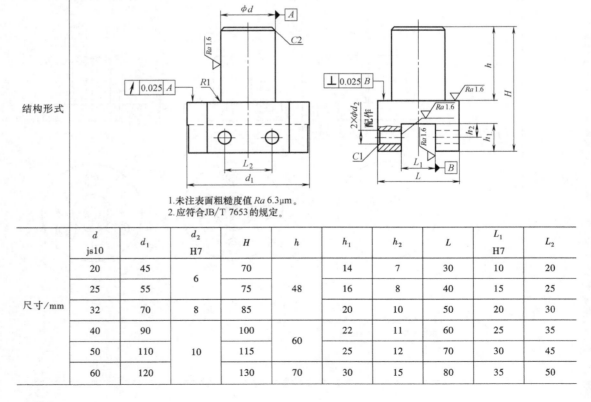

1.未注表面粗糙度值 Ra 6.3μm。
2.应符合JB/T 7653的规定。

d js10	d_1	d_2 H7	H	h	h_1	h_2	L	L_1 H7	L_2
20	45	6	70	48	14	7	30	10	20
25	55	6	75	48	16	8	40	15	25
32	70	8	85	48	20	10	50	20	30
40	90	10	100	60	22	11	60	25	35
50	110	10	115	60	25	12	70	30	45
60	120	10	130	70	30	15	80	35	50

（尺寸/mm 为左侧合并单元格标签）

（续）

选用方法	根据所选压力机模柄孔的直径选择模柄的基本尺寸 d
选用举例	已知所选压力机模柄孔的直径为 $\phi40mm$，查阅本表，可选用基本尺寸 $d=40mm$ 的标准槽形模柄
标记示例	直径 $d=40mm$ 的槽形模柄标记为：槽形模柄 40　JB/T 7646.4—2008

附录 A.13　冲模导向装置

　　冲模导向装置 GB/T 2861 包括 11 个部分，包含：①GB/T 2861.1—2008《冲模导向装置　第 1 部分：滑动导向导柱》；②GB/T 2861.2—2008《冲模导向装置　第 2 部分：滚动导向导柱》；③GB/T 2861.3—2008《冲模导向装置　第 3 部分：滑动导向导套》；④GB/T 2861.4—2008《冲模导向装置　第 4 部分：滚动导向导套》；⑤GB/T 2861.5—2008《冲模导向装置　第 5 部分：钢球保持圈》；⑥GB/T 2861.6—2008《冲模导向装置　第 6 部分：圆柱螺旋压缩弹簧》；⑦GB/T 2861.7—2008《冲模导向装置　第 7 部分：滑动导向可卸导柱》；⑧GB/T 2861.8—2008《冲模导向装置　第 8 部分：滚动导向可卸导柱》；⑨GB/T 2861.9—2008《冲模导向装置　第 9 部分：衬套》；⑩GB/T 2861.10—2008《冲模导向装置　第 10 部分：垫圈》；⑪GB/T 2861.11—2008《冲模导向装置　第 11 部分：压板》。

　　本节主要介绍第 1、2、3、4 共 4 个部分，其余部分请参见其他相关手册。

1. 滑动导向导柱

　　GB/T 2861.1—2008《冲模导向装置　第 1 部分：滑动导向导柱》对滑动导向导柱的结构、尺寸规格、要求及标记进行了规定，滑动导向导柱有 A 型和 B 型两种，详见附表 A-43 和附表 A-44。

附表 A-43　A 型滑动导向导柱的结构、尺寸（GB/T 2861.1—2008）及选用举例

结构形式	
	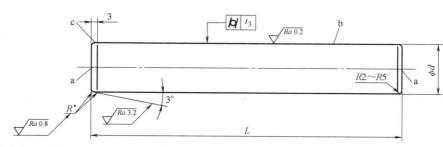 未注表面粗糙度值 Ra 6.3μm。 a. 允许保留中心孔。 b. 允许开油槽。 c. 压入端允许采用台阶式导入结构。 注：R^* 由制造者确定。 　　t_3 应符合 JB/T 8071 中的规定。 　　其余应符合 JB/T 8070 的规定。

（续）

尺寸/mm	d h5 或 d h6	L	d h5 或 d h6	L
	16	90	32	210
		100	35	160
		110		180
	18	90		190
		100		200
		110		210
		120		230
		130	40	180
		150		190
		160		200
	20	100		210
		110		230
		120		260
		130	45	190
		150		200
		160		230
	22	100		260
		110		290
		120	50	200
		130		220
		150		230
		160		240
		180		250
	25	110		260
		130		270
		150		280
		160		290
		170		300
		180	55	220
	28	130		240
		150		250
		160		270
		170		280
		180		290
		190		300
		200		320
	32	150	60	250
		160		270
		170		280
		180		290
		190		300
		200		320
注：Ⅰ级精度模架导柱采用 d h5，Ⅱ级精度模架导柱采用 d h6。				

（续）

选用方法	1）选定标准模架，得到组成此模架的导柱、导套标准代号及规格 2）根据此导柱、导套的标准代号及规格分别查导柱和导套的标准
选用举例	已知选用的标准模架为：中间导柱模架 200×160×195 GB/T 23565.3—2009，则查此标准模架得到： 导柱 1：GB/T 2861.1 28×190，导套 1：GB/T 2861.3 28×100×38 导柱 2：GB/T 2861.1 32×190，导套 2：GB/T 2861.3 32×100×38 再根据导柱 1、2 的规格查阅本表即可得到标准导柱的具体尺寸和标记示例
标记示例	$d=28$mm、$L=190$mm 的滑动导向 A 型导柱标记如下：滑动导向导柱 A 28×190 GB/T 2861.1—2008

附表 A-44　B 型滑动导向导柱的结构、尺寸（GB/T 2861.1—2008）及选用举例

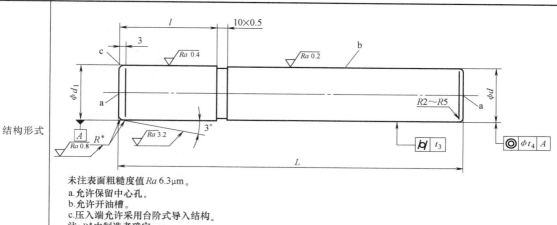

未注表面粗糙度值 Ra 6.3μm。
a.允许保留中心孔。
b.允许开油槽。
c.压入端允许采用台阶式导入结构。
注：R^* 由制造者确定。
　　t_3、t_4 应符合JB/T 8071中的规定。
　　其余应符合JB/T 8070中的规定。

尺寸/mm

d h5 或 d h6	d_1 r6	L	l
16	16	90	25
		100	
		100	30
		110	
18	18	90	25
		100	
		100	30
		110	
		120	
		110	40
		130	
20	20	100	30
		120	
		120	35
		110	40
		130	

（续）

d h5 或 d h6	d₁ r6	L	l
22	22	100	30
		120	
		110	35
		120	
		130	
		110	40
		130	
		130	45
		150	
25	25	110	35
		130	
		130	40
		150	
		130	45
		150	
		150	50
		160	
		180	
28	28	130	40
		150	
		150	45
		170	
		150	50
		160	
		180	
		180	55
		200	
32	32	150	45
		170	
		160	50
		190	
		180	55
		210	
		190	60
		210	

尺寸/mm

（续）

尺寸/mm	d h5 或 d h6	d_1 r6	L	l
	35	35	160	50
			190	
			180	55
			190	
			210	
			190	60
			210	
			200	65
			230	
	40	40	180	55
			210	
			190	60
			200	
			210	
			230	
			200	65
			230	
			230	70
			260	
	45	45	200	60
			230	
			200	65
			230	
			260	
			230	70
			260	
			260	75
			290	
	50	50	200	60
			230	
			220	65
			230	
			240	
			250	
			260	
			270	

（续）

尺寸/mm	d h5 或 d h6	d_1 r6	L	l
	50	50	230	70
			260	
			260	75
			290	
			250	80
			270	
			280	
			300	
	55	55	220	65
			240	
			250	
			270	
			250	70
			280	
			250	75
			280	
			250	80
			270	
			280	
			300	
			290	90
			320	
	60	60	250	70
			280	
			290	90
			320	

注：Ⅰ级精度模架导柱采用 d h5，Ⅱ级精度模架导柱采用 d h6。

2. 滚动导向导柱

GB/T 2861.2—2008《冲模导向装置　第2部分：滚动导向导柱》对滚动导向导柱的结构、尺寸规格、要求及标记进行了规定，详见附表 A-45。

附表 A-45　滚动导向导柱的结构、尺寸（GB/T 2861.2—2008）及选用举例

结构形式

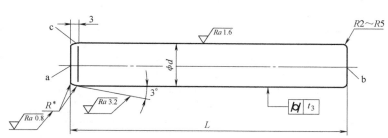

未注表面粗糙度值 $Ra6.3\mu m$ 。
a. 允许保留中心孔。
b. 允许保留中心孔，与限程器相关的结构和尺寸由制造者确定。
c. 压入端允许采用台阶式导入结构。
注：R^* 由制造者确定。
　　t_3 应符合JB/T 8071中的规定。其余应符合JB/T 8070的规定。

尺寸/mm	d h5	L	d h5	L
	18	130	35	190
		140		210
		155		215
	20	130		225
		140		230
		145	40	225
		155		230
	22	145		260
		155		290
		160		320
	25	155	45	230
		160		260
		170		290
		190		320
	28	155	50	230
		160		260
		170		290
		190		320
		210	55	260
	32	170		290
		190		320
		210	60	260
		215		290
		225		320

（续）

选用方法	1）选定标准模架,得到组成此模架的导柱、导套标准代号及规格 2）根据此导柱、导套的标准代号及规格分别查导柱和导套的标准
选用举例	已知选用的标准模架为:对角导柱模架 250×125×200-0I GB/T 23563.2—2009,则查此标准模架得到: 导柱 1:GB/T 2861.2 28×190,导套 1:GB/T2861.4 28×120×38 导柱 2:GB/T 2861.2 32×190,导套 2:GB/T2861.4 32×120×38 再根据上述信息查阅有关标准即可得到标准导柱、导套的具体尺寸和标记示例
标记示例	d = 28mm、L = 190mm 的滚动导向导柱标记为:滚动导向导柱 28×190 GB/T 2861.2—2008

3. 滑动导向导套

GB/T 2861.3—2008《冲模导向装置 第3部分：滑动导向导套》对滑动导向导套的结构、尺寸规格、要求及标记进行了规定，滑动导向导套有 A 型和 B 型两种，分别与滑动导向的 A 型和 B 型导柱配套使用，详见附表 A-46 和附表 A-47。

附表 A-46 A 型滑动导向导套的结构、尺寸 （GB/T 2861.3—2008） 及选用举例

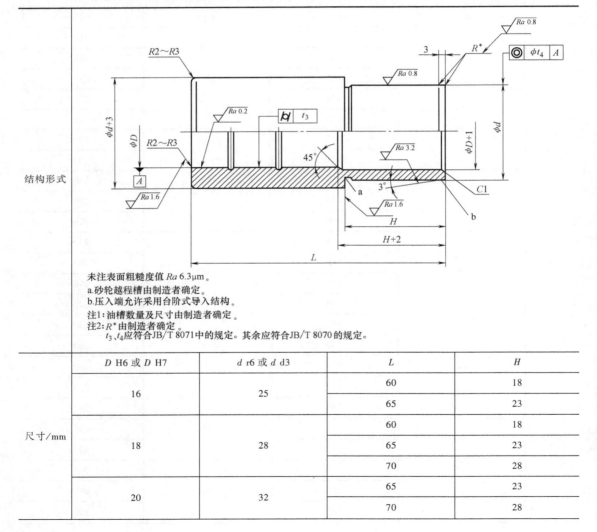

未注表面粗糙度值 Ra 6.3μm。
a.砂轮越程槽由制造者确定。
b.压入端允许采用台阶式导入结构。
注1:油槽数量及尺寸由制造者确定。
注2:R^* 由制造者确定。
    t_3、t_4 应符合JB/T 8071中的规定。其余应符合JB/T 8070的规定。

尺寸/mm	D H6 或 D H7	d r6 或 d d3	L	H
结构形式				
尺寸/mm	16	25	60	18
			65	23
	18	28	60	18
			65	23
			70	28
	20	32	65	23
			70	28

	D H6 或 D H7	d r6 或 d d3	L	H
尺寸/mm	22	35	65	23
			70	28
			80	28
			80	33
			85	33
	25	38	80	28
			80	33
			85	33
			90	38
			95	38
	28	42	85	33
			90	38
			95	38
			100	38
			110	43
	32	45	100	38
			105	43
			110	43
			115	48
	35	50	105	43
			115	43
			115	48
			125	48
	40	55	115	43
			125	48
			140	53
	45	60	125	48
			140	53
			150	58
		65	125	48
	50	65	140	53
			150	53
			150	58
			160	63
	55	70	150	53
			160	58
			160	63
			170	73
	60	76	160	58
			170	73
	注 1：Ⅰ级精度模架导柱采用 D H6，Ⅱ级精度模架导柱采用 D H7。 注 2：导套压入式采用 d r6，粘接式采用 d d3。			
选用方法	参见附表 A-43			
选用举例	参见附表 A-43			
标记示例	D = 28mm、L = 100mm、H = 38mm 的滑动导向 A 型导套标记如下：滑动导向导套 A　28×100×38　GB/T 2861.3—2008			

附表 A-47　B 型滑动导向导套的结构、尺寸（GB/T 2861.3—2008）及选用举例

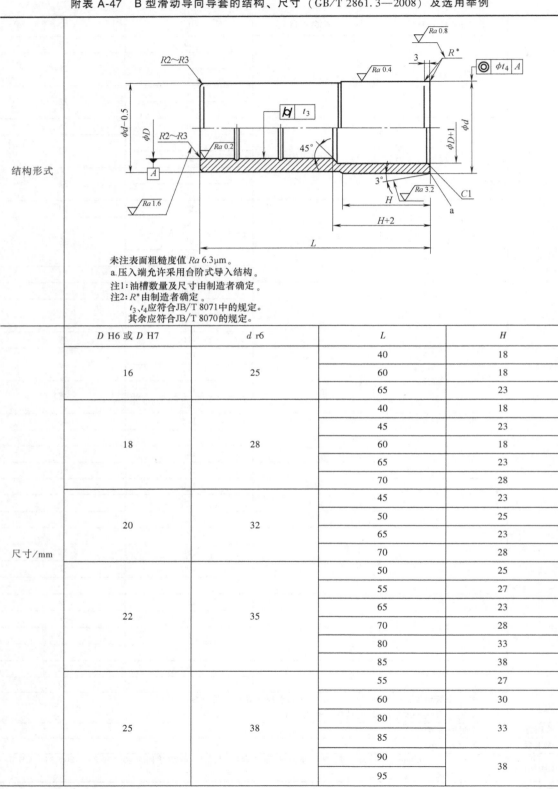

未注表面粗糙度值 Ra 6.3μm。

a.压入端允许采用台阶式导入结构。

注1：油槽数量及尺寸由制造者确定。

注2：R^* 由制造者确定。

　　　　t_3、t_4 应符合JB/T 8071中的规定。

　　　　其余应符合JB/T 8070的规定。

结构形式				
尺寸/mm	D H6 或 D H7	d r6	L	H
	16	25	40	18
			60	18
			65	23
	18	28	40	18
			45	23
			60	18
			65	23
			70	28
	20	32	45	23
			50	25
			65	23
			70	28
	22	35	50	25
			55	27
			65	23
			70	28
			80	33
			85	38
	25	38	55	27
			60	30
			80	33
			85	33
			90	38
			95	38

（续）

尺寸/mm	D H6 或 D H7	d r6	L	H
尺寸/mm	28	42	60	30
			65	30
			85	33
			90	38
			95	38
			100	38
			110	43
	32	45	65	30
			70	33
			100	38
			105	43
			110	43
			115	48
	35	50	70	33
			105	43
			115	48
			125	48
	40	55	115	43
			125	48
			140	53
	45	60	125	48
			140	53
			150	58
	50	65	125	48
			140	53
			150	58
			160	63
	55	70	150	53
			160	63
			170	73
	60	76	160	58
			170	73

注:0Ⅰ级精度模架导柱采用 D H6,0Ⅱ级精度模架导柱采用 D H7。

4. 滚动导向导套

GB/T 2861.4—2008《冲模导向装置 第 4 部分：滚动导向导套》对滚动导向导套的结构、尺寸规格、要求及标记进行了规定，其结构、尺寸及选用方法见附表 A-48。

附表 A-48　滚动导向导套的结构、尺寸（GB/T 2861.4—2008）及选用方法

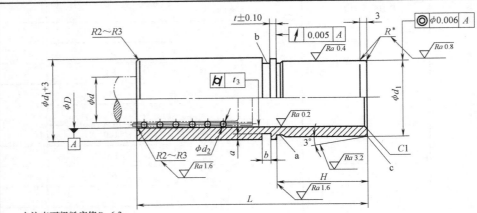

| 结构形式 | |

未注表面粗糙度值 Ra 6.3μm。
a. 砂轮越程槽由制造者确定。
b. 采用粘接工艺，压板槽可取消，相应上模座中螺纹孔不加工。
c. 压入端允许采用台阶式导入结构。
注：R*由制造者确定。
　　t₃ 应符合JB/T 8071中的规定。其余应符合JB/T 8070的规定。

基本尺寸		H	钢球 d₂	D		d₁ m5	t	b	a
d	L			基本尺寸	配合要求				
18	80	23		24		38	3	5	3
	100	30							
	100	33							
20	80	23	3	26		40			
	100	30							
	100	33							
22	100	30		28		42			
	100	33							
25	100	30		31		45			
	100	33							
	120	38							
	100	38		33	与滚动导向导柱配合的径向过盈量为 0.01~0.02	48			
	105	38							
	125	38							
28	100	38	4	36		50	4	6	3.5
	105	38							
	120	38							
	125	38							
	125	43							
	145	43							
32	120	38		40		55			
	120	48							
	125	43							
	145								
	150								
35	120	48		45		60			
	150								
	120	58							
	150								

尺寸/mm

（续）

基本尺寸		H	钢球 d_2	D		d_1 m5	t	b	a
d	L			基本尺寸	配合要求				
尺寸/mm	40	120	48	5	50	与滚动导向导柱配合的径向过盈量为 0.01~0.02	65	4	6	3.5
		150								
		120	58							
		150								
	45	120	58		55		70	5	7	4
		150								
		120	63							
		150								
	50	120	58		60		76			
		150								
		120	63							
		150								
	60	180	78		70		88			

注：导套压入式采用 $dr6$，粘接式采用 $dd3$。

选用方法	参见附表 A-43
选用举例	参见附表 A-43
标记示例	$d = 28$mm、$L = 120$mm、$H = 38$mm 的滚动导向导套标记如下：滚动导向导套 $28 \times 120 \times 38$ GB/T 2861.4—2008

附录 A.14 冲模滑动导向钢板模架

冲模滑动导向钢板模架 GB/T 23565 包括 4 个部分，即：①GB/T 23565.1—2009《冲模滑动导向钢板模架 第 1 部分：后侧导柱模架》；②GB/T 23565.2—2009《冲模滑动导向钢板模架 第 2 部分：对角导柱模架》；③GB/T 23565.3—2009《冲模滑动导向钢板模架 第 3 部分：中间导柱模架》；④GB/T 23565.4—2009《冲模滑动导向钢板模架 第 4 部分：四导柱模架》。

1. 滑动导向后侧导柱模架

GB/T 23565.1—2009《冲模滑动导向钢板模架 第 1 部分：后侧导柱模架》对冲模滑动导向钢板模架的后侧导柱模架的结构、尺寸规格及标记进行了规定，详见附表 A-49。

2. 滑动导向对角导柱模架

GB/T 23565.2—2009《冲模滑动导向钢板模架 第 2 部分：对角导柱模架》对冲模滑动导向钢板模架的对角导柱模架的结构、尺寸规格及标记进行了规定，详见附表 A-50。

3. 滑动导向中间导柱模架

GB/T 23565.3—2009《冲模滑动导向钢板模架 第 3 部分：中间导柱模架》对冲模滑动导向钢板模架的中间导柱模架的结构、尺寸规格及标记进行了规定，详见附表 A-51。

附表 A-49　滑动导向后侧导柱模架的结构、尺寸（GB/T 23565.1—2009）及选用方法

结构形式	 1—上模座　2—下模座　3—导柱　4—导套 1. 允许采用可卸导柱。 2. 技术要求应符合JB/T 8070—2008的规定。

凹模周界		外形尺寸		闭合高度 H		零件件号、名称及标准编号			
						1	2	3	4
						上模座 GB/T 23566.1	下模座 GB/T 23562.1	导柱 GB/T 2861.1	导套 GB/T 2861.3
						数量			
						1	1	2	2
L	B	L_1	B_1	最小	最大	规格			
100	80	140	135	135	165	100×80×25	100×80×32	20×130	20×65×23
100	80	140	165	165	200	100×80×32	100×80×40	20×160	20×70×28
125	80	160	140	135	165	125×80×25	125×80×32	20×130	20×65×23
125	80	160	140	165	200	125×80×32	125×80×40	20×160	20×70×28
160	80	200		135	165	160×80×25	160×80×32	20×130	20×65×23
160	80	200				160×80×32	160×80×40	20×160	20×70×28
200	80	250	150	165	200	200×80×32	200×80×40	25×160	25×80×28
250	80	315	150			250×80×32	250×80×40	25×160	25×80×28
125	100	160	160	135	165	125×100×25	125×100×32	20×130	20×65×23
125	100	160	160			125×100×32	125×100×40	20×160	20×70×28
160	100	200		165	200	160×100×32	160×100×40	25×160	25×80×28
200	100	250	170	165	200	200×100×32	200×100×40	25×160	25×80×28
250	100	315	170			250×100×32	250×100×40	25×160	25×80×28
125	125	160	200			125×125×32	125×125×40	25×160	25×80×28
160	125	200	200			160×125×32	160×125×40	25×160	25×80×28
200	125	250				200×125×32	200×125×40	25×160	25×80×28
250	125	315	210	195	240	250×125×40	250×125×50	32×190	32×100×38
315	125	400	210	195	240	315×125×40	315×125×50	32×190	32×100×38
160	160	215	230	165	200	160×160×32	160×160×40	25×160	25×80×28
200	160	250	240	195	240	200×160×40	200×160×50	32×190	32×100×38
250	160	315	240	195	240	250×160×40	250×160×50	32×190	32×100×38

（尺寸/mm）

（续）

尺寸/mm	凹模周界		外形尺寸		闭合高度 H		零件件号、名称及标准编号			
							1	2	3	4
							上模座 GB/T 23566.1	下模座 GB/T 23562.1	导柱 GB/T 2861.1	导套 GB/T 2861.3
							数量			
							1	1	2	2
	L	B	L_1	B_1	最小	最大	规格			
	315	160	400	240			315×160×40	315×160×50		
	200	200	280	280	195	240	200×200×40	200×200×50	32×190	32×100×38
	250		315				250×200×40	250×200×50		
	315		400				315×200×40	315×200×50		
	400		500				400×200×40	400×200×50		
	250	250	315	335			250×250×40	250×250×50		
	315		400				315×250×40	315×250×50		
	400		500	350	240	280	400×250×50	400×250×63	40×230	40×125×48
	500		600				500×250×50	500×250×63		
选用方法	根据凹模周界尺寸进行选取									
选用举例	已知凹模周界尺寸 $L=200\text{mm}$、$B=125\text{mm}$，查本表，则得模架的标准尺寸为：$L=200\text{mm}$、$B=125\text{mm}$、$H=165\text{mm}$									
标记示例	$L=200\text{mm}$、$B=125\text{mm}$、$H=165\text{mm}$、Ⅰ级精度的后侧导柱模架的标记如下：后侧导柱模架　200×125×165-Ⅰ　GB/T 23565.1—2009									

附表 A-50　滑动导向对角导柱模架的结构、尺寸（GB/T 23565.2—2009）及选用方法

结构形式	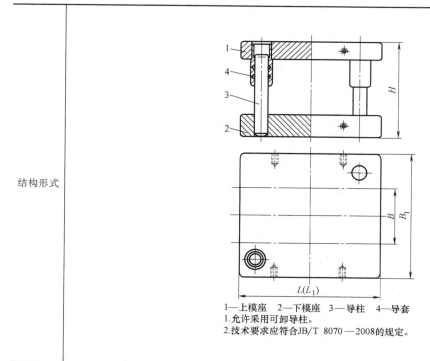 1—上模座　2—下模座　3—导柱　4—导套 1.允许采用可卸导柱。 2.技术要求应符合JB/T 8070—2008的规定。

（续）

尺寸/mm

凹模周界		外形尺寸		闭合高度 H		零件件号、名称及标准编号					
						1	2	3		4	
						上模座 GB/T 23566.2	下模座 GB/T 23562.2	导柱 GB/T 2861.1		导套 GB/T 2861.3	
						数量					
						1	1	1	1	1	1
L	B	L_1	B_1	最小	最大	规格					
100	80	100	200	135	165	100×80×25	100×80×32	18×130	20×130	18×65×23	20×65×23
100				165	200	100×80×32	100×80×40	18×160	20×160	18×70×28	20×70×28
125		125		135	165	125×80×25	125×80×32	18×130	20×130	18×65×23	20×65×23
				165	200	125×80×32	125×80×40	18×160	20×160	18×70×28	20×70×28
160		160		135	165	160×80×25	160×80×32	18×130	20×130	18×65×23	20×65×23
						160×80×32	160×80×40	18×160	20×160	18×70×28	20×70×28
200		200	225	165	200	200×80×32	200×80×40	22×160	25×160	22×80×28	25×80×28
250		250				250×80×32	250×80×40	22×160	25×160	22×80×28	25×80×28
125	100	125	200	135	165	125×100×25	125×100×32	18×130	20×130	18×65×23	20×65×23
						125×100×32	125×100×40	18×160	20×160	18×70×28	20×70×28
160		160	250	165	200	160×100×32	160×100×40	22×160	25×160	22×80×28	25×80×28
200		200				200×100×32	200×100×40	22×160	25×160	22×80×28	25×80×28
250		250				250×100×32	250×100×40	22×160	25×160	22×80×28	25×80×28
315		315	265	195	240	315×100×40	315×100×50	28×190	32×190	28×100×38	32×100×38
160	125	160	280	165	200	160×125×32	160×125×40	22×160	25×160	22×80×28	25×80×28
200		200				200×125×32	200×125×40	22×160	25×160	22×80×28	25×80×28
250		250	280			250×125×40	250×125×50	28×190	32×190	28×100×38	32×100×38
315		315				315×125×40	315×125×50				
400		400				400×125×40	400×125×50				
200	160	200	335	195	240	200×160×40	200×160×50				
250		250				250×160×40	250×160×50				
315		315				315×160×40	315×160×50				
400		400				400×160×40	400×160×50				
500		500				500×160×40	500×160×50				
250	200	250	375			250×200×40	250×200×50				
315		315				315×200×40	315×200×50				
400		400				400×200×40	400×200×50				
500		500	400	240	280	500×200×50	500×200×63	35×230	40×230	35×125×48	40×125×48
315	250	315	425	195	240	315×250×40	315×250×50	28×190	32×190	28×100×38	32×100×38
400		400	450	240	280	400×250×50	400×250×63	35×230	40×230	35×125×48	40×125×48
500		500				500×250×50	500×250×63	35×230	40×230	35×125×48	40×125×48

（续）

凹模周界		外形尺寸		闭合高度 H		零件件号、名称及标准编号					
						1	2	3		4	
						上模座 GB/T 23566.2	下模座 GB/T 23562.2	导柱 GB/T 2861.1		导套 GB/T 2861.3	
						数量					
L	B	L_1	B_1	最小	最大	1	1	1	1	1	1
						规格					
630	250	630	450			630×250×50	630×250×63	35×230	40×230	35×125×48	40×125×48
315	315	315	530			315×315×50	315×315×63				
400		400				400×315×50	400×315×63				
500		500	560	240	280	500×315×50	500×315×63	45×230	50×230	45×125×48	50×125×48
630		630				630×315×50	630×315×63				
400	400	400	630			400×400×50	400×400×63				
500		500				500×400×50	500×400×63				
630		630		270	320	630×400×63	630×400×80	45×260	50×260	45×150×58	50×150×58
800		800				800×400×63	800×400×80				

尺寸/mm（位于左侧首列标题）

选用方法	根据凹模周界尺寸进行选取
选用举例	已知凹模周界尺寸 $L=200$mm、$B=160$mm，查本表，则得模架的标准尺寸为：$L=200$mm、$B=160$mm、$H=195$mm
标记示例	$L=200$mm、$B=160$mm、$H=195$mm、Ⅰ级精度的对角导柱模架的标记如下：对角导柱模架　200×160×195-Ⅰ　GB/T 23565.2—2009

附表 A-51　滑动导向中间导柱模架的结构、尺寸（GB/T 23565.3—2009）及选用方法

结构形式

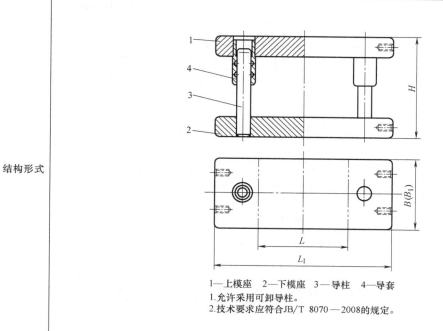

1—上模座　2—下模座　3—导柱　4—导套
1.允许采用可卸导柱。
2.技术要求应符合JB/T 8070—2008的规定。

（续）

尺寸/mm						零件件号、名称及标准编号					
凹模周界		外形尺寸		闭合高度 H		1 上模座 GB/T 23566.3	2 下模座 GB/T 23562.3	3 导柱 GB/T 2861.1		4 导套 GB/T 2861.3	
						数量					
						1	1	1	1	1	1
L	B	L_1	B_1	最小	最大	规格					
100	100	215	100	135	165	100×100×25	100×100×32	18×130	20×130	18×65×23	20×65×23
				165	200	100×100×32	100×100×40	18×160	20×160	18×70×28	20×70×28
125	100	250	100	135	165	125×100×25	125×100×32	18×130	20×130	18×65×23	20×65×23
						125×100×32	125×100×40	18×160	20×160	18×70×28	20×70×28
160		315		165	200	160×100×32	160×100×40	22×160	25×160	22×80×28	25×80×28
200		355				200×100×32	200×100×40				
250		400				250×100×32	250×100×40				
315		475		195	240	315×100×40	315×100×50	28×190	32×190	28×100×38	32×100×38
125	125	280	125			125×125×32	125×125×40	22×160	25×160	22×80×28	25×80×28
160		315		165	200	160×125×32	160×125×40				
200		355				200×125×32	200×125×40				
250		400				250×125×40	250×125×50				
315	125	475		195	240	315×125×40	315×125×50	28×190	32×190	28×100×38	32×100×38
400		560				400×125×40	400×125×50				
160		315	160	165	200	160×160×32	160×160×40	22×160	25×160	22×80×28	25×80×28
200		355				200×160×40	200×160×50				
250	160	425				250×160×40	250×160×50				
315		475				315×160×40	315×160×50				
400		560				400×160×40	400×160×50				
500		670		195	240	500×160×50	500×160×50	28×190	32×190	28×100×38	32×100×38
200		375	200			200×200×40	200×200×50				
250		425				250×200×40	250×200×50				
315	200	475				315×200×40	315×200×50				
400		560				400×200×40	400×200×50				
500		710		240	280	500×200×50	500×200×63	35×230	40×230	35×125×48	40×125×48
250	250	425	250	195	240	250×250×40	250×250×50	28×190	32×190	28×100×38	32×100×38
315		475				315×250×40	315×250×50				

（续）

尺寸/mm					闭合高度 H		零件件号、名称及标准编号			
凹模周界		外形尺寸					1	2	3	4
							上模座 GB/T 23566.3	下模座 GB/T 23562.3	导柱 GB/T 2861.1	导套 GB/T 2861.3
							数量			
							1	1	1	1	1	1
							规格			
L	B	L_1	B_1	最小	最大					
400	250	600	250	240	280	400×250×50	400×250×63	35×230	40×230	35×125×48	40×125×48
500		710				500×250×50	500×250×63				
315	315	530	315			315×315×50	315×315×63	45×230	50×230	45×125×48	50×125×48
400		600				400×315×50	400×315×63				
500		750				500×315×50	500×315×63				
630		850				630×315×50	630×315×63				
500	400	750	400	240	280	500×400×50	500×400×63				
630		850		270	320	630×400×63	630×400×80	45×260	50×260	45×150×58	50×150×58

选用方法	根据凹模周界尺寸进行选取
选用举例	已知凹模周界尺寸 $L=250$mm、$B=250$mm，查本表，则得模架的标准尺寸为：$L=250$mm、$B=250$mm、$H=195$mm
标记示例	$L=250$mm、$B=250$mm、$H=195$mm、I级精度的中间导柱模架的标记如下：中间导柱模架 250×250×195-I GB/T 23565.3—2009

4. 滑动导向四导柱模架

GB/T 23565.4—2009《冲模滑动导向钢板模架 第 4 部分：四导柱模架》对冲模滑动导向钢板模架的四导柱模架的结构、尺寸规格及标记进行了规定，详见附表 A-52。

附表 A-52 滑动导向四导柱模架的结构、尺寸（GB/T 23565.4—2009）及选用方法

结构形式	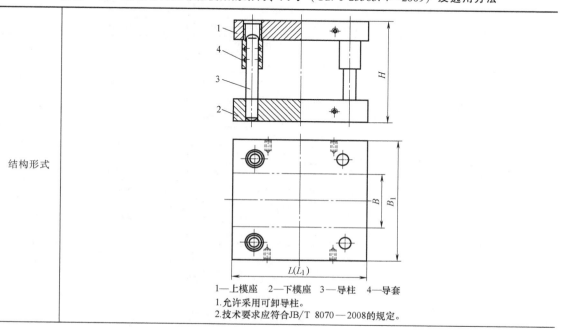 1—上模座　2—下模座　3—导柱　4—导套 1.允许采用可卸导柱。 2.技术要求应符合JB/T 8070—2008的规定。

（续）

凹模周界		外形尺寸		闭合高度 H		零件件号、名称及标准编号			
						1 上模座 GB/T 23566.4	2 下模座 GB/T 23562.4	3 导柱 GB/T 2861.1	4 导套 GB/T 2861.3
						数量			
						1	1	4	4
L	B	L_1	B_1	最小	最大	规格			
160	100	160	250	165	200	160×100×32	160×100×40	25×160	25×80×28
200	100	200	250	165	200	200×100×32	200×100×40	25×160	25×80×28
250	100	250	250	165	200	250×100×32	250×100×40	25×160	25×80×28
315	100	315	265	195	240	315×100×40	315×100×50	32×190	32×100×38
400	100	400	265	195	240	400×100×40	400×100×50	32×190	32×100×38
200	125	200	265	165	200	200×125×32	200×125×40	25×160	25×80×28
250	125	250	280	195	240	250×125×40	250×125×50	32×190	32×100×38
315	125	315	280	195	240	315×125×40	315×125×50	32×190	32×100×38
400	125	400	280	195	240	400×125×40	400×125×50	32×190	32×100×38
500	125	500	280	195	240	500×125×40	500×125×50	32×190	32×100×38
250	160	250	315	195	240	250×160×40	250×160×50	32×190	32×100×38
315	160	315	315	195	240	315×160×40	315×160×50	32×190	32×100×38
400	160	400	315	195	240	400×160×40	400×160×50	32×190	32×100×38
500	160	500	315	195	240	500×160×40	500×160×50	32×190	32×100×38
630	160	630	355	240	280	630×200×50	630×200×63	40×230	40×125×48
250	200	250	355	195	240	250×200×40	250×200×50	32×190	32×100×38
315	200	315	355	195	240	315×200×40	315×200×50	32×190	32×100×38
400	200	400	355	195	240	400×200×40	400×200×50	32×190	32×100×38
500	200	500	400	240	280	500×200×50	500×200×63	40×230	40×125×48
630	200	630	400	240	280	630×200×50	630×200×63	40×230	40×125×48
315	250	315	425	195	240	315×250×40	315×250×50	32×190	32×100×38
400	250	400	450	240	280	400×250×50	400×250×63	40×230	40×125×48
500	250	500	450	240	280	500×250×50	500×250×63	40×230	40×125×48
630	250	630	450	240	280	630×250×50	630×250×63	40×230	40×125×48
800	250	800	450	240	280	800×250×50	800×250×63	40×230	40×125×48
400	315	400	530	240	280	400×315×50	400×315×63	40×230	40×125×48
500	315	500	560	240	280	500×315×50	500×315×63	50×230	50×125×48
630	315	630	560	240	280	630×315×50	630×315×63	50×230	50×125×48
800	315	800	560	270	320	800×315×63	800×315×80	50×260	50×150×58
500	400	500	630	240	280	500×400×50	500×400×63	50×230	50×125×48
630	400	630	630	270	320	630×400×63	630×400×80	50×260	50×150×58
800	400	800	630	270	320	800×400×63	800×400×80	50×260	50×150×58
1000	400	1000	670	330	370	1000×400×80	1000×400×100	60×320	60×170×73
630	500	630	750	270	320	630×500×63	630×500×80	50×260	50×150×58
800	500	800	750	330	370	800×500×80	800×500×100	60×320	60×170×73
1000	500	1000	750	330	370	1000×500×80	1000×500×100	60×320	60×170×73
1000	630	1000	900	330	370	1000×630×80	1000×630×100	60×320	60×170×73

尺寸/mm

（续）

选用方法	根据凹模周界尺寸进行选取
选用举例	已知凹模周界尺寸 $L = 500\text{mm}$、$B = 400\text{mm}$，查本表，则得模架的标准尺寸为：$L = 500\text{mm}$、$B = 400\text{mm}$、$H = 240\text{mm}$
标记示例	$L = 500\text{mm}$、$B = 400\text{mm}$、$H = 240\text{mm}$、Ⅰ级精度的四导柱模架的标记如下：四导柱模架 500×400×240-Ⅰ GB/T 23565.4—2009

附录 A.15　冲模滑动导向钢板上模座

冲模滑动导向钢板上模座 GB/T23566 包括四个部分，即：①GB/T 23566.1—2009《冲模滑动导向钢板上模座　第 1 部分：后侧导柱上模座》；②GB/T 23566.2—2009《冲模滑动导向钢板上模座　第 2 部分：对角导柱上模座》；③GB/T 23566.3—2009《冲模滑动导向钢板上模座　第 3 部分：中间导柱上模座》；④GB/T 23566.4—2009《冲模滑动导向钢板上模座　第 4 部分：四导柱上模座》。

1. 滑动导向后侧导柱上模座

GB/T 23566.1—2009《冲模滑动导向钢板上模座　第 1 部分：后侧导柱上模座》对冲模滑动导向钢板上模座中的后侧导柱上模座的结构、尺寸规格及标记进行了规定，详见附表 A-53。

附表 A-53　滑动导向后侧导柱上模座的结构、尺寸（GB/T 23566.1—2009）及选用方法

结构形式

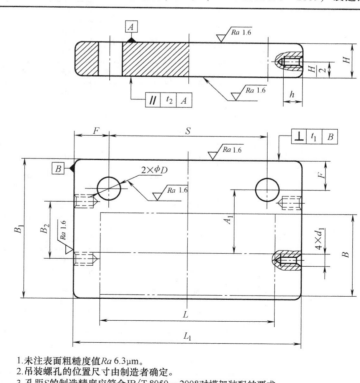

1. 未注表面粗糙度值 Ra 6.3μm。
2. 吊装螺孔的位置尺寸由制造者确定。
3. 孔距 S 的制造精度应符合 JB/T 8050—2008 对模架装配的要求。
4. 图中形位公差 t_1、t_2 及其余技术要求应符合 JB/T 8050—2008 的规定。

（续）

尺寸/mm

凹模周界		L_1	B_1	H	F	A_1	S	D H7	B_2	d_1-7H	h
L	B										
100	80	140	140	25	32	65	76	32	—	—	—
				32							
125	80	160		25			96				
				32							
160	80	200		25			136				
200	80	250	150	32	40	68	170	38			
250	80	315		32			235				
125	100	160	160	25	32	75	96	32			
160	100	200	170	32	40	78	120	38			
200	100	250					170				
250	100	315					235				
125	125	160	200	32	40	92	80	38			
160	125	200					120				
200	125	250					170				
250	125	315	210	40	45	98	225	45	60	M12	25
315	125	400					310				
160	160	215	230	32	40	108	135	38	—	—	—
200	160	250	240	40	45	112	160	45	90	M12	25
250	160	315					225				
315	160	400					310				
200	200	280	280	40	45	132	190	45	140	M12	25
250	200	315					225				
315	200	400					310				
400	200	500					410				
250	250	315	335	40	45	160	225	45	170	M12	25
315	250	400					310				
400	250	500	350	50	55	165	390	55			
500	250	600					490				

选用方法	根据凹模周界尺寸进行选取
选用举例	已知凹模周界尺寸 $L=200$mm、$B=125$mm,查本表,则得上模座的标准尺寸为:$L=200$mm、$B=125$mm、$H=32$mm。
标记示例	$L=200$mm、$B=125$mm、$H=32$mm 的后侧导柱上模座的标记如下:后侧导柱上模座　200×125×32　GB/T 23566.1—2009

2. 滑动导向对角导柱上模座

GB/T 23566.2—2009《冲模滑动导向钢板上模座　第2部分：对角导柱上模座》对冲模滑动导向钢板上模座中的对角导柱上模座的结构、尺寸规格及标记进行了规定，详见附表A-54。

附表 A-54　滑动导向对角导柱上模座的结构、尺寸（GB/T 23566.2—2009）及选用方法

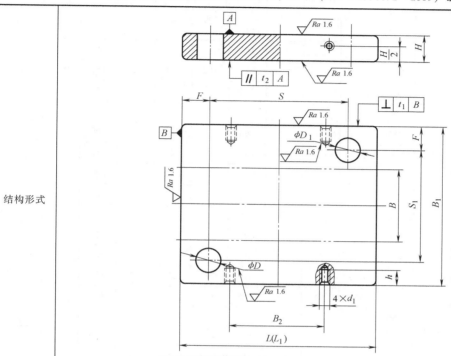

1.未注表面粗糙度值 Ra 6.3μm。
2.孔距S的制造精度应符合JB/T 8050—2008对模架装配的要求。
3.图中形位公差t_1、t_2及其余技术要求应符合JB/T 8050—2008的规定。

凹模周界		L_1	B_1	H	F	S	S_1	D H7	D_1 H7	B_2	d_1-7H	h
L	B											
100	80	100	200	25	32	36	136	28	32			
				32								
125		125		25		61						
				32								
160		160		25		96						
200		200	225	32	40	120	145	35	38	—	—	—
250		250				170						
125	100	125		25	32	61	161	28	32			
160		160	250	32	40	80	170	35	38			
200		200				120						
250		250				170						

结构形式

尺寸/mm

（续）

凹模周界		L_1	B_1	H	F	S	S_1	D H7	D_1 H7	B_2	d_1-7H	h
L	B											
315	100	315	265	40	45	225	175	42	45	155	M12	25
160	125	160	280	32	40	80	200	35	38	—	—	—
200		200				120						
250		250		40	45	160	190	42	45	100	M12	25
315		315				225				155		
400		400				310				220		
200	160	200	335	40	45	110	245	42	45	—	M12	25
250		250				160				100		
315		315				225				155		
400		400				310				220		
500		500				410				320		
250	200	250	375	40	45	160	285	42	45	80	M12	25
315		315				225				155		
400		400				310				220		
500		500	400	50	55	390	290	50	55	300		
315	250	315	425	40	50	215	325	42	45	145	M12	25
400		400	450	50	55	290	340			200		
500		500				390		50	55	300		
630		630				520				430		
315	315	315	530			205	420			115	M16	30
400		400				290				200		
500		500	560			374	434			280		
630		630				504		60	65	380		
400	400	400	630		63	274	504	60	65	180	M16	30
500		500				374				280		
630		630				504				380		
800		800		63		674				550	M20	35
选用方法	根据凹模周界尺寸进行选取											
选用举例	已知凹模周界尺寸 $L=200\text{mm}$、$B=125\text{mm}$，查本表，则得上模座的标准尺寸为：$L=200\text{mm}$、$B=125\text{mm}$、$H=32\text{mm}$											
标记示例	$L=200\text{mm}$、$B=125\text{mm}$、$H=32\text{mm}$ 的对角导柱上模座的标记如下：对角导柱上模座　200×125×32　GB/T 23566.2—2009											

尺寸/mm（第一列左侧标注）

3. 滑动导向中间导柱上模座

GB/T 23566.3—2009《冲模滑动导向钢板上模座　第3部分：中间导柱上模座》对冲模滑动导向钢板上模座中的中间导柱上模座的结构、尺寸规格及标记进行了规定，详见附表A-55。

附表 A-55　滑动导向中间导柱上模座的结构、尺寸（GB/T 23566.3—2009）及选用方法

结构形式

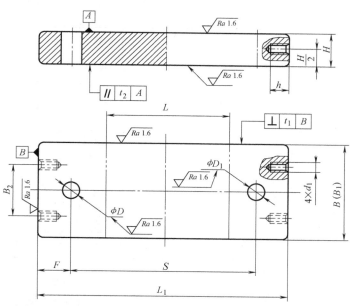

1.未注表面粗糙度值 Ra 6.3μm。
2.孔距 S 的制造精度应符合 JB/T 8050—2008 对模架装配的要求。
3.图中形位公差 t_1、t_2 及其余技术要求应符合 JB/T 8050—2008 的规定。

凹模周界		L_1	B_1	H	F	S	D H7	D_1 H7	B_2	d_1-7H	h
L	B										
100	100	215	100	25	32	151	28	32	—	—	—
				32							
125		250		25		186					
160		315		32	40	235	35	38			
200		355				275					
250		400				320					
315		475		40	45	385	42	45			
125	125	280	125	32	40	200	35	38			
160		315				235					
200		355				275					
250		400				310					
315		475		40	45	385	42	45			
400		560				470			75	M12	25
160	160	315	160	32	40	235	35	38	—	—	—
200		355		40	45	265	42	45			

尺寸/mm

（续）

凹模周界		L_1	B_1	H	F	S	D H7	D_1 H7	B_2	d_1-7H	h
L	B										
250	160	425	160	40	45	335	42	45	120	M12	25
315		475				385					
400		560				470			110		
500		670				580					
200	200	375	200			285					
250		425				335					
315		475				385			150		
400		560				470					
500		710		50	55	600	50	55			
250	250	425	250	40	45	335	42	45	200		
315		475				385					
400		600			55	490	50	55	190		
500		710				600					
315	315	530	315			420			255		
400		600		50		490					
500		750				624			235		
630		850			63	724	60	65		M16	30
500	400	750	400			624			320		
630		850		63		724					

选用方法	根据凹模周界尺寸进行选取
选用举例	已知凹模周界尺寸 $L=200$mm、$B=160$mm，查本表，则得上模座的标准尺寸为：$L=200$mm、$B=160$mm、$H=40$mm
标记示例	$L=200$mm、$B=160$mm、$H=40$mm 的中间导柱上模座的标记如下：中间导柱上模座　200×160×40　GB/T 23566.3—2009

4. 滑动导向四导柱上模座

GB/T 23566.4—2009《冲模滑动导向钢板上模座　第 4 部分：四导柱上模座》对冲模滑动导向钢板四导柱上模座的结构、尺寸规格及标记进行了规定，详见附表 A-56。

附表 A-56　滑动导向四导柱上模座的结构、尺寸（GB/T 23566. 4—2009）及选用方法

结构形式

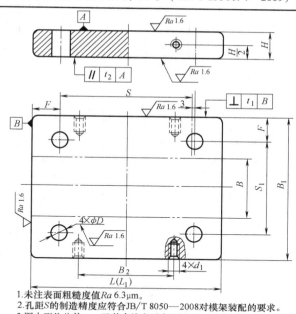

1. 未注表面粗糙度值 Ra 6.3μm。
2. 孔距 S 的制造精度应符合 JB/T 8050—2008 对模架装配的要求。
3. 图中形位公差 t_1、t_2 及其余技术要求应符合 JB/T 8050—2008 的规定。

凹模周界		L_1	B_1	H	F	S	S_1	D H7	B_2	d_1-7H	h
L	B										
160		160				80					
200		200	250	32	40	120	170	38	—	—	—
250	100	250				170					
315		315		40	45	225	175	45	155	M12	25
400		400	265			310			240		
200		200		32	40	120	185	38	—	—	—
250		250				160			100		
315	125	315	280			225	190		155		
400		400				310			240		
500		500		40	45	410		45	330		
250		250				160			100		
315		315	315			225	225		155	M12	25
400	160	400				310			230		
500		500				410			330		
630		630		50	55	520	245	55	430		
250		250	355			160			100		
315		315		40	45	225	265	45	150		
400	200	400				310			230		
500		500	400	50	55	390	290	55	300		
630		630				520			430	M16	30

（续）

尺寸/mm

凹模周界 L	凹模周界 B	L_1	B_1	H	F	S	S_1	D H7	B_2	d_1-7H	h
315	250	315	425	40	45	225	335	45	150	M12	25
400		400				290			200		
500		500	450			390	340	55	300	M16	30
630		630			55	520			430		
800		800		50		690			600		
400	315	400	530			290	420		200		
500		500				374			280		
630		630	560			504	434		380		
800		800		63	63	674			550		
500	400	500		50		374	504	65	280		
630		630	630			504			380		
800		800		63		674			550		
1000		1000	670	80	70	860	530	76	700		
630	500	630		63	63	504	624	65	380	M20	35
800		800	750			660	610		500		
1000		1000		80	70	860		76	700		
1000	630	1000	900			860	760				

选用方法	根据凹模周界尺寸进行选取
选用举例	已知凹模周界尺寸 $L=200\text{mm}$、$B=125\text{mm}$，查本表，则得上模座的标准尺寸为：$L=200\text{mm}$、$B=125\text{mm}$、$H=32\text{mm}$
标记示例	$L=200\text{mm}$、$B=125\text{mm}$、$H=32\text{mm}$ 的四导柱上模座的标记如下：四导柱上模座　200×125×32　GB/T 23566.4—2009

附录 A.16　冲模滚动导向钢板模架

冲模滚动导向钢板模架 GB/T 23563 包括四个部分，即：①GB/T 23563.1—2009《冲模滚动导向钢板模架　第 1 部分：后侧导柱模架》；②GB/T 23563.1—2009《冲模滚动导向钢板模架　第 2 部分：对角导柱模架》；③GB/T 23563.1—2009《冲模滚动导向钢板模架　第 3 部分：中间导柱模架》；④GB/T 23563.1—2009《冲模滚动导向钢板模架　第 4 部分：四导柱模架》。

1. 冲模滚动导向后侧导柱模架

GB/T 23563.1—2009《冲模滚动导向钢板模架　第 1 部分：后侧导柱模架》对冲模滚动导向后侧导柱模架的结构、尺寸规格及标记进行了规定，详见附表 A-57。

2. 冲模滚动导向对角导柱模架

GB/T 23563.2—2009《冲模滚动导向钢板模架　第 2 部分：对角导柱模架》对冲模滚动导向对角导柱模架的结构、尺寸规格及标记进行了规定，详见附表 A-58。

附表 A-57 滚动导向后侧导柱模架的结构、尺寸（GB/T 23563.1—2009）及选用方法

结构
形式

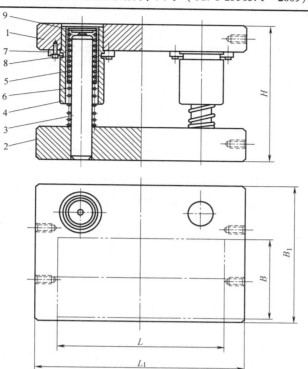

1—上模座　2—下模座　3—导柱　4—导套　5—钢球保持圈　6—弹簧
7—压板　8—螺钉　9—限程器

1.限程器结构和尺寸由制造者确定。

2.导套与上模座装配允许采用黏接方式。

3.允许采用可卸导柱。

凹模周界		外形尺寸		最大行程	最小闭合高度	零件件号、名称及标准编号							
						1	2	3	4	5	6	7	8
						上模座 GB/T 23564.1	下模座 GB/T 23562.1	导柱 GB/T 2861.2	导套 GB/T 2861.4	钢球保持圈 GB/T 2861.5	弹簧 GB/T 2861.6	压板 GB/T 2861.11	螺钉 GB/T 70.1
						数量							
						1	1	2	2	2	2	4或6	4或6
L	B	L_1	B_1	S	H	规格							
100	80	140	140	60	140	100×80×25	100×80×32	20×130	20×80×23	20×25.5×64	1.6×22×72	12×12	M4×14
100	80	140	140	80	165	100×80×32	100×80×40	20×155	20×100×30	20×25.5×64	1.6×22×72	12×12	M4×14
125	80	160	140	60	140	125×80×25	125×80×32	20×130	20×80×23	20×25.5×64	1.6×22×72	12×12	M4×14
125	80	160	140	80	165	125×80×32	125×80×40	20×155	20×100×30	20×25.5×64	1.6×22×72	12×12	M4×14
160	80	200	140	60	140	160×80×25	160×80×32	20×130	20×80×23	20×25.5×64	1.6×22×72	12×12	M4×14
160	80	200	140	60	165	160×80×32	160×80×40	20×155	20×100×30	20×25.5×64	1.6×22×72	12×12	M4×14
200	80	250	150	80	170	200×80×32	200×80×40	25×160	25×100×30	25×30.5×64	1.6×29×79	16×20	M6×16
250	80	315	150	80	170	250×80×32	250×80×40	25×160	25×100×30	25×30.5×64	1.6×29×79	16×20	M6×16

尺寸/ mm

（续）

凹模周界		外形尺寸		最大行程	最小闭合高度	1 上模座 GB/T 23564.1	2 下模座 GB/T 23562.1	3 导柱 GB/T 2861.2	4 导套 GB/T 2861.4	5 钢球保持圈 GB/T 2861.5	6 弹簧 GB/T 2861.6	7 压板 GB/T 2861.11	8 螺钉 GB/T 70.1
						零件件号、名称及标准编号							
						数量							
						1	1	2	2	2	2	4或6	4或6
L	B	L_1	B_1	S	H	规格							
125	100	160	160	60	140	125×100×25	125×100×32	20×130	20×80×23	20×25.5×64	1.6×22×72	12×12	M4×14
					165	125×100×32	125×100×40	20×155	20×100×30				
160	100	200	160	80		160×100×32	160×100×40	25×160	25×100×30	25×30.5×64	1.6×29×79		
200		250	170		170	200×100×32	200×100×40						
250		315				250×100×32	250×100×40						
125	125	160	200			125×125×32	125×125×40					16×20	M6×16
160		200				160×125×32	160×125×40						
200		250				200×125×32	200×125×40						
250		315	210	100	200	250×125×40	250×125×50	32×190	32×120×38	32×39.5×84	2×37×87		
315		400				315×125×40	315×125×50						
160	160	215	230	80	170	160×160×32	160×160×40	25×160	25×100×30	25×30.5×64	1.6×29×79		
200		250				200×160×40	200×160×50				2×37×87		
250		315	240			250×160×40	250×160×50						
315		400				315×160×40	315×160×50						
200	200	280				200×200×40	200×200×50	32×190	32×120×38	32×39.5×84		16×20	M6×16
250		315		100	200	250×200×40	250×200×50						
315		400	280			315×200×40	315×200×50				2×37×87		
400		500				400×200×40	400×200×50						
250	250	315				250×250×40	250×250×50					20×20	M8×20
315		400	335			315×250×40	315×250×50						
400		500	350	120	245	400×250×50	400×250×63	40×230	40×150×48	40×49.5×84	2×45×107		
500		600				500×250×50	500×250×63						

选用方法	根据凹模周界尺寸进行选取
选用举例	已知凹模周界尺寸 $L=315$mm、$B=250$mm，查本表，则得模架的标准尺寸为：$L=315$mm、$B=250$mm、$H=200$mm
标记示例	$L=315$mm、$B=250$mm、$H=200$mm、0I级精度的后侧导柱模架的标记如下：后侧导柱模架　315×250×200-0I　GB/T 23563.1—2009

尺寸/mm

附表 A-58　滚动导向对角导柱模架的结构、尺寸（GB/T 23563.2—2009）及选用方法

结构形式

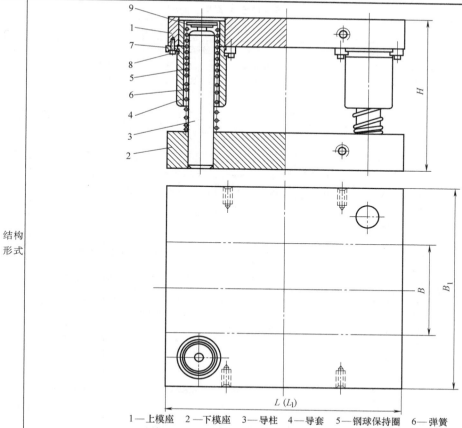

1—上模座　2—下模座　3—导柱　4—导套　5—钢球保持圈　6—弹簧
7—压板　　8—螺钉　　9—限程器
1.限程器结构和尺寸由制造者确定。
2.导套与上模座装配允许采用黏接方式。
3.允许采用可卸导柱。

凹模周界		外形尺寸		最大行程	最小闭合高度	零件件号、名称及标准编号							
						1	2	3	4	5	6	7	8
						上模座 GB/T 23564.2	下模座 GB/T 23562.2	导柱 GB/T 2861.2	导套 GB/T 2861.4	钢球保持圈 GB/T 2861.5	弹簧 GB/T 2861.6	压板 GB/T 2861.11	螺钉 GB/T 70.1
						数量							
L	B	L_1	B_1	S	H	1	1	1	1	1	1	1	4或6	4或6
尺寸 /mm						规格							
100	80	100	200	60	140	100× 80×25	100× 80×32	18×130	20×130	18× 80×23	20× 80×23	18× 23.5×64	20× 25.5×64	1.6× 22×72	1.6× 22×72	12×12	M4×14
				80	165	100× 80×32	100× 80×40	18×155	20×155	18× 100×30	20× 100×30						
125		125		60	140	125× 80×25	125× 80×32	18×130	20×130	18× 80×23	20× 80×23						
				80	165	125× 80×32	125× 80×40	18×155	20×155	18× 100×30	20× 100×30						

（续）

零件件号、名称及标准编号；尺寸单位：mm

凹模周界 L	B	外形尺寸 L_1	B_1	最大行程 S	最小闭合高度 H	1 上模座 GB/T 23564.2	2 下模座 GB/T 23562.2	3 导柱 GB/T 2861.2	3 导柱	4 导套 GB/T 2861.4	4 导套	5 钢球保持圈 GB/T 2861.5	5 钢球保持圈	6 弹簧 GB/T 2861.6	6 弹簧	7 压板 GB/T 2861.11	8 螺钉 GB/T 70.1
数量						1	1	1	1	1	1	1	1	1	1	4或6	4或6
160	80	160	200	60	140	160×80×25	160×80×32	18×130	20×130	18×80×23	20×80×23	18×23.5×64	20×25.5×64	1.6×22×72	1.6×22×72	12×12	M4×14
160		160	200	60	165	160×80×32	160×80×40	18×155	20×155	18×100×30	20×100×30	18×23.5×64	20×25.5×64	1.6×22×72	1.6×22×72	12×12	M4×14
200		200	225	80	170	200×80×32	200×80×40	22×160	25×160	22×100×30	25×100×30	22×27.5×64	25×30.5×64	1.6×26×72	1.6×29×79	16×20	M6×16
250		250	225	80	170	250×80×32	250×80×40	22×160	25×160	22×100×30	25×100×30	22×27.5×64	25×30.5×64	1.6×26×72	1.6×29×79	16×20	M6×16
125	100	125	225	60	140	125×100×25	125×100×32	18×130	20×130	18×80×23	20×80×23	18×23.5×64	20×25.5×64	1.6×22×72	1.6×22×72	12×12	M4×14
125		125	225	60	165	125×100×32	125×100×40	18×155	20×155	18×100×30	20×100×30	18×23.5×64	20×25.5×64	1.6×22×72	1.6×22×72	12×12	M4×14
160		160	250	80	170	160×100×32	160×100×40	22×160	25×160	22×100×30	25×100×30	22×27.5×64	25×30.5×64	1.6×26×72	1.6×29×79	16×20	M6×16
200		200	250	80	170	200×100×32	200×100×40	22×160	25×160	22×100×30	25×100×30	22×27.5×64	25×30.5×64	1.6×26×72	1.6×29×79	16×20	M6×16
250		250	250	80	170	250×100×32	250×100×40	22×160	25×160	22×100×30	25×100×30	22×27.5×64	25×30.5×64	1.6×26×72	1.6×29×79	16×20	M6×16
315		315	265	100	200	315×100×40	315×100×50	28×190	32×190	28×120×38	32×120×38	28×35.5×84	32×39.5×84	1.6×32×86	2×37×87	16×20	M6×16
160	125	160	280	80	170	160×125×32	160×125×40	22×160	25×160	22×100×30	25×100×30	22×27.5×64	25×30.5×64	1.6×26×72	1.6×29×79	16×20	M6×16
200		200	280	80	170	200×125×32	200×125×40	22×160	25×160	22×100×30	25×100×30	22×27.5×64	25×30.5×64	1.6×26×72	1.6×29×79	16×20	M6×16
250		250	280	100	200	250×125×40	250×125×50	28×190	32×190	28×120×38	32×120×38	28×35.5×84	32×39.5×84	1.6×32×86	2×37×87	16×20	M6×16
315		315	280	100	200	315×125×40	315×125×50	28×190	32×190	28×120×38	32×120×38	28×35.5×84	32×39.5×84	1.6×32×86	2×37×87	16×20	M6×16
400		400	280	100	200	400×125×40	400×125×50	28×190	32×190	28×120×38	32×120×38	28×35.5×84	32×39.5×84	1.6×32×86	2×37×87	16×20	M6×16
200	160	200	335	100	200	200×160×40	200×160×50	28×190	32×190	28×120×38	32×120×38	28×35.5×84	32×39.5×84	1.6×32×86	2×37×87	16×20	M6×16
250		250	335	100	200	250×160×40	250×160×50	28×190	32×190	28×120×38	32×120×38	28×35.5×84	32×39.5×84	1.6×32×86	2×37×87	16×20	M6×16
315		315	335	100	200	315×160×40	315×160×50	28×190	32×190	28×120×38	32×120×38	28×35.5×84	32×39.5×84	1.6×32×86	2×37×87	16×20	M6×16
400		400	335	100	200	400×160×40	400×160×50	28×190	32×190	28×120×38	32×120×38	28×35.5×84	32×39.5×84	1.6×32×86	2×37×87	16×20	M6×16
500		500	335	100	200	500×160×40	500×160×50	28×190	32×190	28×120×38	32×120×38	28×35.5×84	32×39.5×84	1.6×32×86	2×37×87	16×20	M6×16

（续）

凹模周界 L	凹模周界 B	外形尺寸 L_1	外形尺寸 B_1	最大行程 S	最小闭合高度 H	1 上模座 GB/T 23564.2	2 下模座 GB/T 23562.2	3 导柱 GB/T 2861.2		4 导套 GB/T 2861.4		5 钢球保持圈 GB/T 2861.5		6 弹簧 GB/T 2861.6		7 压板 GB/T 2861.11	8 螺钉 GB/T 70.1
						数量 1	1	1	1	1	1	1	1	1	1	4或6	4或6
尺寸/mm						规格											
250	200	375	250	100	200	250×200×40	250×200×50	28×190	32×190	28×120×38	32×120×38	28×35.5×84	32×39.5×84	1.6×32×86	2×37×87	16×20	M6×16
315	200	375	315	100	200	315×200×40	315×200×50	28×190	32×190	28×120×38	32×120×38	28×35.5×84	32×39.5×84	1.6×32×86	2×37×87	16×20	M6×16
400	200	375	400	100	200	400×200×40	400×200×50	28×190	32×190	28×120×38	32×120×38	28×35.5×84	32×39.5×84	1.6×32×86	2×37×87	16×20	M6×16
500	200	400	500	120	245	500×200×50	500×200×63	35×230	40×230	35×150×48	40×150×48	35×44.5×84	40×49.5×84	2×40×88	2×46×88	20×20	M8×20
315	250	425	315	100	200	315×250×40	315×250×50	28×190	32×190	28×120×38	32×120×38	28×35.5×84	32×39.5×84	1.6×32×86	2×37×87	20×20	M8×20
400	250	450	400	120	245	400×250×50	400×250×63	35×230	40×230	35×150×48	40×150×48	35×44.5×84	40×49.5×84	2×40×88	2×45×88	20×20	M8×20
500	250	450	500	120	245	500×250×50	500×250×63	35×230	40×230	35×150×48	40×150×48	35×44.5×84	40×49.5×84	2×40×88	2×45×88	20×20	M8×20
630	250	450	630	120	245	630×250×50	630×250×63	35×230	40×230	35×150×48	40×150×48	35×44.5×84	40×49.5×84	2×40×88	2×45×88	20×20	M8×20
315	315	530	315	120	245	315×315×50	315×315×63	35×230	40×230	35×150×48	40×150×48	35×44.5×84	40×49.5×84	2×40×88	2×45×88	20×20	M8×20
400	315	530	400	120	245	400×315×50	400×315×63	35×230	40×230	35×150×48	40×150×48	35×44.5×84	40×49.5×84	2×40×88	2×45×88	20×20	M8×20
500	315	560	500	120	245	500×315×50	500×315×63	35×230	40×230	35×150×48	40×150×48	35×44.5×84	40×49.5×84	2×40×88	2×45×88	20×20	M8×20
630	315	560	630	120	245	630×315×50	630×315×63	35×230	40×230	35×150×48	40×150×48	35×44.5×84	40×49.5×84	2×40×88	2×45×88	20×20	M8×20
400	400	630	400	120	245	400×400×50	400×400×63	35×230	40×230	35×150×48	40×150×48	35×44.5×84	40×49.5×84	2×40×88	2×45×88	20×20	M8×20
500	400	630	500	120	245	500×400×50	500×400×63	35×230	40×230	35×150×48	40×150×48	35×44.5×84	40×49.5×84	2×40×88	2×45×88	20×20	M8×20
630	400	630	630	120	275	630×400×63	630×400×80	45×260	50×260	45×150×58	50×150×58	45×54.5×90	50×59.5×90	2×50×107	2×55×107	20×20	M8×20
800	400	630	800	120	275	800×400×63	800×400×80	45×260	50×260	45×150×58	50×150×58	45×54.5×90	50×59.5×90	2×50×107	2×55×107	20×20	M8×20

选用方法　根据凹模周界尺寸进行选取

选用举例　已知凹模周界尺寸 $L=200\text{mm}$、$B=125\text{mm}$，查本表，则得模架的标准尺寸为：$L=200\text{mm}$、$B=125\text{mm}$、$H=170\text{mm}$

标记示例　$L=200\text{mm}$、$B=125\text{mm}$、$H=170\text{mm}$、0I级精度的对角导柱模架的标记如下：对角导柱模架　200×125×170-0I　GB/T 23563.2—2009

3．冲模滚动导向中间导柱模架

GB/T 23563.3—2009《冲模滚动导向钢板模架　第 3 部分：中间导柱模架》对冲模滚动导向中间导柱模架的结构、尺寸规格及标记进行了规定，详见附表 A-59。

附表 A-59　滚动导向中间导柱模架的结构、尺寸（GB/T 23563.3—2009）及选用方法

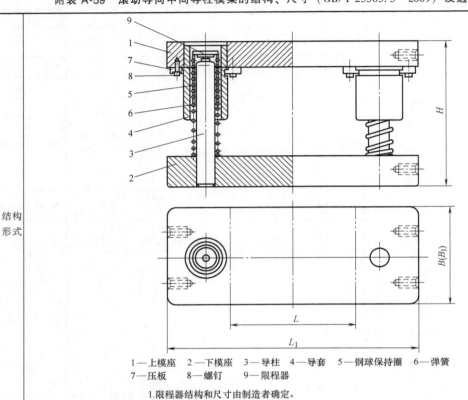

1—上模座　2—下模座　3—导柱　4—导套　5—钢球保持圈　6—弹簧
7—压板　　8—螺钉　　9—限程器

1. 限程器结构和尺寸由制造者确定。
2. 导套与上模座装配允许采用黏接方式。
3. 允许采用可卸导柱。

凹模周界		外形尺寸		最大行程	最小闭合高度	零件件号、名称及标准编号							
						1	2	3	4	5	6	7	8
						上模座 GB/T 23564.3	下模座 GB/T 23562.3	导柱 GB/T 2861.2	导套 GB/T 2861.4	钢球保持圈 GB/T 2861.5	弹簧 GB/T 2861.6	压板 GB/T 2861.11	螺钉 GB/T 70.1
						数量							
尺寸/mm				S	H	1	1	1	1	1	1	1	4 或 6	4 或 6
L	B	L_1	B_1			规格							
100	100	215	100	60	140	100×100×25	100×100×32	18×130	20×130	18×80×23	20×80×23	18×23.5×64	20×25.5×64	1.6×22×72	1.6×22×72	12×12	M4×14
				80	165	100×100×32	100×100×40	18×155	20×155	18×100×30	20×100×30						
125		250		60	140	125×100×25	125×100×32	18×130	20×130	18×80×23	20×80×23						
				80	165	125×100×32	125×100×40	18×155	20×155	18×100×30	20×100×30						

结构形式

（续）

凹模周界		外形尺寸		最大行程	最小闭合高度	1 上模座 GB/T 23564.3	2 下模座 GB/T 23562.3	3 导柱 GB/T 2861.2	4 导套 GB/T 2861.4	5 钢球保持圈 GB/T 2861.5	6 弹簧 GB/T 2861.6	7 压板 GB/T 2861.11	8 螺钉 GB/T 70.1
数量 →						1	1	1	1	1	1	4或6	4或6
L	B	L₁	B₁	S	H	规格 →						16×20	M6×16
160	100	100	315	80	170	160×100×32	160×100×40	22×160 / 25×160	22×100×30 / 25×100×30	22×27.5×64 / 25×30.5×64	1.6×26×72 / 1.6×29×79	16×20	M6×16
200	100	100	355	80	170	200×100×32	200×100×40	22×160 / 25×160	22×100×30 / 25×100×30	22×27.5×64 / 25×30.5×64	1.6×26×72 / 1.6×29×79		
250	100	100	400	80	170	250×100×32	250×100×40	22×160 / 25×160	22×100×30 / 25×100×30	22×27.5×64 / 25×30.5×64	1.6×26×72 / 1.6×29×79		
315	100	100	475	100	200	315×100×40	315×100×50	28×190 / 32×190	28×120×38 / 32×120×38	28×35.5×84 / 32×39.5×84	1.6×32×86 / 2×37×87		
125	125	125	280	80	170	125×125×32	125×125×40	22×160 / 25×160	22×100×30 / 25×100×30	22×27.5×64 / 25×30.5×64	1.6×26×72 / 1.6×29×79		
160	125	125	315	80	170	160×125×32	160×125×40	22×160 / 25×160	22×100×30 / 25×100×30	22×27.5×64 / 25×30.5×64	1.6×26×72 / 1.6×29×79		
200	125	125	355	80	170	200×125×32	200×125×40	22×160 / 25×160	22×100×30 / 25×100×30	22×27.5×64 / 25×30.5×64	1.6×26×72 / 1.6×29×79		
250	125	125	400	100	200	250×125×40	250×125×50	28×190 / 32×190	28×120×38 / 32×120×38	28×35.5×84 / 32×39.5×84	1.6×32×86 / 2×37×87		
315	125	125	475	100	200	315×125×40	315×125×50	28×190 / 32×190	28×120×38 / 32×120×38	28×35.5×84 / 32×39.5×84	1.6×32×86 / 2×37×87		
400	125	125	560	100	200	400×125×40	400×125×50	28×190 / 32×190	28×120×38 / 32×120×38	28×35.5×84 / 32×39.5×84	1.6×32×86 / 2×37×87		
160	160	160	315	80	170	160×160×32	160×160×40	22×160 / 25×160	22×100×30 / 25×100×30	22×27.5×64 / 25×30.5×64	1.6×26×72 / 1.6×29×79		
200	160	160	355	100	200	200×160×40	200×160×50	28×190 / 32×190	28×120×38 / 32×120×38	28×35.5×84 / 32×39.5×84	1.6×32×86 / 2×37×87		
250	160	160	425	100	200	250×160×40	250×160×50	28×190 / 32×190	28×120×38 / 32×120×38	28×35.5×84 / 32×39.5×84	1.6×32×86 / 2×37×87		
315	160	160	475	100	200	315×160×40	315×160×50	28×190 / 32×190	28×120×38 / 32×120×38	28×35.5×84 / 32×39.5×84	1.6×32×86 / 2×37×87		
400	160	160	560	100	200	400×160×40	400×160×50	28×190 / 32×190	28×120×38 / 32×120×38	28×35.5×84 / 32×39.5×84	1.6×32×86 / 2×37×87		
500	160	160	670	100	200	500×160×40	500×160×50	28×190 / 32×190	28×120×38 / 32×120×38	28×35.5×84 / 32×39.5×84	1.6×32×86 / 2×37×87		
200	200	200	375	100	200	200×200×40	200×200×50	28×190 / 32×190	28×120×38 / 32×120×38	28×35.5×84 / 32×39.5×84	1.6×32×86 / 2×37×87		
250	200	200	425	100	200	250×200×40	250×200×50	28×190 / 32×190	28×120×38 / 32×120×38	28×35.5×84 / 32×39.5×84	1.6×32×86 / 2×37×87		
315	200	200	475	100	200	315×200×40	315×200×50	28×190 / 32×190	28×120×38 / 32×120×38	28×35.5×84 / 32×39.5×84	1.6×32×86 / 2×37×87		
400	200	200	560	100	200	400×200×40	400×200×50	28×190 / 32×190	28×120×38 / 32×120×38	28×35.5×84 / 32×39.5×84	1.6×32×86 / 2×37×87		

尺寸/mm

（续）

凹模周界		外形尺寸		最大行程	最小闭合高度	零件件号、名称及标准编号											
						1	2	3		4		5		6		7	8
						上模座 GB/T 23564.3	下模座 GB/T 23562.3	导柱 GB/T 2861.2		导套 GB/T 2861.4		钢球保持圈 GB/T 2861.5		弹簧 GB/T 2861.6		压板 GB/T 2861.11	螺钉 GB/T 70.1
						数量											
L	B	L_1	B_1	S	H	1	1	1	1	1	1	1	1	1	1	4或6	4或6
尺寸/mm						规格											
500	200	710	200		245	500×200×50	500×200×63	35×230	40×230	35×150×48	40×150×48	35×44.5×84	40×49.5×84	2×40×88	2×45×88	20×20	M8×20
250	250	425	250	100	200	250×250×40	250×250×50	28×190	32×190	28×120×38	32×120×38	28×35.5×84	32×39.5×84	1.6×32×86	2×37×87	20×20	M8×20
315	250	475	250	100	200	315×250×40	315×250×50	28×190	32×190	28×120×38	32×120×38	28×35.5×84	32×39.5×84	1.6×32×86	2×37×87	20×20	M8×20
400	250	600	250	100	200	400×250×50	400×250×63	35×230	40×230	35×150×48	40×150×48	35×44.5×84	40×49.5×84	2×40×88	2×45×88	20×20	M8×20
500	250	710	250	100	200	500×250×50	500×250×63	35×230	40×230	35×150×48	40×150×48	35×44.5×84	40×49.5×84	2×40×88	2×45×88	20×20	M8×20
315	315	530	315	120	245	315×315×50	315×315×63	35×230	40×230	35×150×48	40×150×48	35×44.5×84	40×49.5×84	2×40×88	2×45×88	20×20	M8×20
400	315	600	315	120	245	400×315×50	400×315×63	35×230	40×230	35×150×48	40×150×48	35×44.5×84	40×49.5×84	2×40×88	2×45×88	20×20	M8×20
500	315	750	315	120	245	500×315×50	500×315×63	35×230	40×230	35×150×48	40×150×48	35×44.5×84	40×49.5×84	2×50×107	2×55×107	20×20	M8×20
630	315	850	315	120	245	630×315×50	630×315×63	45×230	50×230	45×150×48	50×150×48	45×54.5×90	50×59.5×90	2×50×107	2×55×107	20×20	M8×20
500	400	750	400	120	245	500×400×50	500×400×63	45×230	50×230	45×150×48	50×150×48	45×54.5×90	50×59.5×90	2×50×128	2×55×128	20×20	M8×20
630	400	850	400	120	275	630×400×63	630×400×80	45×260	50×260	45×150×58	50×150×58	45×54.5×90	50×59.5×90	2×50×128	2×55×128	20×20	M8×20

选用方法	根据凹模周界尺寸进行选取
选用举例	已知凹模周界尺寸 $L=315\text{mm}$、$B=125\text{mm}$，查本表，则得模架的标准尺寸为：$L=315\text{mm}$、$B=125\text{mm}$、$H=200\text{mm}$
标记示例	$L=315\text{mm}$、$B=125\text{mm}$、$H=200\text{mm}$、0I级精度的中间导柱模架的标记如下：中间导柱模架 315×125×200-0I GB/T 23563.3—2009

4. 冲模滚动导向四导柱模架

GB/T 23563.4—2009《冲模滚动导向钢板模架 第 4 部分：四导柱模架》对冲模滚动导向四导柱模架的结构、尺寸规格及标记进行了规定，详见附表 A-60。

附表 A-60 滚动导向四导柱模架的结构、尺寸（GB/T 23563.4—2009）及选用方法

结构形式

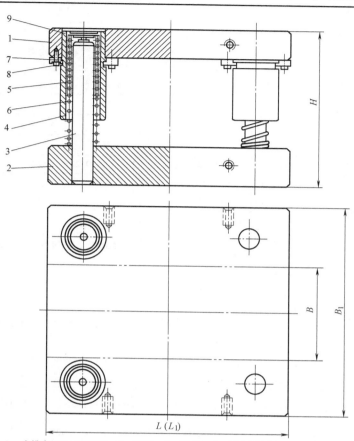

1—上模座　2—下模座　3—导柱　4—导套　5—钢球保持圈　6—弹簧
7—压板　　8—螺钉　　9—限程器

1.限程器结构和尺寸由制造者确定。

2.导套与上模座装配允许采用黏接方式。

3.允许采用可卸导柱。

尺寸 /mm							零件件号、名称及标准编号							
凹模周界		外形尺寸		最大行程	最小闭合高度		1	2	3	4	5	6	7	8
							上模座 GB/T 23564.4	下模座 GB/T 23562.4	导柱 GB/T 2861.2	导套 GB/T 2861.4	钢球保持圈 GB/T 2861.5	弹簧 GB/T 2861.6	压板 GB/T 2861.11	螺钉 GB/T 70.1
							数量							
							1	1	4	4	4	4	8 或 12	8 或 12
L	B	L_1	B_1	S	H		规格							
160		160					160×100×32	160×100×40						
200		200	250	80	170		200×100×32	200×100×40	25×160	25×100×30	25×30.5×64	1.6×29×79		
250	100	250					250×100×32	250×100×40					16×20	M6×16
315		315	265	100	200		315×100×40	315×100×50	32×190	32×120×38	32×39.5×84	2×37×87		
400		400					400×100×40	400×100×50						

（续）

零件件号、名称及标准编号

凹模周界 L	B	外形尺寸 L_1	B_1	最大行程 S	最小闭合高度 H	1 上模座 GB/T 23564.4	2 下模座 GB/T 23562.4	3 导柱 GB/T 2861.2	4 导套 GB/T 2861.4	5 钢球保持圈 GB/T 2861.5	6 弹簧 GB/T 2861.6	7 压板 GB/T 2861.11	8 螺钉 GB/T 70.1
数量						1	1	4	4	4	4	8或12	8或12
规格													
200	125	200	265	80	170	200×125×32	200×125×40	25×160	25×100×30	25×30.5×64	1.6×29×79	16×20	M6×16
250		250	280	100	200	250×125×40	250×125×50	32×190	32×120×38	32×39.5×84	2×37×87		
315		315				315×125×40	315×125×50						
400		400				400×125×40	400×125×50						
500		500				500×125×40	500×125×50						
250	160	250	315			250×160×40	250×160×50						
315		315				315×160×40	315×160×50						
400		400				400×160×40	400×160×50						
500		500				500×160×40	500×160×50						
630		630		120	245	630×160×50	630×160×63	40×230	40×150×48	40×49.5×84	2×45×88		
250	200	250	355	100	200	250×200×40	250×200×50	32×190	32×120×38	32×39.5×84	2×37×87	16×20	M6×16
315		315				315×200×40	315×200×50						
400		400				400×200×40	400×200×50						
500		500	400	120	245	500×200×50	500×200×63	40×230	40×150×48	40×49.5×84	2×45×88	20×20	M8×20
630		630				630×200×50	630×200×63						
315	250	315	425	100	200	315×250×40	315×250×50	32×190	32×120×38	32×39.5×84	2×37×87	16×20	M6×16
400		400	450			400×250×50	400×250×63	40×230	40×150×48	40×49.5×84	2×45×88	20×20	M8×20
500		500				500×250×50	500×250×63						
630		630				630×250×50	630×250×63						
800		800			245	800×250×50	800×250×63						
400	315	400	530	120		400×315×50	400×315×63	50×230	50×150×48	50×59.5×90	2×55×107	20×20	M8×20
500		500				500×315×50	500×315×63						
630		630	560			630×315×50	630×315×63						
800		800			275	800×315×63	800×315×80	50×260	50×150×58		2×50×128		
500	400	500			245	500×400×50	500×400×63	50×230	50×150×48		2×55×107		
630		630	630		275	630×400×63	630×400×80	50×260	50×150×58		2×55×128		
800		800				800×400×63	800×400×80						
1000		1000	670	140	335	1000×400×80	1000×400×100	60×320	60×180×78	60×69.5×110	3×65×135	24×24	M10×25
630	500	630		120	275	630×500×63	630×500×80	50×260	50×150×58	50×59.5×90	2×55×128	20×20	M8×20
800		800	750			800×500×80	800×500×100						
1000		1000		140	335	1000×500×80	1000×500×100	60×320	60×180×78	60×69.5×110	3×65×135	24×24	M10×25
1000	630	1000	900			1000×630×80	1000×630×100						

尺寸/mm

选用方法：根据凹模周界尺寸进行选取

（续）

选用举例	已知凹模周界尺寸 $L=400\text{mm}$、$B=125\text{mm}$，查本表，则得模架的标准尺寸为：$L=400\text{mm}$、$B=125\text{mm}$、$H=200\text{mm}$
标记示例	$L=400\text{mm}$、$B=125\text{mm}$、$H=200\text{mm}$、0 Ⅰ 级精度的四导柱模架的标记如下：四导柱模架　$400\times125\times200\text{-}0$ Ⅰ　　GB/T 23563.4—2009

附录 A.17　冲模滚动导向钢板上模座

冲模滚动导向钢板上模座 GB/T 23564 包括 4 个部分，即：①GB/T 23564.1—2009《冲模滚动导向钢板上模座　第 1 部分：后侧导柱上模座》；②GB/T 23564.2—2009《冲模滚动导向钢板上模座　第 2 部分：对角导柱上模座》；③GB/T 23564.3—2009《冲模滚动导向钢板上模座　第 3 部分：中间导柱上模座》；④GB/T 23564.4—2009《冲模滚动导向钢板上模座　第 4 部分：四导柱上模座》。

1. 冲模滚动导向钢板后侧导柱上模座

GB/T 23564.1—2009《冲模滚动导向钢板上模座　第 1 部分：后侧导柱上模座》对冲模滚动导向钢板后侧导柱上模座的结构、尺寸规格及标记进行了规定，详见附表 A-61。

附表 A-61　滚动导向后侧导柱上模座的结构、尺寸（GB/T 23564.1—2009）及选用方法

结构形式

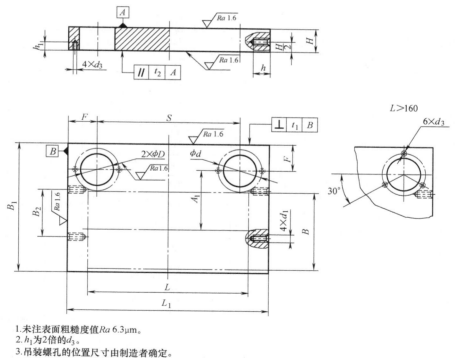

1. 未注表面粗糙度值 $Ra\ 6.3\mu\text{m}$。
2. h_1 为 2 倍的 d_3。
3. 吊装螺孔的位置尺寸由制造者确定。
4. 孔距 S 的制造精度应符合 JB/T 8050—2008 对模架装配的要求。
5. 图中形位公差 t_1、t_2 应符合 JB/T 8070—2008 中表1、表2的规定。
6. 其余技术要求应符合 JB/T 8070—2008 的规定。

（续）

尺寸/mm

凹模周界 L	凹模周界 B	L_1	B_1	H	F	A_1	S	D H6	B_2	d_1-7H	h	d	d_3-6H
100	80	140	140	25	32	65	76	40	—	—	—	51	M4
				32									
125		160		25			96						
				32									
160		200		25			136						
200		250	150	32	40	68	170	45				59	M6
250		315					235						
125	100	160	160	25	32	75	96	40				51	M4
160		200	170	32	40	78	120	45				59	M6
200		250					170						
250		315					235						
125	125	160	200	32	40	92	80	45				59	
160		200					120						
200		250					170						
250		315	210	40	45	98	225	55	60	M12	25	69	
315		400					310						
160	160	215	230	32	40	108	135	45	—	—	—	59	
200		250	240	40	45	112	160	55	90	M12	25	69	
250		315					225						
315		400					310						
200	200	280	280	40	45	132	190	55	140	M12	25	69	
250		315					225						
315		400					310						
400		500					410						
250	250	315	335	40	45	160	225	55	170	M12	25	75	M8
315		400					310						
400		500	350	50	55	165	390	65				85	
500		600					490						

选用方法	根据凹模周界尺寸进行选取
选用举例	已知凹模周界尺寸 $L=200$mm、$B=125$mm，查本表，则得上模座的标准尺寸为：$L=200$mm、$B=125$mm、$H=32$mm
标记示例	$L=200$mm、$B=125$mm、$H=32$mm 的后侧导柱上模座的标记如下：后侧导柱上模座　200×125×32　GB/T 23564.1—2009

2. 冲模滚动导向钢板对角导柱上模座

GB/T 23564.2—2009《冲模滚动导向钢板上模座 第 2 部分：对角导柱上模座》对冲模滚动导向钢板对角导柱上模座的结构、尺寸规格及标记进行了规定，详见附表 A-62。

附表 A-62 滚动导向对角导柱上模座的结构、尺寸（GB/T 23564.2—2009）及选用方法

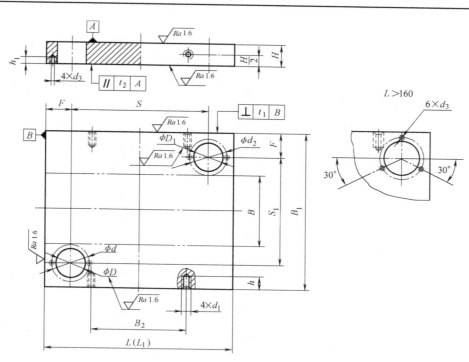

1. 未注表面粗糙度值 Ra 6.3μm。
2. h_1 为2倍的 d_3。
3. 孔距 S 的制造精度应符合 JB/T 8050—2008对模架装配的要求。
4. 图中形位公差 t_1、t_2 及应符合 JB/T 8070—2008中表1、表2的规定。
5. 其余技术要求应符合 JB/T 8070—2008 的规定。

凹模周界		L_1	B_1	H	F	S	S_1	D H6	D_1 H6	B_2	d_1-7H	h	d	d_2	d_3-6H
L	B														
100		100		25		36				—					
				32											
125	80	125	200	25	32	61	136	38	40	—			49	51	M4
				32											
160		160		25		96				—	—	—			
200		200		32	40	120	145	42	45	—			56	59	M6
250		250	225			170				—					
125	100	125		25	32	61	161	38	40	—			49	51	M4
				32											

尺寸/mm（左侧）

结构形式（左侧）

（续）

凹模周界 L	B	L_1	B_1	H	F	S	S_1	D H6	D_1 H6	B_2	d_1-7H	h	d	d_2	d_3-6H
160	100	160	250	32	40	80	170	42	45	—	—	—	56	59	
200	100	200				120				—					
250	100	250				170				—					
315	100	315	265	40	45	225	175	50	55	155	M12	25	64	69	
160	125	160		32	40	80	200	42	45	—			56	59	
200	125	200				120				—					
250	125	250	280			160				100					M6
315	125	315				225	190			155	M12	25			
400	125	400				310				220					
200	160	200				110				—	—	—			
250	160	250				160				100					
315	160	315	335	40	45	225	245	50	55	155			64	69	
400	160	400				310				220					
500	160	500				410				320					
250	200	250				160				80	M12	25			
315	200	315	375			225	285			155					
400	200	400				310				220					
500	200	500	400	50	55	390	290	60	65	300			80	85	
315	250	315	425	40	50	215	325	50	55	145			64	69	
400	250	400				290				200					
500	250	500	450			390	340			300			80	85	
630	250	630			55	520		60	65	430					
315	315	315	530	50		205	420			115					M8
400	315	400				290				200					
500	315	500	560			374	434			280	M16	30			
630	315	630				504				380					
400	400	400	630		63	274	504	70	76	180			91	97	
500	400	500				374				280					
630	400	630		63		504				380					
800	400	800				674				550	M20	35			

尺寸/mm

选用方法	根据凹模周界尺寸进行选取
选用举例	已知凹模周界尺寸 $L=200$mm、$B=160$mm，查本表，则得上模座的标准尺寸为：$L=200$mm、$B=160$mm、$H=40$mm
标记示例	$L=200$mm、$B=160$mm、$H=40$mm 的对角导柱上模座的标记如下：对角导柱上模座　$200\times160\times40$　GB/T 23564.2—2009

3. 冲模滚动导向钢板中间导柱上模座

GB/T 23564.3—2009《冲模滚动导向钢板上模座 第3部分：中间导柱上模座》对冲模滚动导向钢板中间导柱上模座的结构、尺寸规格及标记进行了规定，详见附表 A-63。

附表 A-63 滚动导向中间导柱上模座的结构、尺寸（GB/T 23564.3—2009）及选用方法

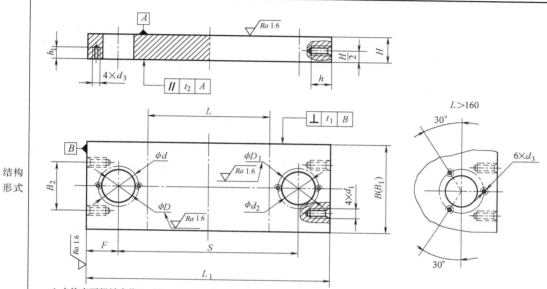

结构形式

1. 未注表面粗糙度值 Ra 6.3μm。
2. h_1 为2倍的 d_3。
3. 孔距 S 的制造精度应符合 JB/T 8050—2008 对模架装配的要求。
4. 图中形位公差 t_1、t_2 及应符合 JB/T 8070—2008 中表1、表2的规定。
5. 其余技术要求应符合 JB/T 8070—2008 的规定。

凹模周界		L_1	B_1	H	F	S	D H6	D_1 H6	B_2	d_1-7H	h	d	d_2	d_3-6H
L	B													
100		215		25		151								
				32	32		38	40				49	51	M4
125		250		25		186								
160	100	315	100			235								
200		355		32	40	275	42	45				46	59	
250		400				320			—	—	—			
315		475		40	45	385	50	55				64	69	
125		280				200								M6
160		315		32	40	235	42	45				56	59	
200		355				275								
250	125	400	125			310								
315		475		40	45	385	50	55				64	69	
400		560				470			75	M12	25			

尺寸 /mm

（续）

凹模周界		L_1	B_1	H	F	S	D H6	D_1 H6	B_2	d_1-7H	h	d	d_2	d_3-6H
L	B													
160	160	315	160	32	40	235	42	45	—	—	—	56	59	
200		355				265								
250		425				335			120					
315		475		40	45	385						64	69	
400		560				470			110					M6
500		670				580	50	55						
200	200	375	200			285								
250		425				335								
315		475				385			150					
400		560				470				M12	25			
500		710		50	55	600	60	65				80	85	
250	250	425	250	40	45	335	50	55	200			70	75	
315		475				385								
400		600			55	490			190			80	85	
500		710				600	60	65						M8
315	315	530	315	50		420								
400		600				490			255			80	85	
500		750			63	624								
630		850				724	70	76	235	M16	30	91	97	
500	400	750	400			624			320					
630		850		63		724								

选用方法	根据凹模周界尺寸进行选取
选用举例	已知凹模周界尺寸 $L=250$mm、$B=125$mm，查本表，则得上模座的标准尺寸为：$L=250$mm、$B=125$mm、$H=40$mm
标记示例	$L=250$mm、$B=125$mm、$H=40$mm 的中间导柱上模座标记如下：中间导柱上模座　$250\times125\times40$　GB/T 23564.3—2009

4. 冲模滚动导向四钢板导柱上模座

GB/T 23564.4—2009《冲模滚动导向钢板上模座　第4部分：四导柱上模座》对冲模滚动导向四导柱上模座的结构、尺寸规格及标记进行了规定，详见附表A-64。

附表 A-64　滚动导向四导柱上模座的结构、尺寸（GB/T 23564.4—2009）及选用方法

结构形式

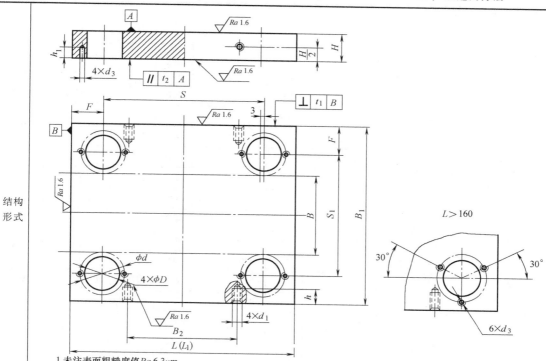

1. 未注表面粗糙度值 Ra 6.3μm。
2. h_1 为2倍的 d_3。
3. 孔距 S 的制造精度应符合 JB/T 8050—2008 对模架装配的要求。
4. 图中形位公差 t_1、t_2 及应符合 JB/T 8070—2008 中表1、表2的规定。
5. 其余技术要求应符合 JB/T 8070—2008 的规定。

凹模周界		L_1	B_1	H	F	S	S_1	D H6	B_2	d_1-7H	h	d	d_3-6H
L	B												
160		160				80							
200	100	200	250	32	40	120	170	45	—	—	—	59	
250		250				170							
315		315		40	45	225	175	55	155	M12	25	69	
400		400	265			310			240				
200		200		32	40	120	185	45	—	—	—	59	
250		250				160			100				
315	125	315	280			225	190		155				
400		400				310			240				
500		500		40	45	410		55	330			69	M6
250		250				160			100	M12	25		
315		315	315			225	225		155				
400	160	400				310			230				
500		500			45	410			330				
630		630	355	50	55	520	245	65	430			79	

尺寸 /mm

（续）

尺寸/mm

凹模周界 L	凹模周界 B	L_1	B_1	H	F	S	S_1	D H6	B_2	d_1-7H	h	d	d_3-6H
250	200	250	355	40	45	160	265	55	100	M12	25	69	M6
315		315				225			150				
400		400				310			230				
500		500	400	50	55	390	290	65	300	M16	30	85	M8
630		630				520			430				
315	250	315	425	40	45	225	335	55	150	M12	25	69	M6
400		400	450	50	55	290	340	65	200	M16	30	85	
500		500				390			300				
630		630				520			430				
800		800				690			600				
400	315	400	530			290	420		200	M16	30		M8
500		500	560			374			280				
630		630				504	434		380				
800		800		63	63	674		76	550			96	
500	400	500		50		374			280				
630		630	630	63		504	504		380				
800		800				674			550				
1000		1000	670	80	70	860	530	88	700			109	M10
630	500	630		63	63	504	624	76	380	M20	35	97	M8
800		800	750			660	610		500			109	M10
1000		1000		80	70	860		88	700				
1000	630	1000	900			860	760						

选用方法	根据凹模周界尺寸进行选取
选用举例	已知凹模周界尺寸 $L=500$mm、$B=400$mm，查本表，则得上模座的标准尺寸为：$L=500$mm、$B=400$mm、$H=50$mm
标记示例	$L=500$mm、$B=400$mm、$H=50$mm 的四导柱上模座的标记如下：四导柱上模座　$500\times400\times50$　GB/T 23564.4—2009

附录 A.18　冲模钢板下模座

冲模钢板下模座 GB/T 23562 包括 4 个部分，即：①GB/T 23562.1—2009《冲模钢板下模座　第 1 部分：后侧导柱下模座》；②GB/T 23562.2—2009《冲模钢板下模座　第 2 部分：对角导柱下模座》；③GB/T 23562.3—2009《冲模钢板下模座　第 3 部分：中间导柱下模座》；④GB/T 23562.4—2009《冲模钢板下模座　第 4 部分：四导柱下模座》。

1. 冲模钢板后侧导柱下模座

GB/T 23562.1—2009《冲模钢板下模座　第 1 部分：后侧导柱下模座》对冲模钢板后侧导柱下模座的结构、尺寸规格及标记进行了规定，详见附表 A-65。

附表 A-65　后侧导柱下模座的结构、尺寸（GB/T 23562.1—2009）及选用方法

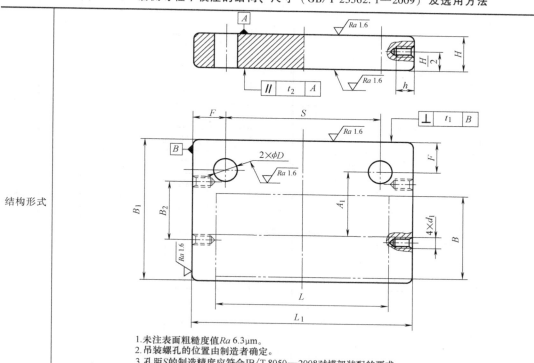

结构形式

1. 未注表面粗糙度值 Ra 6.3μm。
2. 吊装螺孔的位置由制造者确定。
3. 孔距 S 的制造精度应符合 JB/T 8050—2008 对模架装配的要求。
4. 图中形位公差 t_1、t_2 及应符合 JB/T 8070—2008 中表1、表2的规定。
5. 其余技术要求应符合 JB/T 8070—2008 的规定。

凹模周界		L_1	B_1	H	F	A_1	S	D R7	B_2	d_1-7H	h
L	B										
100	80	140	140	32	32	65	76	20	—	—	—
				40							
125		160		32			96				
				40							
160		200		32			136				
200		250	150	40	40	68	170	25	60	M12	25
250		315					235				
125	100	160	160	32	32	75	96	20	—	—	—
160		200	170	40	40	78	120	25	60	M12	25
200		250					170				
250		315					235				

尺寸/mm

（续）

凹模周界		L_1	B_1	H	F	A_1	S	D R7	B_2	d_1-7H	h
L	B										
125		160					80	—	—	—	—
160		200	200	40	40	92	120	25			
200	125	250					170		60		
250		315	210	50	45	98	225	32			
315		400					310				
160		215	230	40	40	110	135	25			
200		250					160		90		
250	160	315	240			112	225				
315		400					310				
200		280					190			M12	25
250		315		50	45	132	225	32	140		
315	200	400	280				310				
400		500					410				
250		315	335			160	225				
315	250	400					310		170		
400		500		63	55	165	390	40			
500		600	350				490				

选用方法	根据凹模周界尺寸进行选取
选用举例	已知凹模周界尺寸 $L=200$mm、$B=125$mm，查本表，则得下模座的标准尺寸为：$L=200$mm、$B=125$mm、$H=40$mm
标记示例	$L=200$mm、$B=125$mm、$H=40$mm 的后侧导柱下模座的标记如下：后侧导柱下模座　200×125×40　GB/T 23562.1—2009

2. 冲模钢板对角导柱下模座

GB/T 23562.2—2009《冲模钢板下模座　第2部分：对角导柱下模座》对冲模钢板对角导柱下模座的结构、尺寸规格及标记进行了规定，详见附表 A-66。

3. 冲模钢板中间导柱下模座

GB/T 23562.3—2009《冲模钢板下模座　第3部分：中间导柱下模座》对冲模钢板中间导柱下模座的结构、尺寸规格及标记进行了规定，详见附表 A-67。

4. 冲模钢板后侧导柱下模座

GB/T 23562.4—2009《冲模钢板下模座　第4部分：四导柱下模座》对冲模钢板四导柱下模座的结构、尺寸规格及标记进行了规定，详见附表 A-68。

附表 A-66　对角导柱下模座的结构、尺寸（GB/T 23562.2—2009）及选用方法

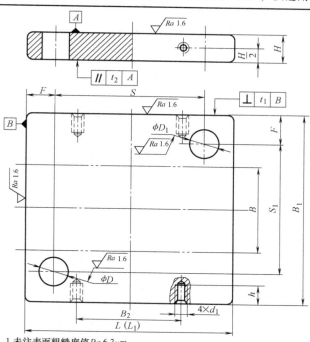

1.未注表面粗糙度值Ra 6.3μm。
2.孔距S的制造精度应符合JB/T 8050—2008对模架装配的要求。
3.图中形位公差t₁、t₂及应符合JB/T 8070—2008中表1、表2的规定。
4.其余技术要求应符合JB/T 8070—2008的规定。

凹模周界		L₁	B₁	H	F	S	S₁	D R7	D₁ R7	B₂	d₁-7H	h
L	B											
100	80	100	200	32	32	36	136	18	20	—	—	—
				40								
125		125		32		61						
				40								
160		160		32		96						
200		200	225	40	40	120	145	22	25	60	M12	25
250		250				170				100		
125	100	125	225	32	32	61	161	18	20	—	—	—
160		160	250	40	40	80	170	22	25	60		
200		200				120						
250		250				170				100	M12	25
315		315	265	50	45	225	175	28	32	155		
160	125	160	280	40	40	80	200	22	25	60		
200		200				120						
250		250		50	45	160	190	28	32	100		

结构形式

尺寸/mm

（续）

凹模周界		L_1	B_1	H	F	S	S_1	D R7	D_1 R7	B_2	d_1-7H	h
L	B											
315	125	315	280	50	45	225	190	28	32	155	M12	25
400		400				310				220		
200	160	200	335			110	245			60		
250		250				160				100		
315		315				225				155		
400		400				310				220		
500		500				410				320		
250	200	250	375			160	285			80		
315		315				225				155		
400		400				310				220		
500		500	400	63	55	390	290	35	40	300		
315	250	315	425	50	50	215	325	28	32	145	M16	30
400		400				290				200		
500		500	450			390	340	35	40	300		
630		630			55	520				430		
315	315	315	530	63		205	420			115		
400		400				290				200		
500		500	560			374	434			280		
630		630				504				380		
400	400	400	630		63	274	504	45	50	180		
500		500				374				280		
630		630				504				380		
800		800		80		674				550	M20	35

选用方法	根据凹模周界尺寸进行选取
选用举例	已知凹模周界尺寸 $L=250$mm、$B=125$mm，查本表，则得下模座的标准尺寸为：$L=250$mm、$B=125$mm、$H=50$mm
标记示例	$L=250$mm、$B=125$mm、$H=50$mm 的对角导柱下模座的标记如下：对角导柱下模座　250×125×50　GB/T 23562.2—2009

附表 A-67　中间导柱下模座的结构、尺寸（GB/T 23562.3—2009）及选用方法

结构形式

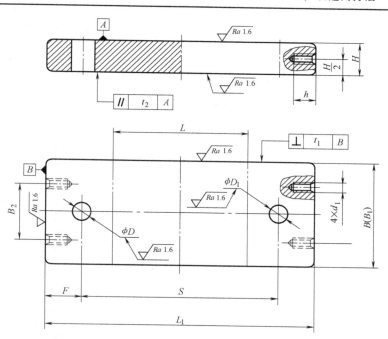

1. 未注表面粗糙度值 Ra 6.3μm。
2. 孔距 S 的制造精度应符合 JB/T 8050—2008 对模架装配的要求。
3. 图中形位公差 t_1、t_2 及应符合 JB/T 8070—2008 中表1、表2的规定。
4. 其余技术要求应符合 JB/T 8070—2008 的规定。

凹模周界		L_1	B_1	H	F	S	D R7	D_1 R7	B_2	d_1-7H	h
L	B										
100	100	215	100	25	32	151	18	20	—	—	—
				32							
125		250		25		186					
				32							
160		315		40	40	235	22	25			
200		355				275					
250		400				320			60	M12	25
315		475		50	45	385	28	32			
125	125	280	125			200			—	—	—
160		315		40	40	235	22	25			
200		355				275			80		
250		400				310				M12	25
315		475		50	45	385	28	32	75		
400		560				470					
160	160	315	160	40	40	235	22	25	120		

尺寸/mm

（续）

凹模周界 L	凹模周界 B	L_1	B_1	H	F	S	D R7	D_1 R7	B_2	d_1-7H	h
200	160	355	160	50	45	265	28	32	120	M12	25
250	160	425	160	50	45	335	28	32	120	M12	25
315	160	475	160	50	45	385	28	32	110	M12	25
400	160	560	160	50	45	470	28	32	110	M12	25
500	160	670	160	50	45	580	28	32	110	M12	25
200	200	375	200	50	45	285	28	32	150	M12	25
250	200	425	200	50	45	335	28	32	150	M12	25
315	200	475	200	50	45	385	28	32	150	M12	25
400	200	560	200	50	45	470	28	32	150	M12	25
500	200	710	200	63	55	600	35	40	150	M12	25
250	250	425	250	50	45	335	28	32	200	M12	25
315	250	475	250	50	45	385	28	32	200	M12	25
400	250	600	250	63	55	490	35	40	190	M12	25
500	250	710	250	63	55	600	35	40	190	M12	25
315	315	530	315	63	55	420	35	40	255	M12	25
400	315	600	315	63	55	480	35	40	255	M12	25
500	315	750	315	63	63	624	45	50	235	M12	25
630	315	850	315	63	63	724	45	50	235	M16	30
500	400	750	400	63	63	624	45	50	320	M16	30
630	400	850	400	80	63	724	45	50	320	M16	30

尺寸/mm

选用方法	根据凹模周界尺寸进行选取
选用举例	已知凹模周界尺寸 $L=160\text{mm}$、$B=125\text{mm}$，查本表，则得下模座的标准尺寸为：$L=160\text{mm}$、$B=125\text{mm}$、$H=40\text{mm}$
标记示例	$L=160\text{mm}$、$B=125\text{mm}$、$H=40\text{mm}$ 的中间导柱下模座的标记如下：中间导柱下模座　160×125×40　GB/T 23562.3—2009

附表 A-68　四导柱下模座的结构、尺寸（GB/T 23562.4—2009）及选用方法

结构形式

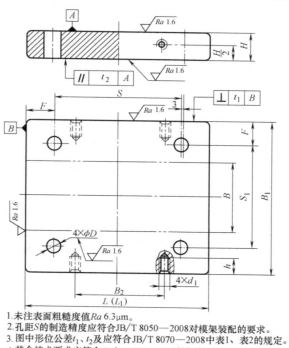

1. 未注表面粗糙度值 Ra 6.3μm。
2. 孔距 S 的制造精度应符合 JB/T 8050—2008 对模架装配的要求。
3. 图中形位公差 t_1、t_2 及应符合 JB/T 8070—2008 中表1、表2的规定。
4. 其余技术要求应符合 JB/T 8070—2008 的规定。

尺寸/mm

凹模周界		L_1	B_1	H	F	S	S_1	D R7	B_2	d_1-7H	h
L	B										
160	100	160	250	40	40	80	170	25	60	M12	25
200		200				120			80		
250		250				170			100		
315		315	265	50	45	225	175	32	155		
400		400				310			240		
200	125	200		40	40	120	185	25	80		
250		250				160			100		
315		315	280			225	190		155		
400		400				310			240		
500		500		50	45	410		32	330		
250	160	250				160			100		
315		315	315			225	225		155		
400		400				310			230		
500		500				410			330		
630		630		63	55	520	245	40	430		
250	200	250	355	50	45	160	265	32	100		
315		315				225			150		
400		400				310			230		
500		500	400	63	55	390	290	40	300		
630		630				520			430	M16	30

（续）

凹模周界		L_1	B_1	H	F	S	S_1	D R7	B_2	d_1-7H	h
L	B										
315	250	315	425	50	45	225	335	32	150	M12	25
400		400	450	63	55	290	340	40	200		
500		500				390			300	M16	30
630		630				520			430		
800		800				690			600		
400	315	400	530	63	63	290	420	50	200		
500		500	560			374	434		280		
630		630		80		504			380		
800		800	630			674			550		
500	400	500	630	63	63	374	504	50	280	M20	35
630		630		80		504			380		
800		800				674			550		
1000		1000	670	100	70	860	530	60	700		
630	500	630	750	80	63	504	624	50	380		
800		800		100	70	660	610	60	500		
1000		1000				860			700		
1000	630	1000	900			860	760		700		

（左侧纵向标注：尺寸/mm）

选用方法	根据凹模周界尺寸进行选取
选用举例	已知凹模周界尺寸 $L=315\text{mm}$、$B=200\text{mm}$，查本表，则得下模座的标准尺寸为：$L=315\text{mm}$、$B=200\text{mm}$、$H=50\text{mm}$
标记示例	$L=315\text{mm}$、$B=200\text{mm}$、$H=50\text{mm}$ 的四导柱下模座的标记如下：四导柱下模座 $315\times200\times50$ GB/T 23562.4—2009

附录 B 其他技术资料

冲压模具设计中，除了附录 A 的设计专用资料外，还有其他一些资料也比较常用，如螺钉、销钉的规格尺寸及安装要求，冲压设备的技术参数，公差与配合，表面质量要求等资料，本附录简要作一些介绍。

附录 B.1 冲压模具常用螺钉、销钉

冲压模具中常用的螺钉是内六角圆柱头螺钉，常用的销钉是圆柱销钉。

1. 内六角圆柱头螺钉

附表 B-1 是冲压模具中常用的用于紧固的内六角圆柱头螺钉的相关尺寸。

附表 B-1　内六角圆柱头螺钉（GB/T 70. 1—2008）

简图

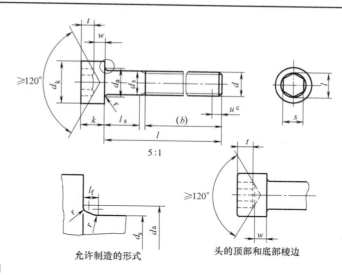

5:1

允许制造的形式　　头的顶部和底部棱边

标记示例

螺纹规格 d＝M5、公称长度 l＝20mm、性能等级为 8.8 级、表面氧化的 A 级内六角圆柱头螺钉标记为：

内六角圆柱头螺钉　M5×20　GB/T 70. 1—2008

螺纹规格 d		M1.6	M2	M2.5	M3	M4	M5	M6	M8	M10	M12
P		0.35	0.4	0.45	0.5	0.7	0.8	1	1.25	1.5	1.75
b	参考	15	16	17	18	20	22	24	28	32	36
d_k	max	3.00	3.80	4.50	5.50	7.00	8.50	10.00	13.00	16.00	18.00
	max	3.14	3.98	4.68	5.68	7.22	8.72	10.22	13.27	16.27	18.27
	min	2.86	3.62	4.32	5.32	6.78	8.28	9.78	12.73	15.73	17.73
d_a	max	2	2.6	3.1	3.6	4.7	5.7	6.8	9.2	11.2	13.7
d_a	max	1.60	2.00	2.50	3.00	4.00	5.00	6.00	8.00	10.00	12.00
	min	1.46	1.86	2.36	2.86	3.82	4.82	5.82	7.78	9.78	11.73
e	min	1.733	1.733	2.303	2.873	3.443	4.583	5.723	6.683	9.149	11.429
l_f	max	0.34	0.51	0.51	0.51	0.6	0.6	0.68	1.02	1.02	1.45
k	max	1.60	2.00	2.50	3.00	4.00	5.00	6.00	8.00	10.00	12.00
	min	1.46	1.86	2.36	2.86	3.82	4.82	5.7	7.64	9.64	11.57
r	min	0.1	0.1	0.1	0.1	0.2	0.2	0.25	0.4	0.4	0.6
s	公称	1.5	1.5	2	2.5	3	4	5	6	8	10
	max	1.58	1.58	2.08	2.58	3.08	4.095	5.14	6.14	8.175	10.175
	min	1.52	1.52	2.02	2.52	3.02	4.020	5.02	6.02	8.025	10.025
t	min	0.7	1	1.1	1.3	2	2.5	3	4	5	6
v	max	0.16	0.2	0.25	0.3	0.4	0.5	0.6	0.8	1	1.2
d_w	min	2.72	3.48	4.18	5.07	6.53	8.03	9.38	12.33	15.33	17.23
w	min	0.55	0.55	0.85	1.15	1.4	1.9	2.3	3.3	4	4.8

（续）

螺纹规格 d		(M14)	M16	M20	M24	M30	M36	M42	M48	M56	M64
P		2	2	2.5	3	3.5	4	4.5	5	5.5	6
b	参考	40	44	52	60	72	84	96	108	124	140
d_k	max	21.00	24.00	30.00	36.00	45.00	54.00	63.00	72.00	84.00	96.00
	max	21.33	24.33	30.33	36.39	45.39	54.46	63.46	72.46	84.54	96.54
	min	20.67	23.67	29.67	35.61	44.61	53.54	62.54	71.54	83.46	95.46
d_a	max	15.7	17.7	22.4	26.4	33.4	39.4	45.6	52.6	63	71
d_a	max	14.00	16.00	20.00	24.00	30.00	36.00	42.00	48.00	56.00	64.00
	min	13.73	15.73	19.67	23.67	29.67	35.61	41.61	47.61	55.54	63.54
e	min	13.716	15.996	19.437	21.734	25.154	30.854	36.571	41.131	46.831	52.531
l_f	max	1.45	1.45	2.04	2.04	2.89	2.89	3.06	3.91	5.95	5.95
k	max	14.00	16.00	20.00	24.00	30.00	36.00	42.00	48.00	56.00	64.00
	min	13.57	15.57	19.48	23.48	29.48	35.38	41.38	47.38	55.26	63.26
r	min	0.6	0.6	0.8	0.8	1	1	1.2	1.6	2	2
s	公称	12	14	17	19	22	27	32	36	41	46
	max	12.212	14.212	17.23	19.275	22.275	27.275	32.33	36.33	41.33	46.33
	min	12.032	14.032	17.05	19.065	22.065	27.065	32.08	36.08	41.08	46.08
t	min	7	8	10	12	15.5	19	24	28	34	38
v	max	1.4	1.6	2	2.4	3	3.6	4.2	4.8	5.6	6.4
d_w	min	20.17	23.17	28.87	34.81	43.61	52.54	61.34	70.34	82.26	94.26
w	min	5.8	6.8	8.6	10.4	13.1	15.3	16.3	17.5	19	22

注：$l_{公称}$尺寸系列为：2.5、3、4、5、6、8、10、12、16、20、25、30、35、40、45、50、55、60、65、70、80、90、100、110、120、130、140、150、160、180、200、220、240、260、280、300mm。

2. 冲压模具中常用螺钉、销钉的安装孔尺寸

冲压模具中常用螺钉、销钉在安装时的底孔、沉孔及过孔尺寸见附表 B-2。螺钉连接尺寸见附表 B-3。

附表 B-2 螺钉的底孔、沉孔、过孔尺寸值（GB/T 152.3—1988）

简图								

公称直径 d/mm	M4	M5	M6	M8	M10	M12	M14	M16
攻牙底孔直径 d_2/mm	φ3.2	φ4.3	φ5.2	φ6.7	φ8.5	φ10.5	φ12.5	φ14.5
沉孔直径 D/mm	φ8	φ9.5	φ11	φ14	φ17.5	φ20	φ23	φ26
过孔直径 d_1/mm	φ4.3	φ5.2	φ6.7	φ8.5	φ10.5	φ12.5	φ14.5	φ16.5
沉孔深度 h/mm	4.6	5.7	6.8	9.0	11.0	13.0	15.0	17.5

附表 B-3　螺钉连接尺寸　　　　　　　　　　（单位：mm）

简图	螺纹直径	旋进长度 l				螺纹孔外加螺纹深度 l_1	螺钉增加螺纹长度 l_2
		最小值		应用值			
		铸铁	钢	铸铁	钢		
	M3	3.5	2	6	4.5	3	1
	M4	4.5	2.5	8	6	4	1.5
	M5	5	3	10	7.5	4	1.5
	M6	6	3.5	12	9	6	2
	M8	8	4.5	16	12	6	2
	M10	10	5.5	20	15	8	2.5
	M12	12	7	24	18	8	2.5
	M16	16	10	32	24	8	2.5

注：一般情况下不采用最小旋进长度。

3. 冲压模具中螺孔、销孔平面布置的相关尺寸

冲压模具中螺孔（或沉孔）、销孔之间及至刃口的最小距离，见附表 B-4。

附表 B-4　螺孔（或沉孔）、销孔之间及至刃口的最小距离

螺纹孔		M4	M6	M8	M10	M12	M16	M20	M24
螺孔（或沉孔）中心至模板边缘的距离 A/mm	淬火	8	10	12	14	16	20	25	30
	不淬火	6.5	8	10	11	13	16	20	25
螺孔（或沉孔）中心至刃壁的距离 B/mm	淬火	7	12	14	17	19	24	28	35
沉孔边缘间距、沉孔边缘与销钉孔边缘间距 C/mm	淬火	5							
	不淬火	3							
销钉孔 d/mm		2	3	4	5	6	8	10	12	16	20	25
销钉孔中心至模板边缘的距离 D/mm	淬火	5	6	7	8	9	11	12	15	16	20	25
	不淬火	3	3.5	4	5	6	7	8	10	13	16	20

附录 B.2　常用压力机型号及技术参数

附表 B-5 是部分常用开式曲柄压力机的技术参数。

附表 B-5　部分常用开式曲柄压力机的技术参数（GB/T 14347—2009）

基本参数名称			基本参数值														
			I	II	III	I	II	III	I	II	III	I	II	III	I	II	III
公称力 P_g/kN			40			63			100			160			250		
公称力行程 S_g/mm		直接传动	1.5	—		2		—	2		—	2	—	—	2	—	—
		齿轮传动	—	—		—		—	—		—	—	—	—	3	1.6	3
滑块行程 S/mm	可调	最大	50	—	—	56	—	—	63	—	—	71	—	—	80	—	—
		最小	6	—		8		—	10		—	12	—	—	12	—	—
	固定		50	—	—	56	—	—	63	—	—	71	—	—	80	40	100
滑块行程次数 n/(次/min)	可调	最大	250			180			150			120			130	180	100
		最小	100			80			70			60			70	95	55
	固定		200			160			135			115			100	—	100
最大装模高度 H/mm			125			140			160			180			230		
装模高度调节量 ΔH/mm			32			35			40			45			50		
滑块中心线至机身距离（喉深 C）/mm			135			150			165			190			210		
工作台板尺寸 /mm	左右 L		350			400			450			500			700		
	前后 B		250			280			315			335			400		
工作台板厚度 h/mm			50	—		60	—		65	—		70	—		80	90	80
工作台孔尺寸 /mm	左右 L_1		130			150			180			220			250		
	前后 B_1		90			100			115			140			170		
	直径 D		100			120			150			180			210		
立柱间距离 A/mm			110			130			160			200			250		
滑块底面尺寸 /mm	左右 E		100			140			170			200			250		
	前后 F		90			120			150			180			220		
滑块模柄孔直径 /mm			$\phi30$			$\phi30$			$\phi30$			$\phi40$			$\phi40$		
最大倾斜角 α/(°)			30			30			30			30			30		

基本参数名称			基本参数值														
			I	II	III	I	II	III	I	II	III	I	II	III	I	II	III
公称力 P_g/kN			450			630			800			1100			1250		
公称力行程 S_g/mm		直接传动	—	—	—	—	—	—	—	—	—	—	—	—	—	—	—
		齿轮传动	3.2	2.3	3.2	4	2.3	4	5	3.2	5	5	3.2	5	5	3.2	5
滑块行程 S/mm	可调	最大	90	50	120	100	55	140	100	60	160	110	70	180	120	75	180
		最小	16	16	16	16	16	16	20	20	20	20	20	20	20	20	20
	固定		90	50	120	100	55	140	100	60	160	110	70	180	120	75	180
滑块行程次数 n/(次/min)	可调	最大	120	175	90	120	160	85	110	150	75	100	135	65	90	120	60
		最小	60	85	45	60	80	45	55	75	40	50	65	35	45	60	35
	固定		80	—	80	70	—	70	60	—	60	50	—	50	50	—	50

（续）

基本参数名称		基本参数值															
		I	II	III	I	II	III	I	II	III	I	II	III	I	II	III
最大装模高度 H/mm		270			300			320			350			350		
装模高度调节量 ΔH/mm		60			70			80			90			100		
滑块中心线至机身距离（喉深 C）/mm		225			270			290			350			350		
工作台板尺寸 /mm	左右 L	810			870			950			1070			1100		
	前后 B	440			520			560			680			680		
工作台板厚度 h/mm		90	105	90	95	110	95	110	125	110	125	140	125	140	160	140
工作台孔尺寸 /mm	左右 L₁	310			350			390			425			460		
	前后 B₁	220			250			275			300			325		
	直径 D	240			270			305			345			385		
立柱间距离 A/mm		300			350			400			450			500		
滑块底面尺寸 /mm	左右 E	410			480			560			630			630		
	前后 F	340			400			430			520			520		
滑块模柄孔直径/mm		φ50			φ50			φ50			φ60			φ60		
最大倾斜角 α/(°)		30			30			25			25			25		

基本参数名称			基本参数值											
			I	II	III	I	II	III	I	II	III	I	II	III
公称力 P_g/kN			1600			2000			2500			3000		
公称力行程 S_g/mm		直接传动	—	—	—	—	—	—	—	—	—	—	—	—
		齿轮传动	6	4	6	6	4	6	6	4	6	7	4.5	7
滑块行程 S/mm	可调	最大	130	80	200	150	95	250	180	100	250	200	120	280
		最小	20	20	20	25	25	25	25	25	25	25	25	25
	固定		130	80	200	150	95	250	180	100	250	200	120	280
滑块行程次数 n/(次/min)	可调	最大	85	115	55	70	95	40	60	75	40	55	70	35
		最小	40	55	30	35	45	25	30	40	25	25	35	20
	固定		45	—	45	35	—	35	35	—	35	30	—	30
最大装模高度 H/mm			400			450			500			500		
装模高度调节量 ΔH/mm			100			100			110			110		
滑块中心线至机身距离（喉深 C）/mm			390			430			460			475		
工作台板尺寸 /mm	左右 L		1250			1400			1500			1600		
	前后 B		760			840			900			930		
工作台板厚度 h/mm			165	180	165	180	195	180	190	210	190	200	220	200
工作台孔尺寸 /mm	左右 L₁		500			560			625			625		
	前后 B₁		350			380			425			425		
	直径 D		425			460			500			500		
立柱间距离 A/mm			550			600			650			650		
滑块底面尺寸 /mm	左右 E		700			850			930			950		
	前后 F		580			650			700			700		
滑块模柄孔直径/mm			φ60			φ60			φ60			φ60		
最大倾斜角 α/(°)			25			—			—			—		

附录 B.3 冲模零件常用公差及其配合

附表 B-6 是冲模零件装配时常见的公差配合要求。

附表 B-6　冲模零件的公差配合要求

序号	配合零件名称	配合要求	序号	配合零件名称	配合要求
1	导柱或导套与模座	H7/m6	9	固定挡料销与凹模	H7/m6
2	导柱与导套	H7/h6 或 H6/h5	10	活动挡料销与卸料板	H9/h8 或 H9/h9
3	压入式模柄与上模座	H7/m6	11	初始挡料销与导料板	H8/f9
4	凸缘式模柄与上模座	H7/m6	12	侧压板与导料板	H8/f9
5	模柄与压力机滑块模柄孔	H11/js10	13	固定式导正销与凸模	H7/r6
6	凸模或凹模与固定板	H7/m6	14	推（顶）件块与凸模或凹模	H8/f8
7	导板与凸模	H7/h6	15	销钉与固定板、模座	H7/m6
8	卸料板与凸模或凸凹模	0.1～0.5mm 单边间隙	16	螺钉与螺杆孔	0.5～1mm 单边间隙

附录 B.4 常用公差数值

附表 B-7 是常用的公差数值。

附表 B-7　常用的公差数值（GB/T 1800.1—2009）

公称尺寸/mm		标准公差等级																		
		IT1	IT2	IT3	IT4	IT5	IT6	IT7	IT8	IT9	IT10	IT11	IT12	IT13	IT14	IT15	IT16	IT17	IT18
大于	至	μm											mm						
—	3	0.8	1.2	2	3	4	6	10	14	25	40	60	0.1	0.14	0.25	0.4	0.6	1	1.4
3	6	1	1.5	2.5	4	5	8	12	18	30	48	75	0.12	0.18	0.3	0.48	0.75	1.2	1.8
6	10	1	1.5	2.5	4	6	9	15	22	36	58	90	0.15	0.22	0.36	0.58	0.9	1.5	2.2
10	18	1.2	2	3	5	8	11	18	27	43	70	110	0.18	0.27	0.43	0.7	1.1	1.8	2.7
18	30	1.5	2.5	4	6	9	13	21	33	52	84	130	0.21	0.33	0.52	0.84	1.3	2.1	3.3
30	50	1.5	2.5	4	7	11	16	25	39	62	100	160	0.25	0.39	0.62	1	1.6	2.5	3.9
50	80	2	3	5	8	13	19	30	46	74	120	190	0.3	0.46	0.74	1.2	1.9	3	4.6
80	120	2.5	4	6	10	15	22	35	54	87	140	220	0.35	0.54	0.87	1.4	2.2	3.5	5.4
120	180	3.5	5	8	12	18	25	40	63	100	160	250	0.4	0.63	1	1.6	2.5	4	6.3
180	250	4.5	7	10	14	20	29	46	72	115	185	290	0.46	0.72	1.15	1.85	2.9	4.6	7.2
250	315	6	8	12	16	23	32	52	81	130	210	320	0.52	0.81	1.3	2.1	3.2	5.2	8.1
315	400	7	9	13	18	25	36	57	89	140	230	360	0.57	0.89	1.4	2.3	3.6	5.7	8.9
400	500	8	10	15	20	27	40	63	97	155	250	400	0.63	0.97	1.55	2.5	4	6.3	9.7
500	630	9	11	16	22	32	44	70	110	175	280	440	0.7	1.1	1.75	2.8	4.4	7	11
630	800	10	13	18	25	36	50	80	125	200	320	500	0.8	1.25	2	3.2	5	8	12.5
800	1000	11	15	21	28	40	56	90	140	230	360	560	0.9	1.4	2.3	3.6	5.6	9	14
1000	1250	13	18	24	33	47	66	105	165	260	420	660	1.05	1.65	2.6	4.2	6.6	10.5	16.5

（续）

公称尺寸/mm		标准公差等级																	
		IT1	IT2	IT3	IT4	IT5	IT6	IT7	IT8	IT9	IT10	IT11	IT12	IT13	IT14	IT15	IT16	IT17	IT18
大于	至	μm											mm						
1250	1600	15	21	29	39	55	78	125	195	310	500	780	1.25	1.95	3.1	5	7.8	12.5	19.5
1600	2000	18	25	35	46	65	92	150	230	370	600	920	1.5	2.3	3.7	6	9.2	15	23
2000	2500	22	30	41	55	78	110	175	280	440	700	1100	1.75	2.8	4.4	7	11	17.5	28
2500	3150	26	36	50	68	96	135	210	330	540	860	1350	2.1	3.3	5.4	8.6	13.5	21	33

注：1. 公称尺寸大于 500mm 的 IT1~IT5 的标准公差数值为试行。

2. 公称尺寸小于或等于 1mm 时，无 IT14~IT18。

附录 B.5　冲模零件的表面质量要求及加工方法

附表 B-8 和附表 B-9 是冲模零件的表面质量要求及其加工方法。

附表 B-8　冲模零件的表面粗糙度要求

冲模零件表面的分类	特征	示例简图	粗糙度要求		加工方法
工作表面	凸模、凹模、凸凹模刃口的侧面和端面		冲裁模	$Ra0.4~0.8$	数控车、数控铣、精密磨削、慢走丝线切割
			成形模（拉深、弯曲模等）	$Ra0.2~0.4$	
接合面	两个零件相互接触的面,如凹模与下模座的接触面		$Ra0.8~1.6$		精车、精铣、磨削、中走丝线切割
配合面	有相互配合关系的面,如凸模与凸模固定板的配合面,销钉与销钉孔的配合面等		$Ra0.8$ 销钉孔 $Ra1.6$		精铣、磨削
自由表面	不与任何零件有任何接触的面,如凸模台阶的侧面		$Ra6.3$		车削、铣削、刨削、磨削、快走丝线切割
基准面	作为设计或加工基准的面,如矩形凹模板相互垂直的两个外表面		$Ra0.8$		铣削、刨削、磨削

附表 B-9　各种机械加工方法可能达到的表面粗糙度

加工方法	表面粗糙度 $Ra/\mu m$			
	粗	半精	精	细
车	12.5~6.3	6.3~3.2	6.3~1.6	0.8~0.2
铣	12.5~3.2		3.2~0.8	0.8~0.4
高速铣	1.6~0.8		0.4~0.2	
刨	12.5~6.3		6.3~1.6	0.8~0.2
钻	12.5~0.8			
铰	6.3~1.6	1.6~0.4	0.8~0.1	
镗	12.5~6.3	6.3~3.2	3.2~0.8	0.8~0.4
磨	3.2~0.8	0.8~0.2	0.2~0.025	
研磨	0.8~0.2	0.2~0.05	0.05~0.025	
珩磨	0.8~0.2		0.2~0.025	

附录 C　设计用课题

说明：

1. 本附录共提供了 30 个设计课题供参考。

2. 图中所有未注尺寸公差可以按照 GB/T 13914—2013 中的 ST7 级处理。

3. 部分产品结构稍复杂，如序号 21~26 产品可作为毕业设计课题，也可分解后作为课程设计用课题，如分解为落料模、冲孔模或落料冲孔复合模、弯曲模等，可让小组分工协作完成。

设计用课题见附表 C-1。

附表 C-1　设计用课题

序号	产品名称	材料及料厚	产品图
1	方形筛孔块	Q235 钢,厚度 1.5mm	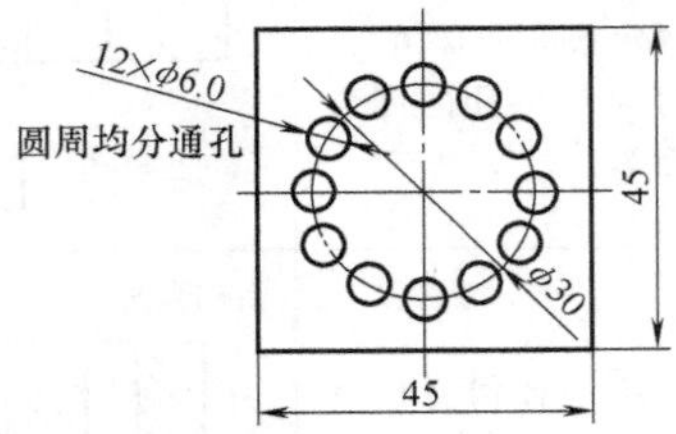
2	凹凸联结片	SPCC 钢,厚度 0.8mm	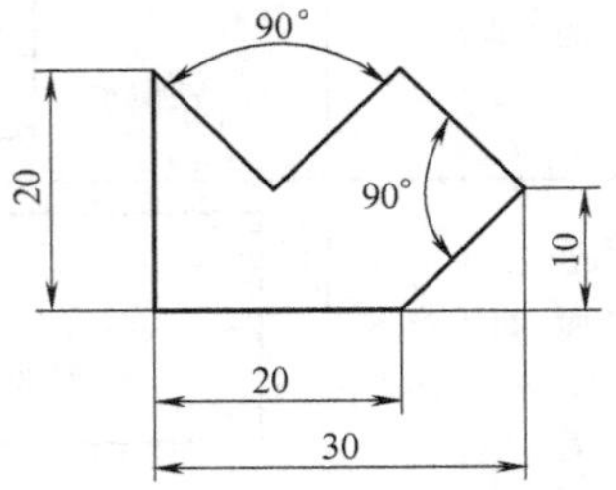

（续）

序号	产品名称	材料及料厚	产品图
3	L 形固定支架	10 钢,厚度 0.8mm	
4	十字槽固定块	08F 钢,厚度 1.5mm	
5	工字槽固定块	08F 钢,厚度 1.5mm	
6	角型垫片	Q235,厚度 1.0mm	
7	挡板	08F 钢,厚度 2.0mm	

（续）

序号	产品名称	材料及料厚	产品图
8	支承片	10 钢,厚度 0.8mm	
9	连接板	Q235 钢,厚度 1.2mm	
10	调整片	15 钢,厚度 1.5mm	
11	长形触片	QSn6.5-0.1 锡青铜,厚度 0.3mm	
12	三角形垫片	10 钢,厚度 1.2mm	

（续）

序号	产品名称	材料及料厚	产品图
13	正六角形垫块	Q235 钢或 30 钢热轧钢板,厚度 4.0mm	
14	接触片	H62 黄铜,厚度 0.5mm	
15	连接环	QSn6.5-0.1 锡青铜,厚度 0.3mm	
16	小垫圈、中垫圈、大垫圈	Q235 钢,厚度 2.0mm	
17	铁链垫片	08F 钢,厚度 0.6mm	

（续）

序号	产品名称	材料及料厚	产品图
18	电器接触片	黄铜 H62,厚度 0.3mm	
19	花孔垫圈	08 钢,厚度 1.0mm	
20	磁芯簧	青铜,厚度 0.4mm	a) 零件图 b) 展开图
21	电器连接片	10 钢,厚度 1.0mm	
22	U 形连接板	SPCC 钢,厚度 1.0mm	

（续）

序号	产品名称	材料及料厚	产品图
23	方盒	SPCC 钢,厚度 1.0mm	a) 零件图　　　　　　b) 展开图
24	电器开关过电片	H70 黄铜,厚度 0.5mm	a) 零件图　　　　　　b) 展开图
25	U 型钩	SUS301 不锈钢,厚度 0.8mm	a) 零件图 b) 展开图
26	四角支架	Q235,厚度 1.0mm	

（续）

序号	产品名称	材料及料厚	产品图
27	固体电路引出线	QSn4-3,厚度 0.15mm	
28	止动片	H62,厚度 0.8mm	
29	变压器芯片	DR510,厚度 1.0mm	
30	仪表指针	LY12,厚度 0.3mm	

参 考 文 献

［1］ 柯旭贵，张荣清. 冲压工艺与模具设计［M］. 2 版. 北京：机械工业出版社，2016.

［2］ 陈文琳. 模具标准应用手册：冲模卷［M］. 北京：中国质检出版社，中国标准出版社，2018.

［3］ 王孝培. 冲压手册［M］. 3 版. 北京：机械工业出版社，2012.

［4］ 杨铭. 机械制图［M］. 2 版. 北京：机械工业出版社，2012.

［5］ 陈炎嗣. 多工位级进模设计与制造［M］. 2 版. 北京：机械工业出版社，2014.

［6］ 贾俐俐. 冲压工艺与模具设计［M］. 2 版. 北京：人民邮电出版社，2016.

［7］ 高锦张. 塑性成形工艺与模具设计［M］. 3 版. 北京：机械工业出版社，2015.

［8］ 张荣清，柯旭贵，侯维芝. 模具设计与制造［M］. 3 版. 北京：高等教育出版社，2015.